新工科应用型人才培养计算机类系列教材

数据采集与预处理

周 勇　杨 倩　廖 宁　余秋莲　编著

陈 欣　主审

（本书配有作者精心制作的教学课件、源代码等资源，

有需要的老师可在出版社网站下载）

西安电子科技大学出版社

内 容 简 介

随着国家大数据相关政策、规划的密集出台，大数据、人工智能商业落地速度加快，其在各个领域的应用也越来越广泛，其中面向企业服务、金融、医疗健康、电子政务、电子商务等细分领域的大数据应用展现出巨大的潜力。

大数据是需要新处理模式才能适应的海量、高增长率和多样化的信息资产，被誉为“未来的新石油”，以至于数据的获取、存储、搜索、共享、分析以及可视化呈现都成为当前重要的研究课题。

本书重点讲述数据采集与预处理的相关内容，并以真实案例介绍不同数据源的采集方式及基本的数据预处理方法。全书共 10 章。其中，第 1 章为概述，第 2～5 章介绍静态网页数据爬取，第 6 章介绍动态网页数据爬取，第 7、8 章介绍爬虫(Scrapy)框架应用，第 9 章介绍数据预处理，第 10 章给出了一个综合项目实训。

本书可作为高校数据科学与大数据技术专业相关课程的教材或教学参考书，也可作为人工智能、大数据领域从业者的自学参考书。

图书在版编目(CIP)数据

数据采集与预处理 / 周勇等编著. —西安：西安电子科技大学出版社，2022.2(2024.3 重印)
ISBN 978-7-5606-6356-2

Ⅰ. ①数…　Ⅱ. ①周…　Ⅲ. ①数据采集—高等学校—教材 ②数据处理—高等学校—教材
Ⅳ. ①TP274

中国版本图书馆 CIP 数据核字(2022)第 005850 号

策　　划　李惠萍
责任编辑　雷鸿俊
出版发行　西安电子科技大学出版社(西安市太白南路 2 号)
电　　话　(029)88202421　88201467　　邮　　编　710071
网　　址　www.xduph.com　　电子邮箱　xdupfxb001@163.com
经　　销　新华书店
印刷单位　咸阳华盛印务有限责任公司
版　　次　2022 年 2 月第 1 版　2024 年 3 月第 5 次印刷
开　　本　787 毫米×1092 毫米　1/16　印张 18.5
字　　数　438 千字
定　　价　42.00 元
ISBN 978-7-5606-6356-2 / TP
XDUP 6658001-5

前　言

➤ **为什么要编写本书？**

“得数据者得天下”，大数据在当今已经是公认的“数据资产”，它极大地影响了人们的生活。大数据企业也在不断创新发展新的业务、新的运营模式，如收集数据的第三方数据服务公司(贵州的贵阳大数据交易所、北京的数据堂、北京大数据交易服务平台、武汉的华中大数据交易所等)、存储数据的数据平台(阿里云、百度网盘、腾讯云等)、处理数据的数据分析公司(艾瑞咨询、IDC、国家统计局、易观国际、赛迪顾问股份有限公司等)。但数据究竟从哪里来、怎么获取，至今都是一个值得研究的课题。

作者从事了十几年的软件开发工作。近几年越来越多的软件公司转型为大数据公司，从常规的软件系统开发转为大数据系统开发，作者在这个过程中深刻地感受到了数据获取的不易及数据规范的必要性。特别是随着网络爬虫技术的兴起，越来越多的人认识到互联网数据的价值，各种爬虫技术、爬虫手段层出不穷，网站的反爬机制也不断更新。如何能在不违背道德伦理、法律法规的前提下获取更多的有效数据，如何能在不断更新的爬虫与反爬机制中认识数据、了解当前所处的数字时代，是作者编写本书的主要目的。

➤ **本书的特点是什么？**

本书以实践为主，分别以不同的业务场景展示数据采集技术的应用，最终通过一个完整的项目实现从数据源到获取目标数据并进行简单分析的过程。整体来看，本书的特点如下：

(1) 案例驱动。数据采集工作是一个综合性要求较高的工作，需要对数据源(网站、数据库等)有较深的认识，对采集工具/手段(Python 相关的数据处理库函数、框架、其他软件等)较为熟悉，对软件开发(特别是网站开发)的业务流程有一定的了解。本书根据业务的复杂度，分别从静态网页、动态网页、爬虫框架、数据预处理入手，精心打造多个典型案例，使读者能快速地对网站开发技术与爬虫技术之间的“互动”有更深入的了解。

(2) 案例镜像。本书有较多的数据采集案例，如从豆瓣图书、豆瓣电影、51JOB、新浪微博爬取数据等。这些常见、常用的资源网站通常会不断更新其网站结构、调整其数据源路径等。目前市面上出版的与数据爬取相关的书籍通常是以作者写作时的网站结构为案例进行编写的，读者拿到出版的书籍后，会发现很多爬虫程序已经无法运行了，这严重影响读者的阅读和实践体验。同时，被爬取的网站长期被作为“试验”对象，极可能会影响到网站自身的正常运行。本书将常用的网站直接做成“镜像”，即模仿常用网站的结构、部分数据，单独开发出一套可供读者实践的站点，保证读者在阅读本书及跟随本书实践时能实现所有功能。

(3) 习题巩固。本书每章都配有习题。建议读者学完每一章后，根据题目回顾每个小节的内容，进行思考并给出自己的答案，以加强对本章基础问题的理解，巩固所学内容以及每一个案例项目。希望读者按照书中的步骤亲自动手进行实践，以便能举一反三、学以致用。

> **本书写了些什么？**

本书力求通过层层递进的案例展示数据采集与预处理过程中的关键知识、关键技术及主要实现步骤。在案例的选择上，从静态网页获取、动态网页获取到爬虫框架的应用，分别以 QQ 表情包图片爬取、中国大学排名爬取、豆瓣图书信息爬取、新浪博客数据爬取、贝壳网房源信息爬取为例，基于 Python 的常用库(如 urllib、Requests)和常用框架(Scrapy)实现数据采集。在知识内容的选择上，本书除了 Python 编程语法外，还根据项目需求增加了与计算机网络相关的 HTTP 协议、HTML 标签、JavaScript、JSON、MySQL 等知识内容，读者在阅读时可以快速构建一个知识框架。同时，本书专门用一章描述了数据预处理的基本原理和方法，用一个综合性项目实现从数据采集到数据预处理，再到数据存储的完整流程，为后期数据分析、数据可视化等应用打下良好的基础。

> **通过本书能学到什么？**

(1) 常用数据爬取技术：静态网页可用的 Python 库函数(如 Requests、urllib、Pandas)，动态网页可用的 Python 库函数(如 Selenium)、爬虫框架(如 Scrapy)。

(2) 常用的数据存储方式：CSV 文本文件、Python 文本文件、数据库文件的存储。

(3) 常用的数据预处理方法：Pandas 数据清洗、Pandas 数据整理。

(4) 完整的数据获取流程：从数据采集到数据存储，再到数据预处理，最后到简单的数据可视化的完整流程。

(5) 了解相关的计算机基础知识：HTTP 协议、HTML 基本语法、JavaScript 基础结构、JSON 数据格式、MySQL 数据库数据存取等。

> **本书的适用方向是什么？**

本书可作为高校数据科学与大数据技术专业相关课程的教材或教学参考书，也可作为人工智能、大数据领域从业者的自学参考书。

> **本书编写分工**

本书案例部分与重庆中链融科技有限公司合作编写，中链融科技有限公司提供了部分案例初稿。本书由周勇、杨倩、廖宁、余秋莲负责编写，周勇、杨倩负责统稿，陈欣负责审核。其中，杨倩负责第 1、3、4 章的编写，余秋莲负责第 2 章的编写，周勇负责第 5、6、7、8、10 章的编写，廖宁负责第 9 章的编写。

作　者

2021 年 11 月

目　录

第1章　概　　述

本章从大数据采集、网络爬虫原理和分类、网络爬虫法律规范三个方面概述了大数据采集和预处理的基本知识。大数据采集部分主要阐述大数据来源、大数据采集方式以及数据预处理的基本过程。网络爬虫原理和分类部分重点介绍爬虫的基本原理、爬虫分类以及常用的爬虫工具。网络爬虫法律规范部分介绍企业和个人的数据隐私保护、爬虫协议Robots以及相关法律规范。

通过本章内容的学习，读者可以了解或掌握以下知识：

- 了解大数据来源以及数据采集方式。
- 掌握爬虫的基本原理。
- 了解爬虫的分类方法。
- 了解数据隐私保护。
- 了解网络爬虫法律规范。

大数据时代，人们常讲“三分技术、七分数据”“得数据者得天下”，数据的获取显得尤为重要。所谓GIGO(Garbage In，Garbage Out)，翻译成中文就是“垃圾进、垃圾出”，意思是说，输入的是“垃圾”，最终输出的结果也是“垃圾”，较专业的说法就是用胡乱选择的垃圾数据作为样本，最终分析出的结果是没有任何意义的。所以，数据在进行分析、可视化、应用前，其采集和预处理是非常重要的。通常一个大数据工程项目，数据采集和预处理任务花费的时间会占到总时间的70%以上。

大数据是对某种现象发生的全过程的记录。通过记录下的数据，不仅能够了解对象，还能分析对象，掌握对象运作规律，从而挖掘出对象内部的结构与特点，甚至能了解到对象自己都不知道的信息。比如，对于电子商务网站，不仅需要知道商品交易情况，还需要了解用户浏览商品的情况。所以对于用户点击“查看商品详情”这一行为，就需要采集用户点击时的环境信息(如先后点击了什么、当前时间、当前页面停留等)、网络会话信息(如IP)。这样就可以通过统计分析，了解到用户看过哪些商品、什么类型的商品被查看得较多，从而推断出该用户的类型以及商品的销售趋势。

1.1 大数据采集

大数据采集是大数据分析及应用的第一步，但大数据采集的重点却不在数据本身，而在于如何能够利用数据真正地解决商业运营中的实际问题。只有对所需数据做全面准确的采集，形成数据规模，再对数据进行分析，这样分析出的结果对决策行为才有指导性作用。

传统数据采集又被称为数据获取，是利用一种装置，从系统外部采集数据并输入到系统内部。比如温湿度采集仪可以采集到当前环境的温度和湿度信息(如图 1-1 所示)；商场或超市通过条码扫描仪可以采集到待购买的商品信息(如图 1-2 所示)；视频会议系统通过摄像头可以采集到视频图像信息，通过麦克风可以采集到语音信息等(如图 1-3 所示)。传统数据采集来源相对单一，存储、管理、分析的数据量相对较少，所以利用关系型数据库就可以解决绝大部分的问题。传统数据的价值主要体现在信息的传递上，是对一种具体现象的描述与反馈。

图 1-1　温湿度采集仪

图 1-2　条码扫描仪

图 1-3　视频会议系统

现在的大数据采集更多的是指从传感器、智能设备、企业信息系统、社交网络和互联网平台等获取数据的过程。数据包括 RFID(Radio Frequency Identification，射频识别)数据、传感器数据、用户行为数据、社交网络交互数据及移动互联网数据等各种来源的，结构化、半结构化及非结构化等多种类型的海量数据。数据源的种类多，数据的类型繁杂，数据量大，而且数据产生的速度快，传统的数据采集方法完全无法胜任，这就需要采用针对大数据的采集技术。

1.1.1 大数据来源

大数据的来源非常广泛，可按数据的产生主体、类型、来源系统等进行划分。

1. 按数据的产生主体划分

1) 国家

近年来，随着信息技术的高速发展，各国政府拥有的数据呈几何级增长。自 2015 年国务院印发《促进大数据发展行动纲要》以来，国家政府秉承“创新、绿色、开放、共享”的理念不断开放数据，其中就包括政府直接拥有的社会管理和公共生活数据，以及由政府机构直接拥有或间接支持下获得的物理世界和生物世界的数据，比如地理、气象信息，与人类基因或高危病毒有关的生物信息等。这类数据分布在各大公开平台上。

2) 企业

企业从运营开始就一直在做数据积累的工作，比如企业使用的ERP(Enterprise Resource Planning，企业资源计划)系统、CRM(Customer Relationship Management，客户关系管理)系统、人事管理系统等，在维持企业运营的同时，收集了大量路由器工作信息、资产信息、客户信息，当数据积累到一个量级的时候，就可能会产生质变，催生出一个新的商业模式。比如蚂蚁微贷，就是阿里巴巴利用多年的线上零售数据、支付金融数据、个人身份数据等，通过多维数据的整合、加工、计算来构建信用维度，从而推出的一个金融产品，或者说是一种金融服务模式。

企业产生的数据，通常利用自身的关系型数据库、数据仓库等进行统一存储、管理。根据企业所在行业，又可将企业分为电信、金融、保险、医疗、交通、政务、制造业等领域。

3) 个人

在信息时代，每个人已经被数字化，除了个人的基本信息，人的大部分行为也被转化为数据记录了下来。这些数据经过不同部门或企业的整理就成为了个人的大数据。这类数据主要包括：各种浏览记录、软件使用记录、聊天记录、电子商务记录、移动通信记录、个人政务数据、个人资产数据、手机定位、身体状态数据等。

对目前的社会来说，个人数据还是一种有价的资源，没有完全共享。很多涉及个人隐私的数据应该只有国家、政府相关机构可以掌握，或者用户自主提供。所以目前很多基于个人数据的收集都会涉及个人数据授权问题，而现在很多APP软件在使用之初就会要求用户必须进行数据授权，这从另一方面说明企业对个人数据收集的重视。

4) 机器

摄像头、麦克风、温度计、扫描仪、智能手表、医疗影像识别等机器会通过传感器等物理设备进行数据的获取(如视频、音频、日志文件等)。机器生成的数据是目前发展最快、最复杂、体量最大的数据。这类数据通常会被保存在特定的存储空间，但随着数据量的急剧增加，有些系统会选择阶段性地清理部分数据。若想让这部分数据发挥作用，则可通过某种传感器接口将数据接入数据分析系统，实时地进行数据获取、存储和分析，之后选择清除或存档这些数据。也可以采取与企业洽谈的方式，阶段性地获取批量的机器数据。

2. 按数据的类型划分

1) 结构化数据

结构化数据也被称为行数据，是由二维表结构来逻辑表达和实现的数据。这些数据严格遵循数据格式与长度的规范，主要通过关系型数据库进行存储和管理。

比如，要注册成为一个商场的会员，需要先填写会员申请表(如表1-1所示)。通过审核后，商场将所有会员的数据统一存储在一张表中(如表1-2所示)。表1-2会员登记表是典型的结构化数据，每一行代表一个会员，每一列代表会员的一种属性(如姓名、手机号)。而

表 1-1 则是为了收集到结构化数据而制定的用户表格，虽然不能直接用于数据的存储、分析，但它的每一个单元格都与表 1-2 中的单元格一一对应，所以也遵循一定的数据格式要求(如手机号码必须是数字)。

表 1-1 会 员 申 请 表

姓　名		性　别		民　族	
文化程度		籍　贯		党　派	
出生年月		邮　箱			
单位名称				职务	
社会职务及个人简介					
商会职务意向	□普通会员　□理事会员　□常务理事会员				
联系电话		传　真		手　机	

表 1-2 会 员 登 记 表

VIP 卡编号	姓　名	手机号	生　日	性　别	住　址	新浪微博	办理日期

数据分析最容易处理的就是结构化数据，所以对于非结构化、半结构化数据而言，通常都会将其转化为结构化数据处理。

2) 非结构化数据

非结构化数据是指数据结构不规则或者不完整，没有预定义的数据模型，不方便用数据库二维表来存储和管理的数据，最典型的是文本文档、图片、视频、音频等类型的数据。

非结构化数据没有既定的结构和对应的意义，比如一段不带标点符号的中文用不同的形式断句，就会产生不同的含义。非结构化数据比结构化数据更难标准化和理解，所以一些企业通常会将其忽略掉。但 IDC(Internet Data Center，互联网数据中心)的一项调查报告指出：企业中 80%的数据都是非结构化数据，并且这些数据每年会按指数增长(约增长 60%)。这就意味着，在非结构化数据中蕴藏着庞大的信息宝库，而这才是大数据时代需要着重挖掘的“黄金”。

3) 半结构化数据

半结构化数据主要指的是一种结构变化很大的结构化数据。因为结构变化大，所以不能简单地建立一个表与之对应，但为了能了解数据的细节，又不能将数据简单地组织成一个文件来按照非结构化数据的方式进行处理。

比如员工的简历，不像员工基本信息那样一致。有的员工的简历很简单，只包括他的受教育情况，但有的员工的简历却很复杂，包括工作情况、婚姻情况、出入境情况等，甚至还有一些预料不到的信息。所以在存储数据时，通常会按照一定的格式分别指定数据属性和数据内容。半结构化数据通常用 XML、HTML 等标签型的数据格式进行存储。

3. 按数据的来源系统划分

1) 信息管理系统

信息管理系统主要指企业内部的信息系统，包括办公自动化、人事管理、财务管理等系统。信息管理系统本身就是针对企业实际业务需求开发的，通过用户输入不同类型的数据，然后在系统内部调用各大功能模块进行数据加工、存储和显示。信息系统中的数据通常都是结构化数据。

2) 网络信息系统

基于网络运行的信息系统即网络信息系统。它是大数据产生的重要方式，比如电子商务系统、社交网络、社会媒体、搜索引擎等。网络信息系统产生的多为半结构化和非结构化数据。

3) 物联网系统

物联网是新一代信息技术，其核心和基础仍然是互联网。但它可以在任何物品与物品之间进行信息交换和通信。其具体实现是通过传感技术获取外界的物理、化学和生物等数据信息，再通过互联网进行信息传递与处理。

4) 科学实验系统

科学实验系统主要用于科学技术研究，它围绕某个具体的研究主题，利用实验主动产生所需要数据，或利用模拟的方式直接获得仿真数据。

1.1.2 大数据采集方式

不同来源、不同类型的数据有不同的采集方式。公开数据如国家开放数据、企业公共数据、个人共享数据等，可直接通过公共平台下载。企业内部数据分为可转化为资产的数据(数据资产)及内部隐私数据，可通过企业洽谈、购买等方式获取。企业内部隐私数据则通常不能直接获取，甚至某些企业在进行内部运营系统开发时，会要求工程师驻场开发并签订保密协议。摄像头、温度计等机器数据通过传感器获取后由企业根据其性质转化为数据资产或隐私数据进行相应处理。此外，还有大量的数据分布在网络的各大平台、网页上，可通过网络爬虫进行数据抓取。

归纳起来讲，大数据的采集主要分为数据抽取、数据抓取和数据收集三种方式。

1. 数据抽取

企业内部管理系统中的数据通常存储在数据库系统中，并随着企业的运营，实时地进行着更新操作。若想采集此类数据，必须要保证数据采集过程不影响企业管理系统的正常运作，同时还需保证数据实时更新，这类操作被称为数据抽取。数据抽取示意图如图 1-4 所示。

图 1-4 数据抽取示意图

数据抽取主要针对的是已经整理好的数据集(如结构化的关系型数据库文件、非结构化的文本文件、半结构化的 XML 文件等)，即将一个或多个数据集通过数据接口或存储介质转存的方式进行数据获取。首次数据抽取通常是全量数据抽取，即将目标数据源的所有数据都进行存储，后续则只对更新后的数据进行存储。数据抽取方法通常被分为基于查询数据的数据抽取和基于日志的数据抽取两大类。

1) 基于查询数据的数据抽取

数据的更新通常是通过插入、修改、删除三种操作进行的，所以在进行这三种操作时进行相应的标识，则可快速分辨出哪些数据是已抽取过的数据，哪些是需要后续抽取的数据。根据不同的标识方式可分为触发器方式、增量字段方式、时间戳方式和全表删除插入方式。

触发器方式(或称快照式)抽取数据，是指在要抽取的表上建立需要的触发器，每当源表中的数据发生变化时，就被相应的触发器将变化的数据写入一个临时表，抽取线程从临时表中抽取数据，临时表中抽取过的数据被标记或删除。其优点是性能高、速度快，不需要修改业务系统的表结构，可以实现数据的递增加载。但这种方式要求在业务表上建立触发器，对业务系统有一定的影响，容易对源数据构成威胁。触发器方式的数据抽取如图 1-5 所示。

增量字段方式抽取数据，是指在源表上创建或添加一个字段，系统更新修改表数据的时候，同时修改该字段的值。当进行数据抽取时，通过比较上次抽取时记录的字段值来决定抽取哪些数据。严格意义上讲，该字段要求必须递增且唯一，所以被称为增量字段。但此种方法无法捕获对字段以前数据的删除和更新操作，使得在数据准确性上受到一定的限制。增量字段方式的数据抽取如图 1-6 所示。

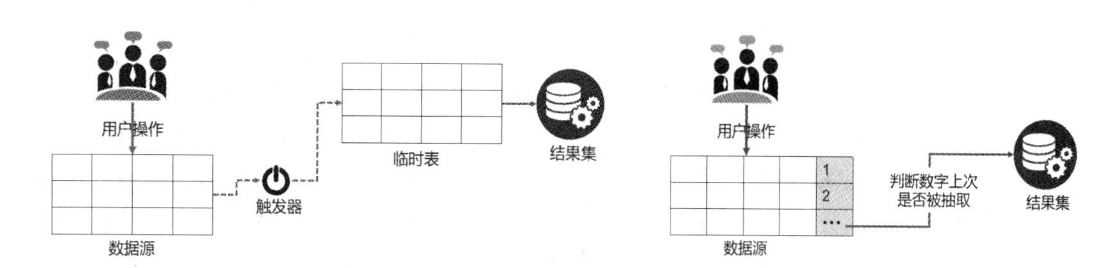

图 1-5 触发器方式的数据抽取　　图 1-6 增量字段方式的数据抽取

时间戳方式抽取数据，是指在源表上创建或添加一个时间戳字段，系统更新修改表数据的时候，同时修改时间戳字段的值。当进行数据抽取时，通过比较上次抽取时间与时间戳字段的值来决定该次抽取哪些数据。对不支持时间戳字段自动更新的数据库，该方法需要业务系统来维护。在业务系统比较复杂的情况下有可能无法保证时间戳的递增性。时间戳方式的数据抽取如图 1-7 所示。

全表删除插入方式抽取数据，是指在每次进行数据抽取操作前均先删除目标表数据，然后重新加载全部数据。加载规则简单，该方式一般适用于数据量比较小的字典数据表，不适合存储大量数据的业务表，如果数据之间有关联关系，则需要重新进行表的创建。全表删除插入方式的数据抽取过程如图 1-8 所示。

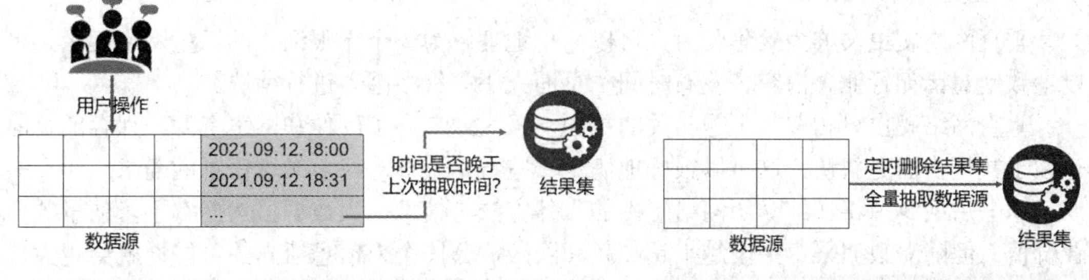

图 1-7　时间戳方式的数据抽取　　图 1-8　全表删除插入方式的数据抽取

2) 基于日志的数据抽取

数据库或管理系统的每一个操作都会进行日志记录，以方便历史记录的查询及故障的恢复。特别是数据库系统，为保证事务的原子性和持久性，每一条命令都会存储在日志文件中，当一个事务有多条命令时，只有当提交事务时，才会将数据真正地写入数据库。若遇到事务中途中断，则利用日志文件中的记录撤销并回滚到初始状态。

基于日志的数据抽取主要是通过采集日志把已经提交的事务数据抽取出来，对于没有提交的事务则不做任何操作。其优点是不需要修改业务系统表结构，数据完整准确，使用方便。其缺点是环境配置复杂，需要占用数据库系统的一定资源，且后期分析数据的结构会比较麻烦。

2. 数据抓取

除了从已整理好的数据集中获取数据，网络也是大数据的重要来源。不同的人、不同的企业，甚至不同的机器，目前都可以通过网络进行数据传输。在数据传输的过程中，自然而然地就会形成大量的数据。百度、Yahoo、Google 等搜索引擎就致力于在网络上进行有效信息的搜索。由于不同领域、不同背景的用户往往具有不同的检索目的和需求，通过搜索引擎查询返回的结果往往包含大量用户不关心的信息，所以如何在网络上根据自己的实际需求进行针对性的数据获取成为一项重要工作。

数据抓取也称为网络爬虫，是指从网上获取数据，并将获取的数据转化为结构化数据，最终将数据存储到本地计算机或数据库的一种技术。网络爬虫通常体现在网页抓取中，主要包括批量网络爬虫、增量网络爬虫、垂直网络爬虫等几种方式。

1) 批量网络爬虫

批量网络爬虫有比较明确的抓取范围和目标，当爬虫达到设定的目标后，即停止抓取过程。比如抓取了一定数量的网页，或者达到既定的抓取时间等。

2) 增量网络爬虫

增量网络爬虫只爬取新产生或发生更新的网页数据。对于一般的网站，页面都是处于不断变化中的，若每次都进行全站数据爬取，工作量会非常大。与周期性和刷新页面的网络爬虫对比，增量网络爬虫只会在需要的时候爬取新产生或发生更新的网页，并不重新下载没有发生变化的网页页面，可有效减少数据下载量，及时更新已爬取的网页，缩减时间和空间上的耗费，但它也会增加爬行算法的复杂度和实现难度。

实际生产环境中，通常是将批量网络爬虫与增量网络爬虫结合进行数据爬取。

3) 垂直网络爬虫

垂直网络爬虫又称为聚焦爬虫，可以简单地理解为一个无限细化的增量网络爬虫，可以细致地对诸如行业、内容、发布时间、页面大小等很多因素进行筛选。

垂直网络爬虫只爬取与主题相关的页面，极大地节省了硬件和网络资源，保存的页面也由于数量少而更新快，这可以很好地满足一些特定人群对特定领域信息的需求。

本书后面章节将详细介绍网络爬虫的具体方法与技术。大数据虽然拥有不可估量的商业价值，但随着数据采集手段越来越高超和隐蔽，公民个人信息泄露的可能性就会越大，人们也可能面临各种违法犯罪行为的威胁。因此，大数据时代，人们得益于数据采集时也要警惕对公众隐私安全的侵犯。

3. 数据收集

除了能直接获取数据之外，有时还需要根据实际需求，通过问卷调查、观察、实验、文献检索等方式收集数据。收集数据前必须要明确目标，即明确为什么要收集数据？收集数据是用来干什么的？从目标导向再去分析需要收集什么样的数据，以及用什么样的方法进行数据收集。

1) 观察法

观察法是研究者通过感官或一定的仪器设备，有目的、有计划地对特定对象或事物进行观察、记录的方法。进行观察前必须进行设计，包括观察的内容、观察的策略、观察的记录形式、训练观察人员。

2) 访谈法

访谈法是研究者通过与被研究对象进行口头交谈，了解和收集数据资料的一种研究方法。它的最大特点是整个访谈过程是访谈者与被研究者相互影响、相互作用的过程。要使访谈法能收集到所研究问题的数据资料，在访谈之前也必须认真设计，如目标数据、访谈程序、访谈对象选择、访谈人员选取与训练等。

3) 问卷法

问卷法是研究者用统一、严格设计的问卷来收集数据资料的一种研究方法。其特点是标准化程度比较高，能有效避免研究的盲目性和主观性，并且能在较短时间内收集到大量的资料，也便于定量分析。问卷的设计是问卷法最关键的环节，它会直接影响研究结果的科学性，并在很大程度上决定了问题的回收率和有效率。

4) 测试法

测试法是通过一些测试直接获取被研究者数据的一种方法。它一般采用的是一套标准化的测试题或程序，收集的数据也能较客观地反映被研究者的某些特征。

1.1.3 数据预处理

当通过不同的方法手段获取不同来源的数据后，会发现数据类型、数据值等都各不相同。哪怕是同一事务，都可能出现各数据源数据不一致等现象。究竟以哪个数据为准，这是一个急需解决的问题。所以，在数据收集过程中，必须考虑准确性、完整性、一致性等问题。

准确性是指与期望值之间的匹配度。每一个数据都有它自己的“标准”或“期望”，但实际过程中，通常会出现人为(分无意和有意)错误、计算机错误、格式错误等情况。这会严重影响数据的准确性，从而影响分析结果。

完整性是指数据的精准性和可靠性。它主要包括数据信息的完整(如：谁？什么时候？什么样的数据？)，数据的可靠(如：是否遵循相关协议？是否有歧义？)等。完整的数据才可能分析出更有价值的“信息”。

一致性是指不同数据平台获得的数据格式是否一致、结构是否一致等特性。影响数据质量的一些特征还包括及时性(按照预期进行数据更新)、可信度(用户信任的数据量)以及可解释性(所有利益相关方是否都能轻松理解数据)。

为确保获得高质量的数据，对数据进行预处理就显得至关重要。数据预处理分为数据清洗、数据集成、数据转换和数据规约四个环节，但在实际的预处理过程中，这四个环节不一定都用得到，也没有固定的顺序，甚至有些环节可能先后要多次进行。

1. 数据清洗

数据清洗是指将数据中“不干净”“不好用”的数据“洗”掉。其中的“不干净”数据主要包括异常值、缺失值、重复值等。结合业务实际情况，根据数据的重要性，通常有忽略、删除、填充三种处理方式。

2. 数据集成

数据集成是指将不同来源的数据合并在同一个数据集中，以方便后续的数据分析处理。数据集成过程中最容易出现数据冗余和数据不一致问题。

数据冗余是指同一个数据在系统中多次重复出现。在文件系统中，由于文件之间没有联系，会导致同一个数据在多个文件中出现，或者同一个文件在多个文件夹中出现的情况。虽然有时会增加数据的安全性，避免因为某些意外而导致数据丢失，但大量的冗余出现会浪费存储空间。数据库系统中的数据基本是关系型数据，本身就有紧密的联系，但在数据库结构设计时，若考虑不完善，也极容易出现相同的属性在不同的表中同时出现的情况。

数据不一致是指数据在不同的数据集中表现出的数值、结构、语义不统一。这是因为不同的系统对于同一事务的关注重点不一样，从而导致数据的属性、维度，甚至编码方式不一致。比如，“张三”同学在不同的数据集中可能存入的是学号、电话号码或者身份证号，而“张三”同学在不同的数据集中的成绩可能是 68、及格或者 D，甚至“张三”同学 97 分的成绩在另一个数据集中被记录为“不及格”。

数据集成重点要解决以上问题，其方法主要有模式集成、数据复制、综合性集成。

(1) 模式集成，即将所有数据集成到同一模式下，通过构建全局模式与数据源视图间的映射关系，而不是复制数据的方式，处理用户在全局模式基础上的查询请求。联邦数据库和中间件集成方法是现有的两种典型的模式集成方法。

(2) 数据复制，即将各个数据源的数据复制到与其相关的其他数据源上，并维护数据源整体上的数据一致性，提高信息共享利用的效率。数据仓库是一种数据复制较好的方式。

(3) 综合性集成，即混合使用模式集成和数据复制两种数据集成方式。对于本地数据源或单一数据源需求的用户，通过数据复制的方式实现用户的访问需求，对于复杂要求的用户，则使用虚拟视图的方式进行数据集成。

3. 数据转换

数据集成后，会出现同一实体属性过多、过细等现象，这不利于后期的数据分析，所以需要进行数据转换。数据转换主要是找到数据的特征表示，用维变换或转换方法减少有效变量的数目或找到数据的不变式，包括规格化、规约、转换、旋转、投影等操作。规格化是指将元组集按照规格化条件进行合并，也就是属性值量纲的归一化处理。规格化定义了属性的多个取值到给定虚拟值的对应关系，对于不同的数值属性特点，一般可以分为取值连续和取值分散的数值属性规格化问题。

将数据转换或统一成适合于数据挖掘的形式。通常涉及数据光滑、数据聚集、数据泛化、数据规范化等内容。

(1) 数据光滑，即去掉数据的噪声，包括分箱、回归和聚类。

(2) 数据聚集，即对数据进行汇总或聚集，通常用来为多粒度数据分析构造数据立方体。

(3) 数据泛化，即使用概念分层，用高层概念替换底层或“原始”数据。

(4) 数据规范化又称为数据归一化，即将属性数据按比例缩放，使之落入一个小的特定区间。

4. 数据规约

数据集可能非常大，面对海量数据进行复杂的数据分析和挖掘将需要很长时间。比如，一个人的年收入可能是在零到几千万甚至上亿这个范围内，若将最低值归约为 0，最高值规约为 1，则所有人的收入都能用 0～1 之间的数据表示，这将大大减少数据的计算量。数据归约技术可以用来得到数据集的归约表示，数据规约值虽然小很多，但它仍接近保持原数据的完整性。数据归约策略通常包括数据立方体聚集、属性子集选择、维度规约、数值规约等。

(1) 数据立方体聚集，即聚集操作用于数据立方体结构中的数据。数据立方体存储多维聚集信息。

(2) 属性子集选择，即通过搜索数据中所有可能的属性组合，以找到预测效果最好的属性子集。

(3) 维度归约，即使用数据编码或变换，以便得到原数据的归约或“压缩”表示。归约分为无损归约和有损归约。有效的有损归约方法为小波变换和主成分分析。

(4) 数值归约，即通过选择替代的、较小的数据表示形式来减少数据量。

经过数据预处理，基本能得到一个较完整、准确、标准化的数据集，此时再进行数据分析会事半功倍。

1.2　网络爬虫原理和分类

网络爬虫又称为网页蜘蛛或网络机器人，是一种按照一定规则自动地抓取万维网信息的程序或者脚本。它还有一些不常使用的名字，如蚂蚁、自动索引、模拟程序或者蠕虫。

大型的 IT 企业(如微软、百度、腾讯等)有庞大的用户群体，能够方便获取用户数据，进行统计、分析和应用。但对于一些中小型企业，没有大量的用户，通常通过购买(如企业征信数据)、人工收集(如问卷调查)、网络爬取、下载政府开放数据等方式来获取数据。相对来说，网络爬虫已经成为IT企业优先选择的数据采集方式。

1.2.1 爬虫原理

一个基本的爬虫通常分为数据采集(网页下载)、数据处理(网页解析)和数据存储(将有用的信息持久化)三部分内容。更为高级的爬虫在数据采集和处理时会使用并发编程或分布式技术，其中可能还包括调度器和后台管理程序(监控爬虫的工作状态以及检查数据爬取的结果)。通用网络爬虫实现原理如图1-9所示。其实现过程如下：

(1) 获取初始的URL。初始的URL地址可以由用户人为指定，也可以由用户指定的某个或某几个初始爬取网页决定。

(2) 根据初始的URL爬取页面并获取新的URL。获得初始的URL地址之后，需要爬取对应URL地址中的网页。爬取了对应的URL地址中的网页后，将网页存储到原始数据库中，并且在爬取网页的同时，发现新的URL地址。

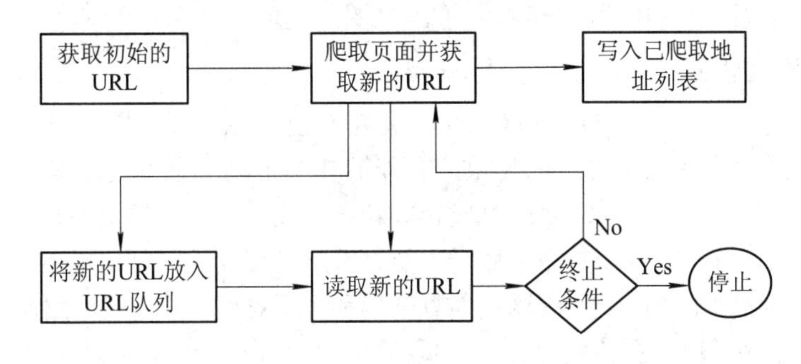

图1-9 通用网络爬虫实现原理

(3) 将新的URL放入URL队列中。将第(2)步中获取的新的URL地址放到URL队列中，用于去重及判断爬取的进程。

(4) 从URL队列中读取新的URL，依据新的URL爬取网页，同时从新网页中获取新的URL，并重复上述的爬取过程。

在编写爬虫的时候，一般会设置相应的停止条件。如果没有设置停止条件，爬虫则会一直爬取下去，直到无法获取新的URL地址为止，若设置了停止条件，爬虫则会在停止条件满足时停止爬取。

1.2.2 爬虫分类

网络爬虫按照系统结构和实现技术，大致可以分为通用网络爬虫、聚焦网络爬虫、增量式网络爬虫以及深层网络爬虫等类型。

1. 通用网络爬虫

通用网络爬虫又称全网爬虫(Scalable Web Crawler)，爬取对象从一些种子URL扩充到整个Web，主要为门户站点搜索引擎和大型Web服务提供商采集数据。由于商业原因，它们的技术细节很少公布出来。通用网络爬虫的结构大致可以分为页面爬取模块、页面分析模块、链接过滤模块、页面数据库、URL队列、初始URL集合几个部分。为提高工作效率，通用网络爬虫会采取一定的爬取策略。常用的爬取策略有深度优先策略和广度优先策略。

此类爬虫爬取范围广、爬取数据量巨大，通常采用并行工作方式进行爬取，对于爬虫的速度和存储空间要求高。

2. 聚焦网络爬虫

聚焦网络爬虫(Focused Crawler)又称主题网络爬虫(Topical Crawler)，是指选择性地爬取那些与预先定义好的主题相关页面的网络爬虫。与通用网络爬虫相比，聚焦爬虫只需要爬取与主题相关的页面，极大地节省了硬件和网络资源，保存的页面也由于数量少而更新快，还可以很好地满足一些特定人群对特定领域信息的需求。聚焦网络爬虫和通用网络爬虫相比，增加了链接评价模块以及内容评价模块。聚焦网络爬虫爬取策略实现的关键是评价页面内容和链接的重要性，不同的方法计算出的页面内容的重要性不同，由此导致链接的访问顺序也不同。主要的爬取策略包括基于内容评价的爬取策略、基于链接结构评价的爬取策略、基于增强学习的爬取策略和基于语境图的爬取策略。

3. 增量式网络爬虫

增量式网络爬虫(Incremental Web Crawler)是指对已下载网页采取增量式更新和只爬取新产生的或者已经发生变化的网页的爬虫，它能够在一定程度上保证所爬取的页面是尽可能新的页面。增量式爬虫只会在需要的时候爬取新产生或发生更新的页面，并不重新下载没有发生变化的页面，可有效减少数据下载量，及时更新已爬取的网页，减小时间和空间上的耗费。但是这种网络爬虫增加了爬取算法的复杂度和实现难度。增量式网络爬虫的体系结构包含爬取模块、排序模块、更新模块、本地页面集、待爬取 URL 集以及本地页面 URL 集。

4. 深层网络爬虫

Web 页面按存在方式可以分为表层网页和深层网页。表层网页是指传统搜索引擎可以索引的页面，以超链接可以到达的静态网页为主构成的 Web 页面。深层网页是那些大部分内容不能通过静态链接获取的、隐藏在搜索表单后的，只有在用户提交一些关键词后才能获得的 Web 页面。比如那些用户注册后内容才可见的网页就属于深层网页。2000 年 Bright Planet 指出：深层网页中的可访问信息容量是表层网页的几百倍，是互联网上最大、发展最快的新型信息资源。深层网页爬虫体系结构包含六个基本功能模块(爬取控制器、解析器、表单分析器、表单处理器、响应分析器、LVS 控制器)和两个爬虫内部数据结构(URL 列表、LVS 表)。

1.2.3　常用爬虫工具

1. 浏览器 Chrome 及扩展

谷歌浏览器 Chrome 是爬虫的基础工具，用它可以实现初始的爬取分析、页面逻辑跳转、简单的 JS 调试、网络请求等步骤。Chrome 拥有一系列与爬虫相关的扩展功能，常用插件包括 Web Scraper、Data Scraper、Listly 等。

Web Scraper 支持点选式的数据抓取、动态页面渲染，并且专门为 JavaScript、Ajax、下拉拖动、分页功能做了优化，带有完整的选择器系统，另外，它还支持数据导出到 CSV

等格式。同时还支持定时任务、API式管理、代理切换等功能。

Data Scraper可以将单个页面的数据通过点击的方式爬取到CSV、XSL文件中。在这个扩展中已经预定义了5万多条规则，可以用来爬取近1.5万个热门网站。

Listly可以快速地将网页中的数据进行提取，并将其转化为Excel表格导出，操作非常便捷。比如获取一个电商商品数据、文章列表数据等，使用它就可以快速完成。另外，它也支持单页面和多页面以及父子页面的采集。

2. 爬虫框架

计算机中的框架，通常是指一种经过检验、具有一定功能的半成品软件。用户在使用时，可根据不同的具体问题，在此结构上进行扩展，加入更多的组成部分，从而更迅速和方便地构建完整的数据解决方案。框架本身一般不会完整到可以解决特定问题，但其本来就是为扩展而设计的，所以会为后续扩展的组件提供很多辅助性、支撑性的实用工具。常用爬虫框架有十种以上，这里简单介绍以下三种高效的Python爬虫框架。

Scrap是Python爬虫学习者使用最多的爬虫框架。框架本身性能卓越、可配置化极强，另外，其开发者社区十分活跃，并且Scrapy具有配套的各种插件，几乎可以实现任何站点的爬取逻辑。

PySpider是一个国内编写基于Python开发的爬虫框架，它带有可视化的管理工具，并且可以通过在线编程的方式完成爬虫的创建和运行。另外，它还支持分布式爬取，并支持将数据存储到各种数据库。

Cola是一个分布式的爬虫框架，对于用户来说，只需编写几个特定的函数，而无需关注分布式运行的细节。任务会自动分配到多台机器上，整个过程对用户是透明的。

3. 商业服务

网络爬虫越来越为人所熟知。为了进一步简化其操作及降低其技术难度，很多公司开发出专门的工具、软件，或提供网络爬虫服务。利用这些服务，普通用户也可以轻松访问网络数据资源，有条不紊、快速地抓取网页，无需编程并将数据转换为符合其需求的各种格式。目前比较流行的有八爪鱼、HTTrack、ParseHub等。

八爪鱼是一款免费且功能强大的网站爬虫，用于从网站上提取几乎所有类型的数据。八爪鱼提供简易和自定义采集两种模式。它可以使用其内置的正则表达式工具从复杂的网站布局中提取许多棘手网站的数据，并使用XPath配置工具精确定位Web元素。另外，八爪鱼提供自动识别验证码以及代理IP切换功能，可以快速地突破常用的网站反爬虫策略。

HTTrack提供的功能非常适合从互联网下载整个网站到个人计算机上。它提供了适用于Windows、Linux、Sun Solaris和其他Unix系统的版本，可以将一个站点或多个站点镜像在一起，还提供代理支持，以通过可选身份验证最大限度地提高速度。HTTrack一般用作命令行程序，也可以通过Shell用于私有数据捕获或专业级(在线Web镜像)使用。所以它比较适合具有高级编程技能的人使用。

ParseHub是一个基于Web的抓取客户端工具，支持JavaScript渲染、Ajax爬取、Cookies、Session等机制，该应用程序可以分析和从网站获取数据并将其转换为有意义的数据。它还可以使用机器学习技术识别复杂的文档，并能导出为JSON、CSV、Google表格等格式文件。

1.3　网络爬虫法律规范

数据是大部分 IT 企业的核心资产。在大数据迅速发展的今天，因为数据而产生的侵权纠纷事件不断发生，与数据相关的法律法规也在不断完善。如版权(著作权)、商业秘密权、隐私权、人身权、合同债权以及不正当竞争保护可能被主张。了解数据隐私保护、Robots 协议、相关法律法规对于爬虫工程师、爬虫爱好者至关重要，可以避免触碰法律红线。

1.3.1　数据隐私保护

现在，爬虫已经成为一种互联网时代下较为普遍运用的网络信息收集技术。爬虫作为一种计算机技术，具有技术中立性，爬虫技术在法律上从来没有被禁止。由于部分数据存在敏感性，如果不能甄别哪些数据是可以爬取的，哪些数据的爬取会触碰法律红线，使用爬虫技术就可能会涉及刑事处罚的风险，其中主要的敏感数据有个人隐私数据和企业敏感数据。

1. 个人隐私数据

在全国信息安全标准化技术委员会 2017 年 12 月 29 日正式发布的规范《信息安全技术 个人信息安全规范》(标准号：GB / T 35273—2017)中，对个人信息和个人敏感信息进行了定义。其中，个人敏感信息是指一旦泄露、非法提供或滥用可能危害人身和财产安全，极易导致个人名誉、身心健康受到损害或歧视性待遇等的个人信息。

任何经营活动都难免会跟个人信息打交道，哪怕是线下超市允许消费者赊账，也需要记录消费者的姓名和电话以备不时之需。在大数据时代，使用个人信息的核心要点是同意原则，它包括默认同意、明示同意和授权同意。其中，最安全的方法是获得明示同意(如银行办卡时，手写“我完全阅读并理解上面的条款”)，其次是授权同意(如各大 APP 软件的同意授权勾选项)。国内使用最多的是默认同意(如双方签订个协议，留下了某些个人信息)，其中往往存在较大的风险。当然，除了同意使用之外，个人信息还涉及是否能够转移使用的问题。

作为目前世界上最严的数据法律，GDPR(General Data Protection Regulation，通用数据保护条例)强调，必须经过个人的明确许可方能获取、处理、使用这些数据。这样的许可不仅必须是清晰、明确、简明的，不能引起用户的误解、忽视，或是因为觉得麻烦而略过，还必须清楚地表明使用的目的、范围、产生的后果等，以帮助用户进行判断是否应该授权。此外，所有的授权都不再是一次性的，而是必须基于每一次“用例”，即每一次需要用到用户数据的时候，都要征询用户的许可。同时，企业需要提供足够的便利和权限，让用户能够访问自己的全部数据，而且不应该收取用户任何费用。数据主体有权禁止数据处置方将其信息用于特定的用途，有权利要求掌握数据的人擦除掉关于数据主体的所有数据。

2. 企业敏感数据

每个企业也拥有自己的敏感数据，比如商业秘密、知识产权、关键业务信息、业务合作伙伴信息或客户信息等。敏感数据包括结构化和非结构化数据两种形式。结构化敏感数据存在于业务应用程序、数据库、企业资源规划(ERP)系统、存储设备、第三方服务提供商、备份介质及企业外部存储设施内。非结构化敏感数据则散布于企业的整个基础设施中，包括台式机、手提电脑、各种可移动硬盘及其他端点上。

对企业敏感的员工、客户和业务数据加以保护的需求正在不断上升，无论此类数据位于何处均是如此。到目前为止，大部分数据盗窃案起源于个体黑客对生产数据库的恶意侵入。鉴于一系列众所周知且代价惨重的盗窃案为受害企业造成的重大法律责任及负面报道，针对此类侵害的防护措施和手段正在快速地变得成熟、先进，但攻击者同样也在步步紧逼。

尽管业界已经对最险恶的数据盗窃采取了应对措施，但许多计算机系统在某些层面上依然存在易受攻击的弱点。当今的全新数据安全规程尚未实际触及到一个重要的数据层并为之提供保护，比如用于开发、测试和培训的非生产系统。在所有规模的企业中，通常未能对这些系统提供充分保护，从而在数据隐私方面留下巨大漏洞。这些环境利用真实数据来测试应用程序，存放着企业中一些最机密或敏感的信息，比如身份证号码、银行记录及其他财务信息。

1.3.2 Robots 协议

Robots 协议是一种存放于网站根目录下的 ASCII 编码的文本文件，它通常告诉网络搜索引擎的爬虫，此网站中的哪些内容是不应被搜索引擎的爬虫获取的，哪些是可以被爬虫获取的。

1. Robots 文件

Robots.txt 文件放置于网站的根目录下。最简单的 Robots 只有 User-Agent 和 Disallow 两条规则。User-Agent 用于指定对哪些爬虫生效。Disallow 用于指定要屏蔽的网址。以京东网站为例，在浏览器地址栏输入 https://www.jd.com/robots.txt，Robots 协议文本内容如图 1-10 所示。京东网站禁止所有爬虫访问网站根目录下的文件以及 pop、pinpai 二级域名下的 HTML 文件，同时禁止一淘网、惠惠网、购物党、我查查四个电商网站爬取任何资源。

```
User-agent: *
Disallow: /?*
Disallow: /pop/*.html
Disallow: /pinpai/*.html?*
User-agent: EtaoSpider
Disallow: /
User-agent: HuihuiSpider
Disallow: /
User-agent: GwdangSpider
Disallow: /
User-agent: WochachaSpider
Disallow: /
```

图 1-10　京东网站 Robots 协议内容

2. Robots 协议缺陷

Robots 协议并不是一个规范，只是约定俗成的君子协定，所以并不能保证网站的隐私。

它主要存在协议一致性、缓存、ignore、偷爬和泄密等问题。

1) 协议一致性

Robots 协议不是一个正式的标准，各个搜索引擎都在不断地扩充 Robots 功能，这就导致每个引擎对 Robots 的支持程度各有不同，更不用说在某个功能上具体实现的不同了。

2) 缓存

Robots 本身也是需要抓取的，但是 Robots 更新不频繁，并且其内容需要解析，因此出于效率考虑，爬虫一般不会在每次抓取网站网页前都抓一下 Robots。通常爬虫的做法是先抓取一次，解析后缓存下来，而且是保存相当长的时间。假设网站管理员更新了 Robots，修改了某些规则，但是对爬虫来说，这些修改并不会立刻生效，只有当爬虫下次抓取 Robots 之后才能看到最新的内容。尴尬的是，爬虫下次抓取 Robots 的时间并不是由网站管理员控制的。当然，有些搜索引擎提供了 Web 工具可以让网站管理员通知搜索引擎哪个 URL 发生了变化，建议重新抓取。注意，此处是建议，即使通知了搜索引擎，搜索引擎何时抓取仍然是不确定的，只是比完全不通知要好些，至于好多少，那就看搜索引擎的技术能力了。

3) ignore

不知是无意还是有意，有些爬虫不太遵守或者完全忽略 Robots，这不排除开发人员能力的问题，比如说开发人员根本不知道 Robots。另外，Robots 本身不是一种强制措施，如果网站有数据需要保密，则必须采取技术措施，比如用户验证、加密、IP 拦截、访问频率控制等。

4) 偷爬

即使采用了种种限制，仍然存在某些恶意的抓取行为能突破这些限制，比如一些利用肉鸡(肉鸡也称傀儡机，指可以被黑客远程控制的机器)进行的爬取。悲观地说，只要普通用户可以访问，就不能完全杜绝这种恶意抓取行为。但是，可以通过种种手段使爬取的代价增大到让对方无法接受，比如使用短信验证码、滑动验证码、Cookie、Ajax 异步加载等。

5) 泄密

Robots 本身还存在泄密的风险。比如，某网站的 Robots 里突然新增了“Disallow/map/”语句限制，如果一些有好奇心的人尝试着用各种文件名去访问该路径下的文件，则可能导致某些数据泄露。

1.3.3 法律法规

网络爬虫技术可为企业带来巨大的商业利益。如北京警方 2019 年破获巧达科技非法获取计算机信息系统数据案。巧达科技的简历数据库通过利用大量代理 IP 地址、伪造设备标识等技术手段，绕过招聘网站服务器防护策略，窃取存放在服务器上的用户数据，非法获取的简历超过 2 亿条。从不同网站窃取来的信息被重新合并、排列或是由不完整的信息经过“再比对”后形成完整的简历和用户画像。基于这些数据，巧达科技开发了“72 招浏览器”，将其简历数据库以每年 13800 元的价格卖给有需求的企业客户，客户就可以在浏览器上直接调取个人简历信息。根据最高人民法院、最高人民检察院关于办理侵犯公民个人信息刑事案件适用法律若干问题的解释，非法获取 5 万条数据或违法所得 5 万元就足够《中华人民共和国刑法》意义上的“情节特别严重”，面临三年以上七年以下有期徒刑，并处罚金。

2019 年 5 月 28 日，国家互联网信息办公室就《数据安全管理办法(征求意见稿)》公开征求意见，这是我国数据安全立法领域的里程碑事件，也首次划定了“爬虫”的法律红线。意见稿以法律的形式规范数据收集、存储、处理、共享、利用以及销毁等行为，强化对个人信息和重要数据的保护，维护网络空间主权和国家安全、社会公共利益，保护自然人、法人和其他组织在网络空间的合法权益。

其中《数据安全管理办法(征求意见稿)》第十六条明确了对网络爬虫的使用限制，原文为“网络运营者采取自动化手段访问收集网站数据，不得妨碍网站正常运行；此类行为严重影响网站运行，如自动化访问收集流量超过网站日均流量三分之一，网站要求停止自动化访问收集时，应当停止”。但如何界定网站日流量，意见稿未明确说明。

除此之外，该管理办法中第二十七条对个人信息的使用上规定了五点例外。网络运营者向他人提供个人信息前，应当评估可能带来的安全风险，并征得个人信息主体同意。例外包括从合法公开渠道收集且不明显违背个人信息主体意愿；个人信息主体主动公开；经过匿名化处理；执法机关依法履行职责所必需；维护国家安全、社会公共利益、个人信息主体生命安全所必需。

本章小结

本章概述了大数据的来源、数据采集方式以及数据预处理过程。重点介绍了爬虫的基本原理、爬虫分类、常用的爬虫工具以及大数据隐私保护的相关知识。对于爬虫爱好者来说，数据隐私保护以及 Robots 协议是读者必须了解的内容，以免触碰法律红线。

本章习题

1. 数据源分别有哪些？
2. 数据收集的手段分别有哪些？
3. 爬虫有哪些类型？它们分别适用于哪些不同的场景？
4. 网络数据获取过程中有哪些法律法规需要遵守？
5. 拓展思考：若想对每个人进行信用评级，应该获取哪些数据？能从哪些地方以哪些手段获取这些数据？

第 2 章 Python 基础

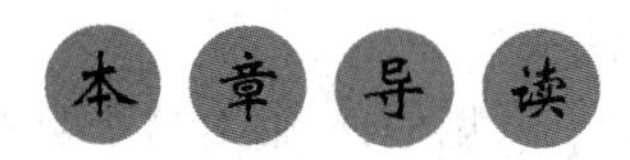

在正式学习 Python 网络爬虫之前，读者需要提前掌握一定的 Python 基础理论知识。本章将分别介绍 Python 爬虫环境的构建(包括 Python 3.7 解释器和集成开发环境 PyCharm 的安装)和 Python 基础知识(包括语法基础、数据类型、程序结构、函数和面向对象)两大核心内容，为后续章节的学习做必要的知识铺垫。

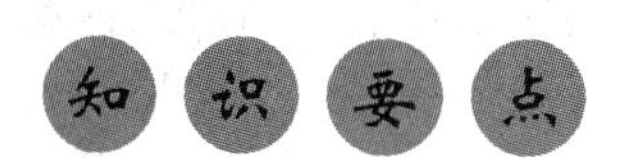

通过本章内容的学习，读者应了解或掌握以下知识技能：

- 掌握 Python 解释器的安装。
- 掌握常用数据类型字符串、列表、字典等的使用方法。
- 掌握 Python 分支结构以及循环结构。
- 掌握 Python 函数的定义、参数调用、匿名函数的定义。
- 了解 Python 高阶函数的使用方法。
- 掌握 Python 面向对象类的定义、实例化。

Python 是一种跨平台、开源、免费的解释型高级动态语言，易于学习，拥有大量的第三方库，可以高效地开发爬虫程序。本章将从 Python 环境搭建、语法基础、数据类型、程序结构、函数、面向对象几方面介绍 Python 核心基础知识，帮助零基础读者快速入门。

2.1 Python 环境搭建

Python 可应用于多个平台，包括 Windows、Linux、Mac OS 等，本节将以 Windows 为例，帮助读者快速搭建起 Python 基础开发环境，其 IDE(集成开发环境)选择目前使用最为广泛的 PyCharm。对于非 Windows 平台的 Python 环境搭建，建议读者参考 Python 官方文档(https://docs.python.org)。

2.1.1 Python 解释器

Python 是一种解释型、面向对象、动态数据类型的高级程序设计语言，要解释执行

Python 代码，需要用到 Python 的核心程序——Python 解释器。Python 官网提供了最新最全的解释器信息以及对应的相关文档，读者可以从中下载需要的版本进行安装，这里以 Windows 为例。

打开 Python 官网地址 www.python.org，点击菜单“Downloads”，选择“Windows”，点击“View the full list of downloads”链接选择下载版本，如图 2-1 所示。

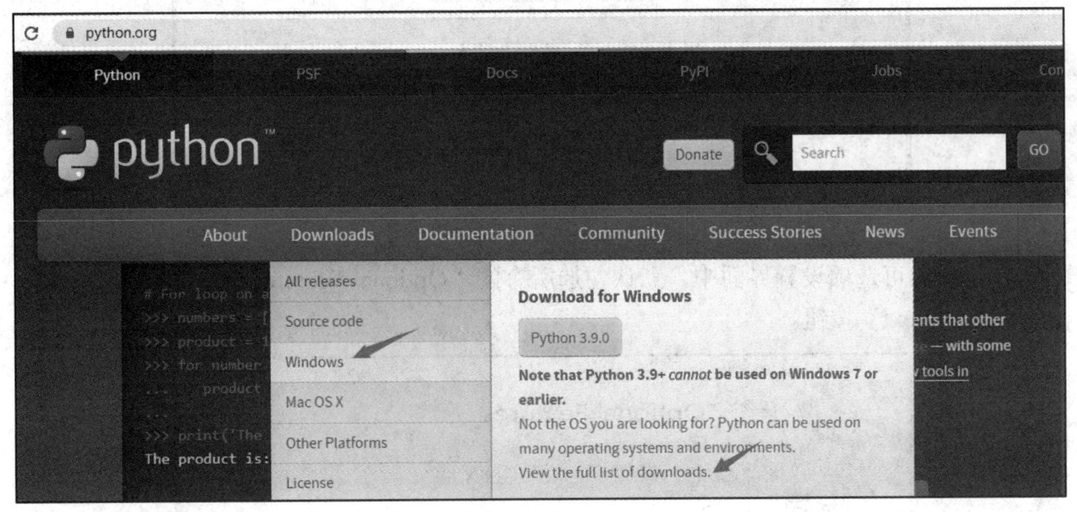

图 2-1　Python 官网下载界面

点击“Python 3.7.0”版本链接，如图 2-2 所示。根据电脑的系统信息(64 或 32 位)找到对应的安装文件，如图 2-3 所示。

Looking for a specific release?

Python releases by version number:

Release version	Release date	
Python 3.6.7	Oct. 20, 2018	Download
Python 3.5.6	Aug. 2, 2018	Download
Python 3.4.9	Aug. 2, 2018	Download
Python 3.7.0	June 27, 2018	Download

图 2-2　Python 解释器 3.7.0 版本

Files

Version	Operating System	Description
Windows x86-64 embeddable zip file	Windows	for AMD64/EM64T/x64
Windows x86-64 executable installer	Windows	for AMD64/EM64T/x64
Windows x86-64 web-based installer	Windows	for AMD64/EM64T/x64
Windows x86 embeddable zip file	Windows	

图 2-3　Python 解释器 3.7 版本安装包

下载完成后，使用管理员身份安装 Python，在图 2-4 所示的安装界面中，勾选“Add Python 3.7 to PATH”，并选择“Customize installation”。

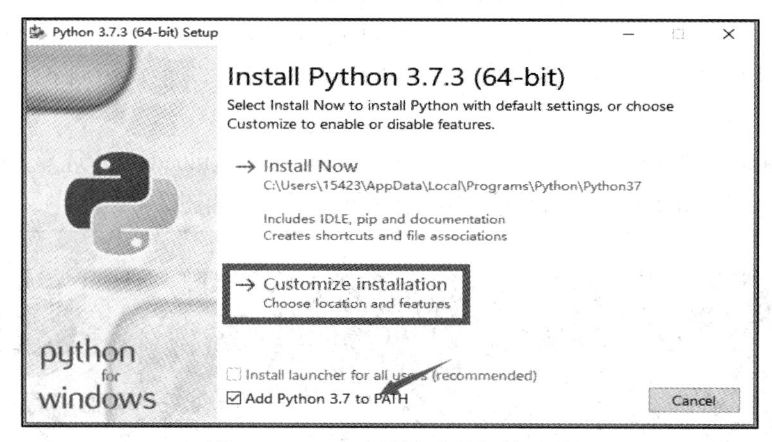

图 2-4　Python 解释器安装初始界面

在打开的可选项设置界面中，默认勾选所有的“Optional Features”，如图 2-5 所示，然后点击“Next”按钮。

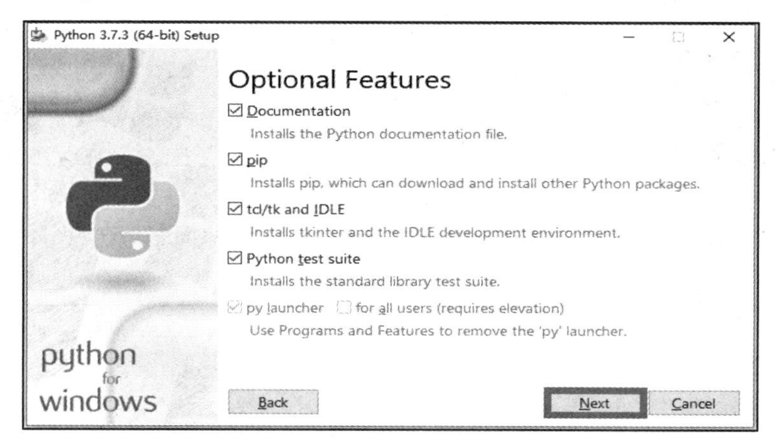

图 2-5　Python 解释器安装可选项设置

在图 2-6 所示的高级项设置界面中，选择 Python 解释器的安装路径并选择安装选项。建议勾选“Install for all users”选项，然后点击“Browse”按钮来选择安装路径，最后点击“Install”按钮。

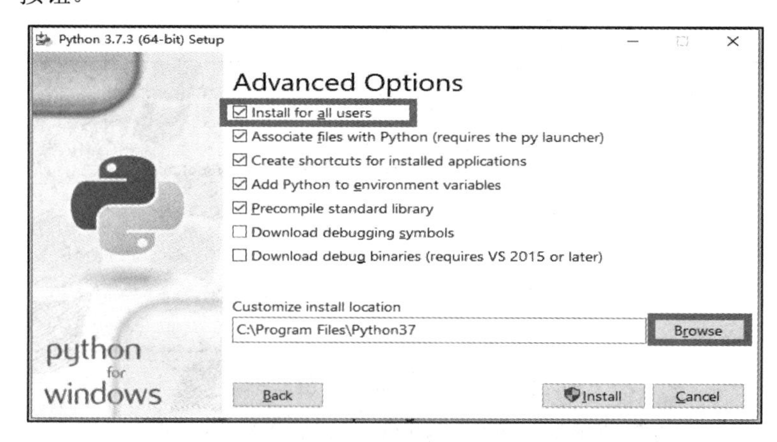

图 2-6　Python 解释器安装高级项设置

安装进行中，如图 2-7 所示。

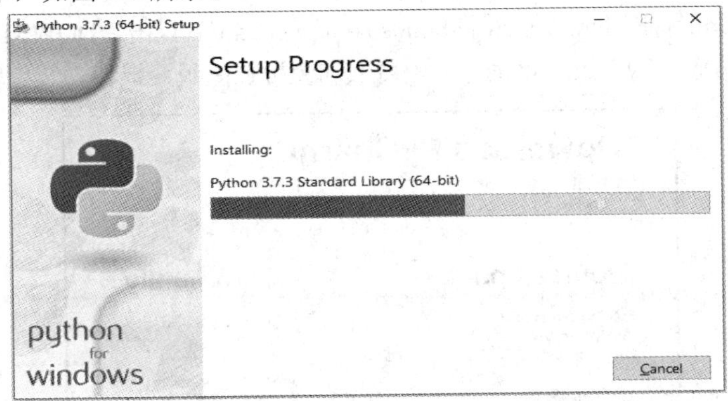

图 2-7　Python 解释器安装进行过程

当出现图 2-8 所示的界面后，则表示已经完成 Python 程序的安装。

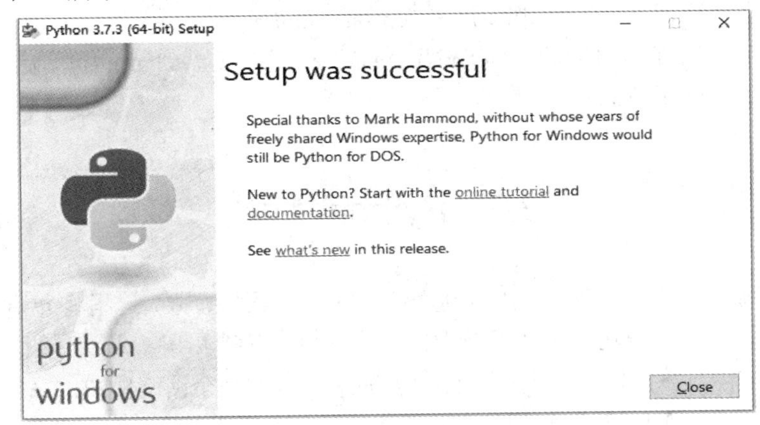

图 2-8　Python 解释器安装完成

Python 解释器安装完成后，如何检查 Python 是否安装成功并可正常使用呢？在 cmd 命令行窗口下输入“Python”后，出现 Python 相关版本信息后则表示 Python 解释器已安装并可正常使用，如图 2-9 所示。

图 2-9　Python 解释器安装成功

2.1.2　PyCharm 的安装

成功安装 Python 解释器后，接下来安装 Python 的集成开发环境 PyCharm。

什么是 PyCharm 呢？PyCharm 是目前应用较多的一种 Python 集成开发环境，其带有一整套可以帮助用户提高使用 Python 语言开发效率的工具，如调试、语法高亮、Project

管理、代码跳转、智能提示、自动完成、单元测试、版本控制等。

打开 PyCharm 官网 http://www.jetbrains.com/pycharm/后点击“DOWNLOAD”，出现如图 2-10 所示页面。PyCharm 提供专业收费版和免费社区版，推荐安装免费社区版。

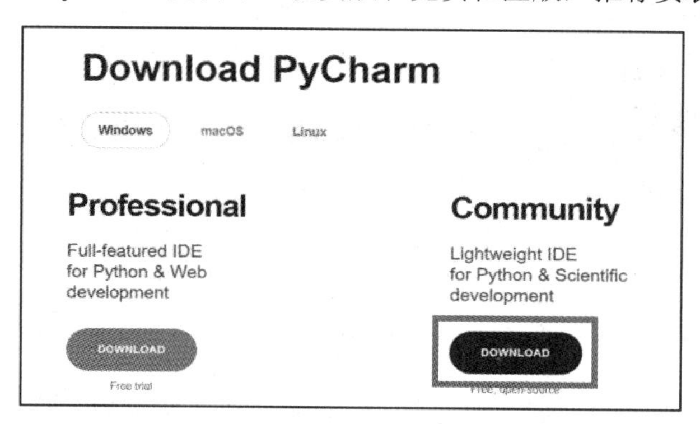

图 2-10　PyCharm 下载界面

点击 Community 版本对应的“DOWNLOAD”按钮下载 PyCharm 社区版。下载完成后，点击安装文件进行安装即可。

2.2　Python 基础

Python 基础知识是学习网络爬虫的基石，由于本书篇幅有限，这里将介绍 Python 基础语法、数据类型、程序结构、函数以及面向对象等核心基础知识，重点介绍数据类型、数据结构(列表、集合、字典、元组)以及函数编写，为学习整个网络爬虫的后续章节做必要的知识铺垫。对于更多的 Python 基础内容，读者可参考其他书籍或查阅 Python 官方文档。

2.2.1　Python 语法基础

1. 常量与变量

常量是内存中用于保存固定值的单元，在程序中常量的值不能发生改变。而实际在 Python 中并没有真正意义的常量，通常用全部大写的变量名习惯性地表示常量。参考代码如下：

```
>>> PI = 3.141592653
```

变量是赋值后可以改变值的标识符，变量是一个指针，指向一块内存。Python 是强类型语言，给 Python 的常量或变量赋了一个值，即指定了该常量或变量的类型，不需要显式指定变量的类型。同时 Python 是动态语言，给一个变量先赋值一个类型后，再次赋值其他类型也是允许的。一般形式为“变量名 = 变量值”。参考代码如下：

```
>>> city = "chongqing"
```

2. 标识符

Python 中标识符的第一个字符必须是以字母或下画线(_)，其他部分可以由字母(大写或小写)、下画线(_)或数字(0～9)组成。同时，标识符对大小写敏感，如 stu_name 和 stu_Name

不是一个标识符。保留字不能用作标识符的名称。可以使用 keyword 模块打印关键字，参考代码如下：

```
>>> city = "chongqing"
>>> import keyword
>>> print(keyword.kwlist)
['False', 'None', 'True', 'and', 'as', 'assert', 'async', 'await', 'break',
 'class', 'continue', 'def', 'del', 'elif', 'else', 'except', 'finally',
 'for', 'from', 'global', 'if', 'import', 'in', 'is', 'lambda', 'nonlocal',
 'not', 'or', 'pass', 'raise', 'return', 'try', 'while', 'with', 'yield']
```

不建议使用系统内置的模块名、类型名或函数名以及已导入的模块名及其成员名作标识符，这将会改变其类型和含义，可以通过“dir(__builtin__)”来查看所有内置模块、类型和函数。

3. 行与缩进

Python 中的一行代码通常是一条完整语句，但如果语句很长，可以使用反斜杠“\”来实现多行语句。同时也可以在同一行中使用多条语句，语句之间使用分号“;”分隔。参考代码如下：

```
>>> a = 1; b = 2; c = 3             #一行可以包括多个语句，语句之间用 ; 分开
>>> total = a + \
... b + \
... c
>>> total
6
```

Python 最具特色的就是使用缩进来表示代码块，而不像大多数其他语言使用大括号{}来表示。缩进的空格数是可变的，但是同一个代码块的语句必须包含相同的缩进空格数，一般使用一个 Tab 键来表示缩进。同时提醒刚开始接触编写 Python 代码的读者，一定注意缩进问题。参考代码如下：

```
>>> if True:
...         print ("Test1")
...         print ("True")
... else:
...         print ("Test2")
...     print ("False")
  File "<stdin>", line 6
    print ("False")
IndentationError: unindent does not match any outer indentation level
>>>   #缩进不一致，会导致运行错误
```

4. 运算符和表达式

表 2-1 清晰地列出各种运算符及其对应表达式的示例用法，供各位读者参考。

表 2-1　Python 运算符与表达式

运算符	名称	含　义	对应表达式示例
+	加	两数相加，或字符串合并	2+5 得到 7；'Learn'+'Python' 得到 'LearnPython'
-	减	两数相减，或负数	10−5 得到 5；−3.1 表示负数
*	乘	两数相乘，或字符串重复多次	3*7 得到 21；'py'*2 得到 pypy
x**y	幂	返回 x 的 y 次幂	2**8 得到 256；2.1**3 得到 9.261
/	除	两数相除	10/2 得到 5；10/3 得到 3.333333
//	向下取整	两数相除，返回离商最近且小的整数。如果除数和被除数中有浮点数，返回的也是浮点数	11 // 2 得到 5；−11 // 2 得到−6；5//1.34 得到 3.0
%	模除	求余数	10%3 得到 1；10%3.3 得到 0.1；−10%3.3 得到 3.2，因为−10//3.3 得到−4，−10−3.3*−4 得到 3.2
<<	左移	二进制操作，把数字的每个比特位向左移动特定位数(数字在内存中以二进制 0, 1 表示)	2<<3 得到 16，2 的二进制是：00000010，左移 3 位变成：0b00010000 即 16
>>	右移	把一个数的比特位向右移动特定位数	2>>1 得到 1
&	位与	两数对应的比特位进行与操作	8 & 9 得到 8
|	位或	两数对应的比特位进行或操作	8 | 9 得到 9
^	位异或	两数对应的比特位进行异或操作	8^9 得到 1
~x	位反	一个数 x 的比特位全部取反，值为−(x+1)	~8 得到−9
x<y	小于	返回 x 是否小于 y。所有比较运算符返回的不是 True 就是 False	8 < 9 得到 True
x>y	大于	返回 x 是否大于 y	8 > 9 得到 False
x<=y	小于等于	返回 x 是否小于等于 y	x = 2; y = 3; x <= y 返回 True
x>=y	大于等于	返回 x 是否大于等于 y	x = 6; y = 4; x >= y 返回 True
==	等于	比较对象是否相等	2 == 2 返回 True，3 == 2 返回 False，'str' == 'str'返回 True
!=	不等于比较	对象是否不相等	1 != 3 返回 True，3 != 3 返回 False
not x	布尔非	如果 x 是 True 则返回 False；如果 x 是 False 则返回 True	x = False; not x 返回 True
x and y	布尔与	x and y 如果 x 是 False 则返回 False，否则返回 y 的布尔值	x = False; y = True; x and y 返回 False，因为 x 是 False。这种情况下，Python 不再检验 y 的布尔值，因为 and 左边的 x 已经是 False 了，不管右边的 y 是真是假都不影响整个表达式的值，所以就不再去验证 y 是真是假了。这叫作“短路求值”
x or y	布尔或	如果 x 是 True 则返回 True，否则返回 y 的布尔值	x = True; y = False; x or y 返回 True。这里同样适用“短路求值”

5. 模块导入

Python 的模块实际上就是以 .py 为结尾的文件，其内部封装了很多实用的功能，当需要用到这些功能的时候，就需要将其导入。Python 模块导入的用法如表 2-2 所示。

表 2-2　Python 模块导入

划分类型	调用方式	示　例
improt 模块名	模块名.功能名	import math math.pi
import 模块名 as 别名	别名.功能名	import math as m m.pi
from 模块名 import 功能名	功能名	from math import pi pi
from 模块名 import 功能名 as 别名	别名	from math import pi as p p
from 模块名 import * (*号表示一次性导入所有功能)	功能名	from math import * pi

6. 常用函数

Python 中的常用函数如表 2-3 所示，供读者参考。

表 2-3　Python 常用函数

函　数	简 要 描 述
print()	打印字符串
raw_input()	从用户键盘捕获字符
len()	计算字符串、列表等长度
format()	实现格式化输出
type()	查询对象的类型
int()、float()、str()	类型的转化函数，分别转为整型、浮点型以及字符串型
id()	获取对象的内存地址
help()	Python 的帮助函数
str.islower()	判断字符是否为小写
str.space()	判断字符是否为空格
str.replace()	替换字符
eval()	执行字符串表达式
math.sin()	sin 函数
math.pow()	计算次方函数，示例 3**4，表示 3 的 4 次方
os.getcwd()	获取当前工作目录
os.listdir()	显示当前目录下的文件
time.sleep()	停止一段时间

续表

函　数	简 要 描 述
random.randint()	产生随机整数
file.readlines()	读取文件返回列表
file.readline()	读取一行文件并返回字符串
ords()和 chr(ASCII)	将字符串转化为 ASCII 转化为字符串
find(s[,start,end])	从字符串中查找
strip()、lstrip()、rstrip()	去除指定字符，默认去除空格
split()	以固定字符或字符串来间隔字符串
isalnum()	判断是否为有效数字或字符
isalpha()	判断是否区全为字符
isdigit()	判断是否全为数字
lower()	将数据改成小写
upper()	将数据改成大写
startswith()	判断字符串是否以某字符开始
endwith()	判断字符串是否以某字符结尾
file.write()	文件写入函数

7. 注释

Python 单行注释以#开头，参考代码如下：

```
>>> #这是一个注释
>>> print("Hello, World!")
```

Python 多行注释以三个单引号 ''' 或者三个双引号 """ 将需要注释的代码括起来。参考代码如下：

```
>>> '''
... 这是多行注释
... 使用的是三个单引号
... '''
'\n 这是多行注释\n 使用的是三个单引号\n'
>>>
```

8. 输入输出语句

Python 中的输入输出分别使用 input 与 print 函数。input 函数用于用户获取键盘输入数据。参考代码如下：

```
>>> test = input("input:")
input:345            #输入整数
>>> type(test)
```

```
<class 'str'>          #字符串
>>> test = input("input:")
input:abc              #字符串表达式
>>> type(test)
<class 'str'>          #字符串
```

print 函数用于打印输出，是 Python 中最常见的函数之一。参考代码如下：

```
>>>print(22)
22
>>> print("Hello World")
Hello World
>>> a = 1
>>> b = 'Python'
>>> print(a,b)
1 Python
```

2.2.2　数据类型

Python 主要的六大标准数据类型包括 Numbers(数字)、String(字符串)、List(列表)、Tuple(元组)、Dictionary(字典)以及 Set(集合)。

1. Numbers(数字)

数字数据类型用于存储数值，属于不可改变的数据类型，Python 支持 int、float、bool、complex(复数)。

int 只有一种整数类型，表示长整型，支持任意大的数字，具体可以大到什么程度仅受内存大小的限制。

float 为浮点型，等同于数学中的小数以及 C 语言中的 double 型。需要注意的是由于精度的问题，对于浮点运算可能会有一定的误差，应尽量避免在浮点数之间直接进行相等性测试，而是应该以二者之差的绝对值是否足够小作为两个浮点数是否相等的依据。

bool 为布尔型(True、False)，在 Python 中，任何表示空的类型都视为 False，如 None、任何数值类型中的 0、空字符串 " "、空元组()、空列表[]、空字典{}等。

complex 即复数，由实数部分和虚数部分组成，其一般形式为 a＋bj，其中的 a 是复数的实数部分，b 是复数的虚数部分，这里的 a 和 b 都是实数。

2. String(字符串)

字符串是字符的序列，是不可变的。在 Python 中，没有字符常量和变量的概念，只有字符串类型的常量和变量，单个字符也是字符串。使用单引号、双引号、三单引号、三双引号作为定界符(delimiter)来表示字符串，并且不同的定界符之间可以互相嵌套。参考代码如下：

```
>>> x = '"Hello world\".'                    #使用单引号作为定界符
>>> x
'"Hello world\".'
```

```
>>> x = "Python is the world's greatest language."     #使用双引号作为定界符
>>> x
"Python is the world's greatest language."
>>> x ='''Tom said, "Let's go."'''                       #不同定界符之间可以互相嵌套
>>> x
'Tom said, "Let\'s go."
```

字符串的切片操作为Python独有的特性，既支持从左到右索引默认从0开始的字符串，也支持从右到左索引默认从 -1 开始的字符串。字符串 'Python' 索引值如图 2-11 所示。

P	y	t	h	o	n
0	1	2	3	4	5
-6	-5	-4	-3	-2	-1

图 2-11　字符串 'Pyhtonv 索引值

获取字符串中的某一个字符，参考代码如下：

```
>>> info[1:3]          #从左到右获取下标 1 到下标 3(不包含)
'yt'
>>> info[-3:-1]        #从左到右，从下标-3 到下标-1(不包括)
'ho'
>>> info[:-1]          #从左到右，从下标为 0 到末尾(不包括)
'Pytho'
>>> info[0:]           #从左到右，从下标 0 到末尾(包含)
'Python'
>>> info[:]            #截取整个字符串
'Python'
```

隔位取是通过步长来控制的，注意步长可正可负，但是不能为 0，参考代码如下：

```
>>> info[1:5:2]    #从左到右，从下标 1 到下标 5(不包括)，步长间隔为 2
'yh'
>>> info[-1:-6:-2]  #反向切片，即从右到左，从下标-1 到下标-6(不包括)，步长间隔为 2'nhy'
```

3. List(列表)

列表是最重要的 Python 内置对象之一，用中括号[]来定义，其中可以保存多个任意类型的值，既可以同时包含整数、实数、字符串等基本类型的元素，也可以包含列表、元组、字典、集合、函数以及其他任意对象。同时列表和字符串一样都是有序排列的，可以用切片和索引的方式访问数据，并且列表是可变数据类型。

以下就列表常用操作做一个简要的介绍。

(1) 列表的创建。可以直接使用方括号[]来定义，也可以使用 list 函数将可迭代序列对象转换为列表，参考代码如下：

```
>>> info= ["name","age","sex",11,22,33,"hello"]
>>> info
['name', 'age', 'sex', 11, 22, 33, 'hello']
>>> list('hello world')                         #将字符串转换为列表
['h', 'e', 'l', 'l', 'o', '', 'w', 'o', 'r', 'l', 'd']
```

(2) 列表的访问，根据下标索引来访问其中的元素，参考代码如下：

```
>>> info= ["name","age","sex",11,22,33,"hello"]
>>> info[0]        #访问列表中第一个元素
'name'
>>> info[-1]       #访问列表中最后一个元素
'hello'
```

(3) 列表的切片。同字符串的切片操作，这里不再详细说明，可参考字符串的切片操作，参考代码如下：

```
>>> info= ["name","age","sex",11,22,33,"hello"]
>>> info[1:3]          #取 1～3 之间的值，包括 1 不包括 3，顾头不顾尾
['age', 'sex']
>>> info[1:-1]         #取 1 到最后一个之间的值
['age', 'sex', 11, 22, 33]
>>> info[0:3]          #取第一个到第三个之间的值
['name', 'age', 'sex']
>>> info[:3]           #效果同上，0 可以省略掉
['name', 'age', 'sex']
>>> info[3:]           #取 3 到最后的值
[11, 22, 33, 'hello']
>>> info[1:6:2]        #每隔两步取一个值，取 1～6 之间的值，这里的 2 是步长，默认步长是 1
['age', 11, 33]
```

(4) 列表的追加 append()、插入 insert()、扩展 extend()。参考代码如下：

```
>>> info= ["name","age","sex",11,22,33,"hello"]
>>> info.append("girls")          #将 girls 追加到列表末尾
>>> info
['name', 'age', 'sex', 11, 22, 33, 'hello', 'girls']
>>> info.insert(1,"apple")        #将 apple 插入到列表的索引为 1 的位置
>>> info
['name', 'apple', 'age', 'sex', 11, 22, 33, 'hello', 'girls']
>>> x =["dog","cat"]
>>> info.extend(x)                #将列表 x 添加到 info 列表的末尾
>>> info
['name', 'apple', 'age', 'sex', 11, 22, 33, 'hello', 'girls', 'dog', 'cat']
```

(5) 列表的修改。通过下标直接修改，参考代码如下：

```
>>> x =["apple","pineapple","grape"]
>>> x[0]="banana"        #通过下标直接修改
>>> x
['banana', 'pineapple', 'grape']
```

(6) 列表的删除。参考代码如下：

```
>>> x =["apple","pineapple","grape"]
>>> del x[1]                #根据下标删除
>>> x
['apple', 'grape']
>>> x.remove("grape")       #指定元素删除
>>> x
['apple']
>>> x =["apple","pineapple","grape"]
>>> x.pop()                 #删除最后一个元素，并返回删除的元素
'grape'
>>> x =["apple","pineapple","grape"]
>>> x.pop(0)                #根据下标删除，并返回删除的元素
'apple'
>>> x =["lenovo","apple","mac"]
>>> x.clear()               #清除所有
>>> x
[]
```

(7) 列表统计个数以及长度。参考代码如下：

```
>>> x =["apple","apple","banana","grape"]
>>> x.count("apple")        #统计列表中“apple”的个数
2
>>> x =["apple","apple","banana","grape"]
>>> len(x)                  #统计列表中元素的总长度(总个数)
4
```

(8) 列表的排序以及翻转。参考代码如下：

```
>>> x=["apple","Apple","banana","grape",68]
>>> x[-1]="68"              #不是同类型不能排序，转换成 str 类型
>>> x.sort()                #排序顺序数字>大写>小写
>>> x
['68', 'Apple', 'apple', 'banana', 'grape']
>>> x.reverse()             #翻转
>>> x
['grape', 'banana', 'apple', 'Apple', '68']
```

(9) 获取列表元素下标。可以用 list.index(x)返回列表第一个值为 x 的元素的下标，参考代码如下：

```
>>> x =["apple","pineapple","grape"]
>>> x.index("apple")              #只返回第一个元素的下标 0
0
```

4. Tuple(元组)

元组与列表和字符串一样，是序列的一种。而元组与列表的唯一不同是元组不能修改，元组和字符串都具有不可变性，即元组是只读的列表。元组使用小括号，列表使用方括号。元组创建很简单，只需要在小括号中添加元素，并使用逗号隔开即可。参考代码如下：

```
>>> tup1 = ("apple","pineapple","grape",123)
>>> tup1
('apple', 'pineapple', 'grape', 123)
>>> tup2 = (1, )                  #注意如果元组只有一个元素的时候，必须要多写一个逗号
>>> tup2
(1,)
>>> tup3 = "a", "b", "c", "d"     #()可以省略不写
>>> tup3
('a', 'b', 'c', 'd')
```

除不能对其元组做修改操作外，其他操作和列表类似，这里不再赘述。

5. Dictionary(字典)

字典是以若干“键值”元素组成的无序可变序列，字典中的每个元素包含用冒号分隔开的“键”和“值”两部分，表示一种映射或对应关系，也称关联数组。定义字典时，每个元素的“键”和“值”之间用冒号分隔，不同元素之间用逗号分隔，所有的元素放在一对大括号{}中。

字典中元素的“键”可以是 Python 中任意不可变数据，例如整数、实数、复数、字符串、元组等类型，但不能使用列表、集合、字典或其他可变类型作为字典的“键”。另外，字典中的“键”不允许重复，而“值”是可以重复的。字典的常用操作如下：

(1) 字典的创建。通过大括号{}以及 key：value 来定义，参考代码如下：

```
>>>a = {'chognqing'：'shancheng', 'number': 3000}
>>>a
{'chognqing': 'shancheng', 'number': 3000}
```

也可通过 dict 函数来创建。参考代码如下：

```
>>> d = dict([('chognqing', 'shancheng'),( 'kunming', 'chuncheng')])
>>> d
{'chognqing', 'shancheng', 'kunming', 'chuncheng'}
```

(2) 字典的访问。字典的访问是通过“键”来做索引下标的。参考代码如下：

```
>>>a = {'chognqing': 'shancheng', 'number': 3000}
>>>a['chognqing']
'shancheng'
```

(3) 字典的更新。通过 d[key]=value 的形式对字典进行更新，需要注意的是当字典中已经存在这个 key，那么就用此 value 去更新修改，如果原字典中没有这个 key，就需添加此键值对应到原字典中。参考代码如下：

```
>>>a = {}
>>>a['chongqing'] = 'shancheng'
>>>a['number'] = 3000
>>>a
{'chongqing': 'shancheng', 'number': 3000}
>>>a['chongqing'] = 'wudu'          #修改字典中的 key 对应的 value 值
>>>a
{'chongqing': 'wudu', 'number': 3000}
```

(4) 关于字典的其他操作，如表 2-4 所示。

表 2-4　字典常用操作函数

函　数	函 数 说 明
dict.clear()	清空字典内所有元素
dict.copy()	返回一个字典的浅复制
dict.fromkeys(seq, val=None)	创建一个新字典，以序列 seq 中元素做字典的键，val 为字典所有键对应的初始值
dict.get(key, default=None)	返回指定键的值，如果值不在字典中返回 default 值
key in dict	如果键在字典 dict 里返回 True，否则返回 False
dict.items()	以列表返回可遍历的(键, 值)元组数组
dict.keys()	返回一个迭代器，可以使用 list()来转换为列表
dict.setdefault(key, default=None)	和 get()类似，但如果键不存在于字典中，将会添加键并将值设为 default
dict1.update(dict2)	把字典 dict2 的键/值对更新到 dict1 里
dict.values()	返回一个迭代器，可以使用 list()来转换为列表
dict.pop(key, default)	删除字典给定键 key 所对应的值，返回值为被删除的值。key 值必须给出。否则，返回 default 值

6. Set(集合)

集合属于 Python 无序可变序列，和字典类似，它是一组 key 的集合，但不存储 value，即可以将集合理解为舍弃了值的字典。可以使用大括号{ }或者 set 函数创建集合。需要注意的是：创建一个空集合必须用 set 函数而不是{ }，因为{ }是用来创建一个空字典的。创建集合的示例代码如下：

```
>>> s1 = {1,2,3,4,5}
>>> s1
{1, 2, 3, 4, 5}
>>> s2 = set("Python")
>>> s2
{'n', 'h', 'P', 'o', 'y', 't'}
```

集合的其他操作见表 2-5，供读者参考。

表 2-5　集合常用操作函数

函　数	函 数 说 明
set.add(x)	往集合插入元素 x
set.remove(x)	删除集合中的元素 x
set.discard(x)	删除指定元素 x
set.pop()	随机删除一个元素，并返回该值
set.clear()	清空
set1.update(set2)	把集合 set2 的元素添加到 set1(元素可能重复)
set1.union(set2)	返回 set1 和 set2 的并集(元素不重复)
set1.intersection(set2)	返回 set1 和 set2 的交集
set1.difference(set2)	返回 set1 和 set2 的差集合
set1.issuperset(set2)	判断 set1 是否是 set2 的超集
set1.symmetric_difference(set2)	set1 和 set2 的对称补集，返回两个集合中不重复的元素集合，即会移除两个集合中都存在的元素

2.2.3　程序结构

Python 包括顺序结构、分支结构、循环结构三种结构方式。其中顺序结构表示一种线性、有序的结构，依次执行各语句模块。这里重点介绍分支结构和循环结构。

1. 分支结构

Python 里面只有一种分支结构，即 if-elif-else，和很多语言不同，Python 不提供 switch-case 语句，而是完全依赖 if 实现 switch-case 的功能。

if 语句设置多路分支的通用格式如下：

```
if <布尔表达式 1>:
    <执行 1>
elif <布尔表达式 2>:
    <执行 2>
elif <布尔表达式 3>:
    <执行 3>
else:
```

```
<执行 4>
说明：
1. 条件判断部分不需要使用括号。
2. 每个条件后面要使用冒号，表示接下来是满足条件后要执行的语句块。
3. 使用缩进来划分语句块，相同缩进数的语句在一起组成一个语句块。
4. elif 可以有多个，可以没有 else(若有，则有且仅有一个 else)。
```

程序会先计算第一个布尔表达式，如果结果为真，则执行第一个分支下的语句块，如果为假，则计算第二个布尔表达式。如果第二个布尔表达式结果为真，则执行第二个分支下的语句块，如果结果仍然为假，则执行第三个分支下的语句块，以此类推。如果所有的布尔表达式结果都为假且存在 else 语句，则执行 else 下的语句块。参考代码如下：

```
>>> score = 59
>>> if score < 60:
...     print('考试不及格')
... else:
...     print('考试及格')
...
考试不及格
```

2. 循环结构

Python 常用的循环结构为 for 循环和 while 循环。

for 循环的本质是对一个序列上的元素进行遍历，逐一完成对序列中每个元素的使用或者用于控制循环指定的次数，它可以遍历任何有序的序列，如字符串、列表、元组等。for 循环通用格式如下：

```
for    接收遍历的变量    in    序列:
       程序代码块
说明：for 循环对一个序列上的元素进行遍历直至序列中没有元素，则循环结束。
```

range 函数，它用于产生一个 range 对象，常用在 for 循环中来控制循环的次数，其用法和字符串的切片一致，是一个半开区间。参考代码如下：

```
>>> for a in ['e', 'f', 'g']:      # for 循环对字符串，列表的遍历
...     print(a)
...
e
f
g
>>> for a in range(5):      # for 循环对 range 对象遍历
...     print(a)
...
0
```

```
1
2
3
4
```

while 循环也是常用的循环之一，Python 中的 while 语句用于循环执行程序，即在某条件下，循环执行某段程序，以处理需要重复处理的相同任务。while 循环通用格式如下：

```
while 布尔表达式:
程序代码块
说明：只要布尔表达式为真，那么程序代码块将会被执行，每执行一次，重新计算布尔表达
    式，直至布尔表达式为假。
```

参考代码如下：

```
>>>    #当 count 的值小于 3 的时候打印出 count 的值
>>> count = 0
>>> while(count<3):
...    print('计数：', s)
...    count = count + 1
计数：0
计数：1
计数：2
```

2.2.4　函数

函数是 Python 为了提高代码效率、减少代码冗余而提供的最基本的程序结构，即将一段有规律的、可重复使用的代码定义成函数，以后即可通过函数名字来执行(调用)该函数，从而达到一次编写、多次调用的目的，以大大提高代码的重复利用率。

1. 函数创建

Python 提供了许多内建函数，比如 print()，len()等，同样地，Python 也支持用户自定义函数，其通用格式如下：

```
def 函数名(参数列表):
    实现特定功能的代码块
    [return [返回值]]
说明：
1. 多个参数之间用逗号隔开。
2. 参数之后必须有冒号分隔符。
3. 函数体代码块注意缩进(一个 Tab 键或者四个空格)。
4. 如果没有 return 语句，函数执行完毕后也会返回结果，只是结果为 None；同时 return None
   也可以简写为 return。
```

参考代码如下：

```
>>>    #定义一个函数，实现数的绝对值功能
>>> def my_abs(x):
...     if x >= 0:
...         return x
...     else:
...         return -x
```

2. 函数参数

Python 中的函数参数主要有四种：位置参数、关键字参数、默认参数和可变参数。

位置参数指调用函数时严格根据定义的参数位置依次来传递参数；关键字参数是通过“键-值”形式指定参数，同时需要注意的是当位置参数与关键字参数混用的时候，关键字参数一定是放在位置参数之后；默认参数是指在函数定义时，给形式参数指定默认值，如果调用函数时没有给拥有默认值的形参传递参数，该参数就直接使用定义函数时设置的默认值；可变参数主要包括任意数量的可变位置参数和任意数量的关键字可变参数，*args 参数传入时存储在元组中，**kwargs 参数传入时存储在字典内。

3. 自定义函数调用

Python 使用函数名加()的格式对函数进行调用。函数调用的参考代码如下：

```
>>> my_abs(5)    #定义完函数后，函数是不会自动执行的，需要调用它才可以
5
```

4. 嵌套函数

Python 允许在函数中定义另外一个函数，这就是通常所说的函数嵌套。定义在其他函数内部的函数被称为内建函数，而包含内建函数的函数称为外部函数。参考代码如下：

```
>>> #求若干数的平均值，就需要先求它们的和
>>> def mean(*numbers):
...     def total(num):
...         t=0
...         for n in num:
...             t+=n
...         return t
...     return total(numbers)/len(numbers)
```

Python 的函数和变量的地位是等同的，上面函数嵌套的例子中，total 函数就类似于 mean 函数内部的局部变量，只能在 mean 函数中访问。

局部变量指在函数体内部对变量进行定义和赋值，它只在函数体内部有效。

全局变量与局部变量相对应，定义在函数体外面的变量为全局变量，全局变量可以在函数体内被调用。需要注意的是，全局变量不能在函数体内被直接赋值，否则会报错。若同时存在全局变量和局部变量，函数体会使用局部变量对全局变量进行覆盖。

5. 匿名函数

对于程序中可能只使用一次，但又不想去定义函数名的情况，如何让代码更加简洁并且更易理解呢？Python 中提供了 lambda 关键字来创建匿名函数。其通用创建格式如下：

```
lambda [args]:expression
说明：
1. 关键字 lambda 表示匿名函数。
2. lamdba 是一个表达式，它返回了函数，但并没有将这个函数命名。
3. 匿名函数不需要 return 来返回值，表达式本身结果就是返回值。
```

例如计算两个数字之和这样简单的功能，可使用 lambda 表达式快速完成。参考代码如下：

```
>>> sum = lambda arg1, arg2: arg1 + arg2
>>> print( "Value of total : ", sum( 10, 20 ))
Value of total :   30
```

lambda 所表示的匿名函数的内容都是很简单的，对于复杂逻辑功能，则不使用 lambda 匿名函数，而是直接用 def 创建一个函数来实现。

6. 高阶函数

一个函数可以作为参数传给另外一个函数，或者一个函数的返回值为另外一个函数，则为高阶函数。常用的高阶函数如表 2-6 所示，供读者参考。

表 2-6　常用高阶函数

高阶函数	描　　述
map(function, iterable, ...)	根据提供的函数对指定序列进行映射，第一个参数 function 以参数序列中的每一个元素调用 function 函数，返回包含每次 function 函数返回值的新列表
filter(function, iterable)	函数用于过滤序列，过滤掉不符合条件的元素，返回由符合条件元素组成的新列表 接收两个参数，第一个为函数，第二个为序列，序列的每个元素作为参数传递给函数进行判断，然后返回 True 或 False，最后将返回 True 的元素放到新列表中
reduce(function, iterable[, initializer])	函数会对参数序列中元素进行累积 函数将一个数据集合(链表、元组等)中的所有数据进行下列操作：用传给 reduce 中的函数 function(有两个参数)先对集合中的前两个元素进行操作，得到的结果再与第三个数据用 function 函数运算，最后得到一个结果

2.2.5　面向对象

面向对象编程(Object Oriented Programming，OOP)，是一种封装代码的方法(思想)。类和对象是 OOP 中的两个关键内容，在面向对象编程中，以类来构造现实世界中的事物情景，再基于类创建对象。类创建对象的过程被称为类的实例化。

1. 类的定义以及实例化

Python 中的所有数据类型都可以视为对象，当然也可以自定义对象，即 Python 中“一切皆对象”的含义。其自定义的对象数据类型就是面向对象中的类(class)的概念。

类是用来描述具有相同属性和方法的对象的集合，它定义了该集合中每个对象所共有的属性和方法，对象就是类的实例。可以将类理解为制造飞机时的图纸，用它创建的飞机就相当于对象。类是抽象的，使用时通常会找到这个类的一个具体的存在，即实例对象。一个类可以找到多个实例对象。

Python 中类的定义格式如下：

```
class 类名:
    属性列表
    方法列表
```

比如 Car 类具有车轮数量 wheelNum 和颜色 color 两个基本属性以及 getCarInfo、run 两个函数。参考代码如下：

```
#定义一个 Car 类
class Car:
    #属性
    def __init__(self,wheelNum,color)
        self.wheelNum = wheelNum
        self.color = color'
    #方法
    def getCarInfo(self):
        print('车轮子个数:%d, 颜色%s'%(self.wheelNum, self.color))
    def run(self):
        print('车在奔跑... ')
```

类的实例化，参考代码如下：

```
#实例一个 Car 类对象
BMW = Car(4, 'red')
```

如上例所示，在调用类来实例化一个对象的时候，Python 将调用类的构造函数__init__来初始化实例对象，此时 Python 将自动传递 BMW 这个实例对象给类的构造函数__init__的 self 参数，同时为 BMW 生成两个实例属性 wheelNum=4 和 color='red'。

2. 类的特殊方法

Python 类的特殊方法又称为魔术方法，它是以双下画线包裹一个词的形式出现的，例如_init_。一般说来，特殊的方法都被用来模仿某个行为，特殊方法不仅可以实现构造和初始化，而且可以实现比较、算数运算。此外，它还可以让类像一个字典、迭代器一样使用，设计出一些高级的代码，例如单例模式等。常用的特殊方法类如表 2-7 所示，供读者参考。

表 2-7　类的常用特殊方法

特殊方法	描　述	特殊方法	描　述
__init__	构造函数，在生成对象时调用	__cmp__	比较运算
__del__	析构函数，释放对象时使用	__call__	函数调用
__repr__	打印，转换	__add__	加运算
__setitem__	按照索引赋值	__sub__	减运算
__getitem__	按照索引获取值	__mul__	乘运算
__len__	获得长度	__div__	除运算

3. 面向对象三大特征

面向对象具有封装、继承和多态三大特征。

1) 封装

封装是指把属性和方法放到类的内部，通过实例化对象访问属性或者方法，隐藏功能的内部实现细节，同时可以设置访问权限，以保证其代码的安全性(通过私有变量改变对外的使用)以及复用性。学生类 Student 封装了姓名和分数两个属性，对外提供存取分数的两个方法。参考代码如下：

```
class Student(object):
    def __init__(self, name, score):
        #属性仅前面有两个下画线代表私有变量，外部无法访问
        self.__name = name
        self.__score = score
    def info(self):
        print('name: %s ; score: %d' % (self.__name,self.__score))
    def getScore(self):
        return self.__score
    def setScore(self, score):
        self.__score = score
stu = Student('Tom',99)
print('修改前分数：',stu.getScore())        #运行结果为修改前分数：99
stu.info()                                  #运行结果：name: Tom ; score: 99
stu.setScore(59)
print('修改后分数：',stu.getScore())        #运行结果为修改后分数：59
stu.info()                                  #运行结果：name: Tom ; score: 59
```

2) 继承

继承是指两个类或多个类之间存在父子关系，子类继承了父类的所有公有数据属性和方法，并且可以通过编写子类的代码扩充子类的功能，从而实现数据属性和方法的重用，减少了代码的冗余度，并符合 OCP(Open Closed Principle) 原则，即父类不修改的情况下，子类复用父类并在此基础上做进一步扩展。

首先定义一个 Person 父类，具有姓名 name、年龄 age、收入 money 三个基本属性以及跑 run、吃 eat、设置收入 setMoney、获取收入 getMoney 四个方法。参考代码如下：

```
class Person(object):
    def __init__(self, name, age, money):
        self.name = name
        self.age = age
        self.__money = money        #私有属性，无法被继承
    def setMoney(self,money):
        self.__money = money
    def getMoney(self):
        return self.__money
    def run(self):
        print("run")
    def eat(self):
    print("eat")
```

接着定义一个子类继承 Person 类。参考代码如下：

```
class Student(Person):
    def __init__(self,name,age,stuid,money):
        super(Student,self).__init__(name,age,money)      #调用父类中的__init__()
        self.stuid = stuid                                #子类独有的属性
```

创建对象，通过子类使用父类的属性和方法。参考代码如下：

```
stu = Student('Tom',18,111,999)     #创建 Student 对象
#下列方法和属性均是在父类 Person 中定义的，在 Student 继承之后，便可以直接使用
print(stu.name, stu.age)           #运行结果：Tom 18
stu.run()                          #运行结果：run
print(stu.getMoney())              #运行结果：999
```

3) 多态

多态是指一种事物的多种形态，在面向对象中表示向不同的对象发送同一条消息，不同的对象在接收时会产生不同的行为(即方法)。也就是说，每个对象可以用自己的方式去响应共同的消息。所谓消息，就是调用函数，不同的行为就是指不同的实现，即执行不同的函数。参考代码如下：

```
class Animal(object):
    def run(self):
        print('一只动物在跑... ')
class Dog(Animal):
    def run(self):
        print('一只狗在奔跑... ')
```

```
class Turtle(Animal):
    def run(self):
        print('一只乌龟在爬... ')
aDog=Dog()
aTurtle=Turtle()
def match(animal):
    animal.run()
#以下都是调用的 match 函数，而不同的对象可以用自己的方式去响应返回的消息
match(aDog)      #运行结果：一只狗在奔跑...
match(aTurtle)   #运行结果：一只乌龟在爬...
```

本 章 小 结

本章主要介绍了 Python 环境搭建以及 Python 基础知识两部分内容。Python 环境搭建中重点介绍了 Python 解释器以及集成开发环境 PyCharm 的安装；在 Python 基础部分，分别介绍了 Python 的语法基础、基础数据类型、Python 程序结构、函数以及面向对象 5 大模块，并对后续网络爬虫通常会使用到的知识点，主要包括基础数据类型中的字符串、列表和字典部分，程序结构的分支和循环结构，函数的定义、调用、参数调用和匿名函数，面向对象类的定义和实例化，面向对象三大特征(封装、继承、多态)的核心基础内容进行了重点阐述。

本 章 习 题

1. 简述切片的含义以及使用规则。

2. 简述列表的定义，并举例说明列表常用的主要方法及其含义。

3. 简述 if...elif...else 的使用规则以及方法。

4. 简要阐述面向对象三大特征的含义，并举例说明其相关应用。

5. 编写程序实现华氏温度与摄氏温度的转换，其转换公式为 c=5/9*(f−32)，其中 f 表示华氏温度，c 表示摄氏温度。

6. 编写程序找出整数列表中最大元素的下标，如果最大元素的个数超过 1，那么打印输出所有的下标。

7. 有一个列表['python', 'programmer', 'internet ', 'crawler']，编写程序统计该列表中每个字母出现的次数。

8. 编写一个程序，计算用户输入句子中的单词数量以及单词的平均长度。

9. 编写函数，求 1 + 11 + 111 + 1111 + ··· + 11···11(n 个 1)的和除以 7 的余数。

10. 编写一个 Stu 类，属性包括学号以及三门课程成绩，编写方法，输出平均成绩，并输出是否通过(任意一门成绩小于 60 分则表示没有通过)。

第 3 章　静态网页爬取

编写爬虫程序第一步是将远程网页资源下载到本地磁盘，网页资源的爬取是编写爬虫程序的关键性步骤。本章主要介绍使用 Python 标准库 urllib、Requests 第三方库模拟浏览器发送 HTTP 请求，从而实现静态网页 HTML、图片等格式数据的爬取。本章内容主要包括 HTTP 协议概述、使用 Requests 库提取网页数据、使用 urllib 库提取网页数据以及 QQ 表情包图片爬取、手机号码归属地查询两个案例。

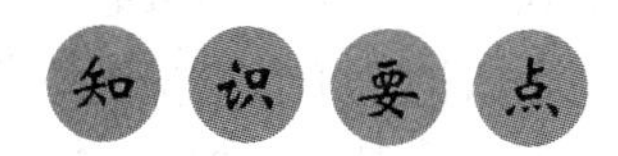

通过本章内容的学习，读者应了解或掌握以下知识技能：

- 理解 HTTP 协议请求响应模型。
- 了解 HTTP 协议请求报文和响应报文的格式。
- 掌握 Requests 库的安装。
- 掌握 Requests 库发送 GET 和 POST 请求的基本语法。
- 掌握 Requests 库发送 GET 请求的通用函数。
- 掌握 urllib 库发送 GET 和 POST 请求的基本语法。

使用标准库或第三方库发送 GET、POST 请求都离不开 HTTP 协议。理解和掌握 HTTP 协议的请求响应模型、请求报文、响应报文的格式，有助于读者根据不同的应用场景采用不同的技术手段，从而提高编写爬虫程序的效率和质量。

3.1　HTTP 协议概述

HTTP 超文本传输协议是一种用于分布式、协作式和超媒体信息系统的应用层协议。HTTP 是万维网数据通信的基础，是客户端和服务端请求及应答的标准。对于网络爬虫程序来说，爬虫程序就是作为客户端基于 HTTP 协议向需要爬取的网站(服务端)发送请求，然后获取服务端响应文本或其他类型资源的过程。

3.1.1　请求响应模型

HTTP 协议采用的是请求响应模型，如图 3-1 所示。模型包括建立连接、发送请求、回送响应和关闭连接 4 个步骤。HTTP 协议永远是客户端发起请求，服务端回送响应，服务端不能向客户端推送信息。HTTP 协议虽然基于 TCP/IP 协议，但建立的连接不是长连接，在完成请求响应后会关闭连接，如果有新的请求，将重复以上 4 个步骤。HTTP 协议请求响应模型如图 3-1 所示。

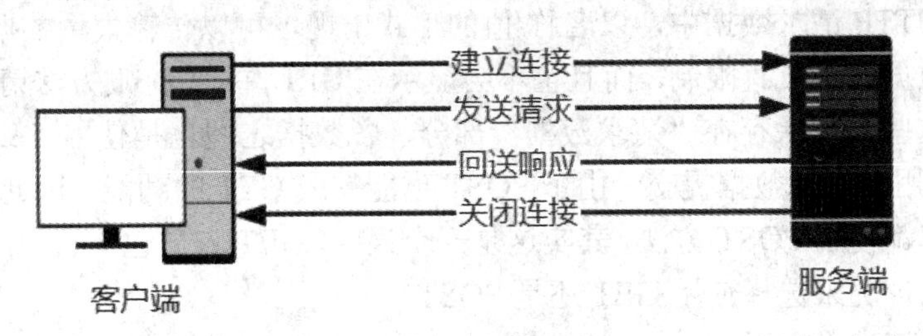

图 3-1　HTTP 协议请求响应模型

客户端向服务端发送消息时必须保证通信畅通，就是建立连接的过程。连接建立后，客户端就可以向服务端以固定格式的请求报文发送请求。服务端收到客户端发送的请求后，给予相应的响应信息，并返回响应报文。客户端接收到响应报文后，通过浏览器将信息显示在用户的显示屏上，当请求响应结束后客户端与服务端断开连接。如果以上过程中的某一步出现错误，那么产生的错误信息将返回到客户端，这些过程都是由 HTTP 协议完成的。

3.1.2　请求报文

请求报文是从客户端浏览器向服务端发送的报文，请求报文的编码格式为 ASCII 码。HTTP 请求报文由请求行、请求头部、空行和请求数据 4 个部分组成。请求报文格式如图 3-2 所示。

请求方法	空格	URL	空格	协议版本	回车符	换行符	请求行
头部字段名	:	值	回车符	换行符			
…							请求头
头部字段名	:	值	回车符	换行符			
回车符	换行符						
							请求数据

图 3-2　请求报文格式

请求行分为 3 个部分：请求方法、请求地址 URL 和 HTTP 协议版本，它们之间用空格分隔。如 GET/index.html HTTP/1.1，其中/index.html 为请求地址 URL，HTTP/1.1 为协议名和版本号。

HTTP/1.1 定义的请求方法有 8 种：GET、POST、PUT、DELETE、PATCH、HEAD、OPTIONS 和 TRACE。最常用的两种是 GET 和 POST。日常浏览网页时点击链接或者通过浏览器的地址栏输入网址，使用的都是 GET 请求方法。使用 GET 请求时，请求参数和对应的参数值附加在 URL 后面，使用问号(?)分隔 URL 地址和参数，多个参数之间使用“&”符号进行分隔，并且传递参数长度受限制。例如 http://localhost/index.jsp?id=100&op=bind，表示通过 HTTP 协议向服务端 localhost/index.jsp 发送 GET 请求，请求参数为 id 和 op，参数值分别为 100 和 bind。通过 GET 方法传递的数据直接放在地址中，所以 GET 方法一般不包含“请求数据”部分，请求数据以地址的形式表现在请求行。这种方法不适合传送私密数据，如登录密码、银行账号等。

与 GET 方法比较，POST 方法客户端能够发送更多的信息给服务端。POST 方法将请求参数封装在 HTTP 请求数据中，以名称/值的形式出现，可以传输大量数据，这样 POST 方法对传送的数据大小没有限制，而且也不会显示在 URL 中。POST 方法请求行中不包含数据字符串，这些数据保存在“请求数据”部分，各数据之间也是使用“&”符号隔开。POST 方法大多用于表单数据提交。由于 POST 也能完成 GET 的功能，因此多数人在设计表单的时候一律都使用 POST 方法，其实这是一个误区。GET 方法也有自己的特点和优势，应该根据不同的情况来选择使用 GET 还是 POST。

请求头部为请求报文添加了一些附加信息，由“名/值”对组成，每行一对，名和值之间使用冒号分隔。常用的请求头含义如表 3-1 所示。

表 3-1　常用请求头含义

请求头	含　义
HOST	接受请求的服务器地址，可以是 IP:端口号，也可以是域名，如 www.cqie.edu.cn
User-Agent	用户代理，编写爬虫至关重要，如 Mozilla/5.0 (Windows NT 10.0; Win64; x64) AppleWebKit/537.36 (KHTML, like Gecko) Chrome/79.0.3945.88 Safari/537.36
Connection	指定与连接相关的属性，如 Connection:Keep-Altve
Accept-Charset	通知服务端发送数据的编码格式
Accept-Encoding	通知服务端发送数据的压缩格式，如 gzip, deflate
Accept-Language	通知服务端发送数据的语言，如 zh-CN,zh;q=0.9
Referer	页面跳转，表明产生请求的网页来自哪个 URL，用户是从该 Referer 页面访问到当前请求的页面，这个属性可以用来跟踪 Web 请求来自哪个页面
Cookie	Cookie 其实就是由服务端发给客户端的特殊信息，而这些信息以文本文件的方式存放在客户端，然后客户端每次向服务端发送请求的时候都会带上这些特殊的信息。服务端在接收到 Cookie 以后，会验证 Cookie 的信息，以此来辨别用户的身份。类似于通行证

接下来以一个用户登录请求来说明 POST 请求的报文格式。由于登录验证，必须传递用户密码，密码不适合以明文的方式通过 URL 进行传递，所以选择 POST 方法。请求验证的服务端地址为 chapter17/user.html，协议及版本为 HTTP/1.1。报文头包含 Referer、User-Agent、Accept-Language、Connection 等信息，在用户发送请求时大部分参数不需要人为干预。和爬虫密切相关的请求头信息有 Referer 页面来源、User-Agent 用户代理、Cookie 等。学习使用这些参数的目的是突破网站的反爬虫限制，一些网站对爬虫不友好，为减轻网络爬虫对网站日常访问的影响，设置了一些反爬虫措施，网站可以通过以上的请求头信息判断是否为网络爬虫程序。在编写爬虫程序时通过设置 User-Agent 可以降低被网站服务端

识别为爬虫程序的可能性。登录请求报文格式如图 3-3 所示，其中报文体中的“name=tom&passwor=1234&realname=tomson”为请求数据。

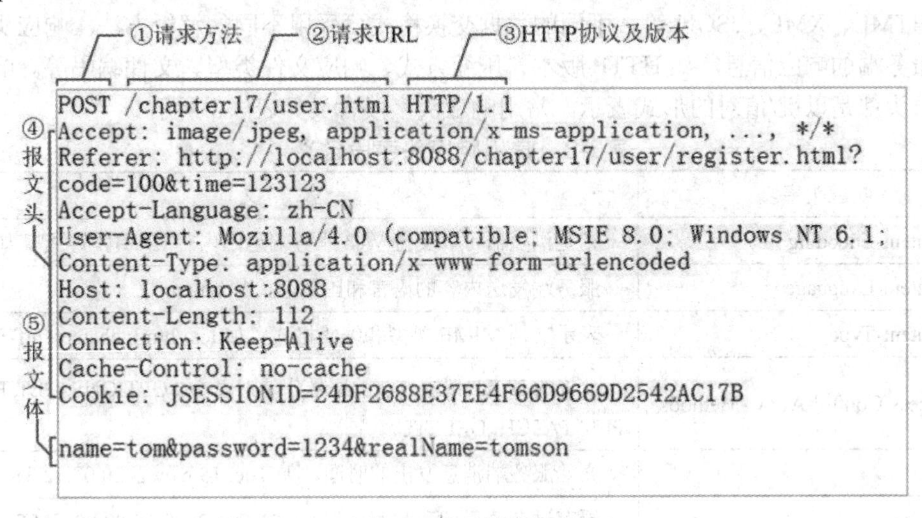

图 3-3　登录请求报文

3.1.3　响应报文

响应报文是从 Web 服务端到客户端浏览器的应答，报文编码格式为 ASCII 码。HTTP 响应报文由状态行、响应头部、空行和响应包体 4 部分组成。响应报文格式如图 3-4 所示。

协议版本	空格	状态码	空格	状态码描述	回车符	换行符	状态行
头部字段名	:	值	回车符	换行符			
		...			响应头		
头部字段名	:	值	回车符	换行符			
回车符	换行符						
					响应包体		

图 3-4　响应报文格式

状态行由 HTTP 协议版本字段、状态码和状态码描述 3 个部分组成，他们之间使用空格隔开。协议版本和请求报文相同。状态码是响应报文状态行中包含的一个 3 位数字，用于指明特定的请求是否被满足，如果没有满足，那么原因是什么。常用的状态码含义如表 3-2 所示。

表 3-2　常用状态码含义

状态码	含 义	举　例
1XX	通知信息	100 = 服务器正在处理客户请求
2XX	成功	200 = 请求成功
3XX	重定向	300 = 页面改变了位置
4XX	错误	403 = 无访问权限，404 = 页面没找到
5XX	服务器错误	500 = 服务器内部错误，503 = 稍后重试

响应报文包括响应头和响应包体两部分内容。响应包体是响应报文的主体部分，描述请求正常发送后的响应数据，响应数据以不同的数据交换格式呈现。常见的数据交换格式包括 HTML、XML、JSON 等，不同的数据交换格式要采用不同的解析方法。响应头里包含了服务端的响应信息，如 HTTP 版本、压缩方式、响应文件类型、文件编码等。响应头和请求头都是以键/值对的形式表示。常用响应头字段含义如表 3-3 所示。

表 3-3　常用响应头字段含义

响应头字段	含　义
Content-Encoding	指定浏览器可以支持 Web 服务端返回内容压缩编码类型，如 gzip
Content-Language	服务端发送内容的语言和国家名，如 zh-cn
Content-Type	表示文档 MIME 类型和编码格式，如 text/html; charset=utf-8
Access-Control-Allow-Methods	允许的 HTTP 请求方法的逗号分隔列表，如 OPTIONS, GET, POST, PUT, PATCH, DELETE
Date	原始服务端消息发出的时间，如 Tue, 15 Nov 2020 08:12:31 GMT
Expires	缓存过期的日期和时间，如 hu, 01 Dec 2020 16:00:00 GMT
Cache-Control	缓存机制是否可以缓存，如 no-cache
Server	Web 服务端软件及版本，如 nginx/1.7.7

以上简要介绍了 HTTP 协议的请求响应模型以及请求、响应报文格式。读者需要重点掌握常用的 GET 和 POST 两种请求方法以及 GET、POST 参数传递方法，同时也需要了解常用的请求头和响应头参数表达的含义。

学习完 HTTP 协议基础后，就可以学习使用第三方库 Requests 提取网页数据的方法。与 Python 标准库 urllib 对比，Requests 库更加适合初学者学习。使用 Requests 库发送 GET 请求和 POST 请求是爬虫的核心基础，是每个爬虫爱好者必须掌握的内容。

3.2　使用 Requests 库提取网页数据

Requests 库是使用 Python 语言编写，基于 urllib 开发，采用 Apache2 Licensed 开源协议的 HTTP 库，可以发送请求以及获取请求响应的数据，如获取网页的 HTML 内容。Requests 库支持 HTTP 连接保持和连接池，支持 Cookies 会话保持，支持文件上传，支持自动确定响应内容编码，支持国际化 URL 和 POST 数据自动编码等功能。它比 urllib 更加方便，可以节约大量的开发工作量，是初学者的最佳选择。

Requests 库的文档非常完备，虽然也支持中文，但建议读者入门后还是首选英文的官方 API 文档，这有利于调试、纠错等开发者必备能力的养成。本节主要介绍常用方法，对于使用频率较低的方法如文件上传功能，读者可自行参照官方文档。

3.2.1　Requests 库的安装

Requests 库是第三方库，需要安装后才能够使用。Requests 库支持 Windows、Mac OS、

Linux 下安装，本节主要介绍 Windows 系统下 Requests 的安装。Requests 库在 Mac OS、Linux 系统下的安装方法，读者可参考 Requests 库的官方 API 文档，查找方法为百度搜索"requests"，选择"Requests:让 HTTP 服务人类——Requests2.XX 文档"，或者直接在浏览器地址栏中输入 https://requests.readthedocs.io/zh_CN/latest/。

1. Requests 库安装前确认

在安装 Requests 库前，请确认已经完成 Python3.0 以上版本的安装，同时将 Python 的路径添加到系统环境变量中。确认方法是在 cmd 命令行下输入"python"后，如果出现如图 3-5 所示的信息，则表示 Python 安装正常。

图 3-5 Python 安装正常

如果出现如图 3-6 所示的提示，则表示 Python 安装过程中未将路径添加到系统环境变量中，具体操作方法参见第 2 章环境搭建部分的内容。

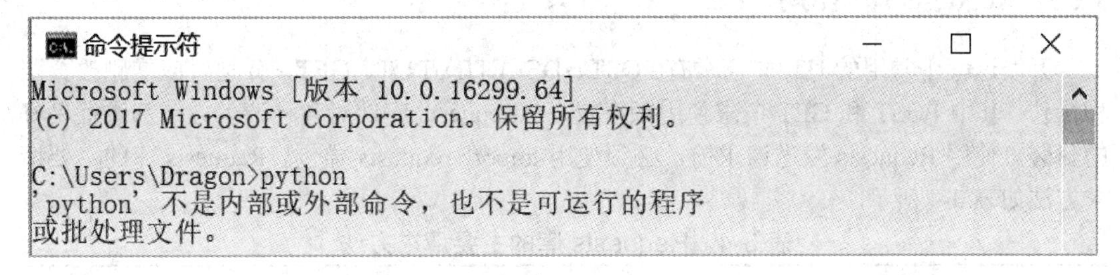

图 3-6 Python 安装未添加环境变量

为了减少安装过程中出现的问题，建议将 pip 强制升级为最新版本。由于缺省情况下 Python 以及相关库从国外网站 https://pypi.python.org/simple 下载，速度很慢，容易出现连接超时问题，建议使用国内镜像如清华镜像进行升级安装。Python 第三方库的安装建议使用 -i 参数切换为国内镜像地址。pip 升级的完整命令如下：

```
#切换镜像需要使用-i 参数，pypi.tuna.tsinghua.edu.cn/simple 为清华镜像地址
python -m pip install -U --force-reinstall pip -i https://pypi.tuna.tsinghua.edu.cn/simple
```

2. Requests 库安装

Windows 下 Requests 库安装方法为在 cmd 命令行下输入命令如下：

```
pip install requests  -i https://pypi.tuna.tsinghua.edu.cn/simple
```

Requests 库安装正常时会出现如图 3-7 所示提示信息。

安装过程中，容易出现"pip 不是内部或外部命令，也不是可运行的程序或批处理文件"的问题，原因是安装 Python 时没有选择"Add Python 3.X to PATH"选项，这时可手

工将 Python 的安装路径添加至环境变量。

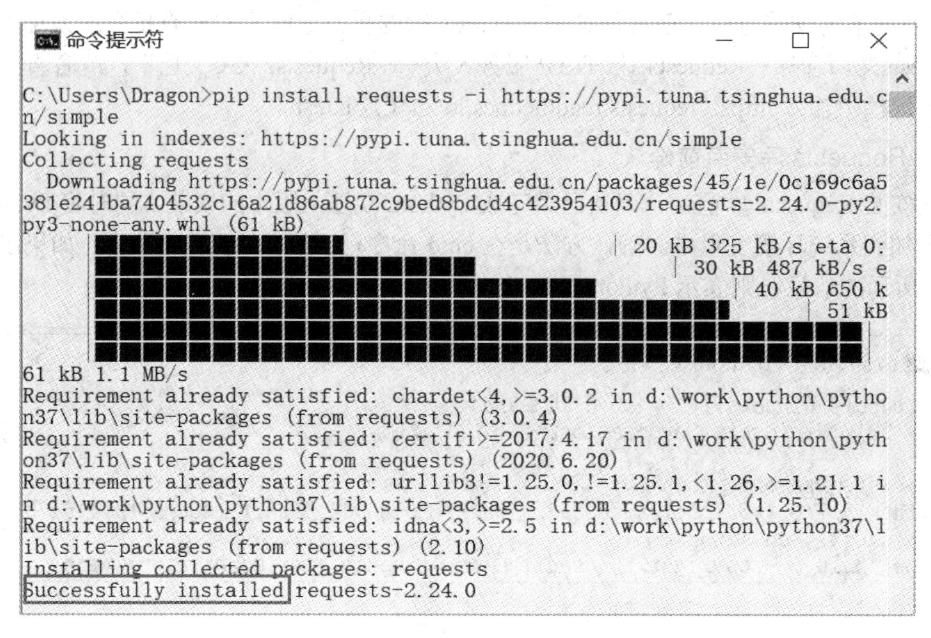

图 3-7　Requests 库安装正常

3.2.2　Requests 库的请求方法

开发过程中常用的 HTTP 请求有 POST、DELETE、PUT、GET，分别对应增删改查四种操作，其中 POST 和 GET 请求使用频率较高。Requests 库针对各种请求方法都进行良好的封装。使用 Requests 发送请求前，必须使用 import requests 导包。Requests 库的主要请求方法如表 3-4 所示。

表 3-4　Requests 库的主要请求方法

请求方法	作　用
requests.request()	Requests 库请求的底层方法，GET、POST 等方法都是在此方法基础上实现
requests.post()	发送 POST 请求，如 r = requests.post('http://httpbin.org/post', data = {'name': 'yongzhou'})
requests.delete()	发送 DELETE 请求，如 r = requests.delete('http://httpbin.org/delete')
requests.put()	发送 PUT 请求，如 r = requests.put('http://httpbin.org/put', data = {'name': 'spider'})
requests.get()	发送 GET 请求，r = requests.get('https://api.github.com/events')

既然 Requests 库有这么多的请求方法，该如何选择这些方法？难道可以任意使用？答案是否定的。到底应该使用哪种请求方法，由目标网站的开发者决定，因为爬虫开发者无法修改目标网站原有的请求方法，只能被动适应。从爬虫编写的角度来说，GET 请求占大多数，POST 请求只有特殊情况下使用，如模拟登录。

使用浏览器开发者工具，可以很好地确定请求方法。以百度搜索为例进行说明，如在百度搜索框中输入“python”关键字，在点击“百度一下”按钮前，按住快捷键 F12 打开浏览器(推荐使用 Chrome 浏览器)的开发者工具，切换到“Network”选项卡，再点击“百度一下”按钮，会发现“Network”选项卡下拦截到很多请求，可根据类型进行过滤，也可逐一进行查找。对于爬虫来说一般选择 XHR(Ajax 请求)或 Doc(HTML)，这里选择 XHR 过滤请求，如图 3-8 所示。

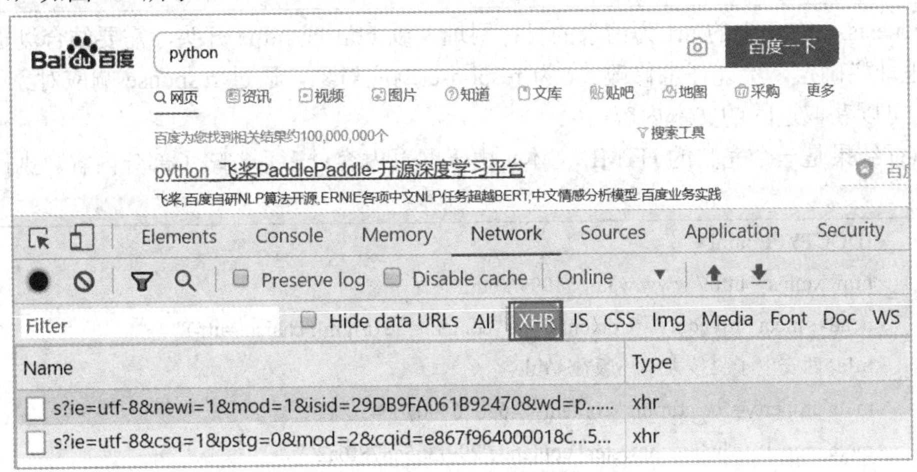

图 3-8　浏览器开发者工具拦截请求

鼠标点击请求，根据查找关键字“python”或返回的内容确定真正的请求，如图 3-9 所示。Headers 中的 Request Method 为请求方式，Preview 可以预览返回的数据。

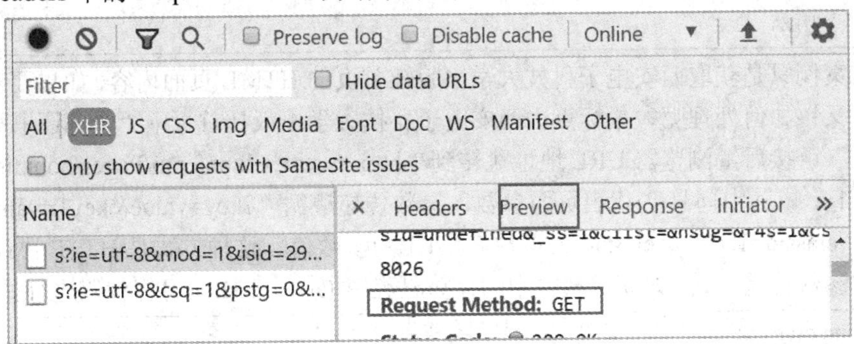

图 3-9　使用浏览器开发者工具查看请求方式

从图 3-9 中可以清楚地看出“Request Method: GET”表示百度搜索使用 GET 请求方式。

3.2.3　使用 Requests 库发送 GET 请求

使用 Requests 发送 GET 请求，基本的语法格式如下：

```
import requests        #导包
r=requests.get(url,params=p,timeout=to)
参数说明:
1. url：GET 请求的 URL 地址，以 http://或 https://开头。
2. params：可选，字典类型，必须以键值对的形式传递。
3. timeout：可选，请求等待时间，单位为秒。
```

使用 Requests 发送网络请求非常简单。假如要获取西安电子科技大学出版社的首页 HTML 内容，可以使用以下命令：

```
import requests                          #导包
r=requests.get("http://www.xduph.com")   #向目标网址发送 GET 请求
print(r.text)          #r.text 为返回的网页的 HTML 文本，如果使用 jupyter，可省略 print
```

requests.get(url)中的 url 为请求的目标网址，以 http 或 https 开头，需要结合浏览器的 URL 地址栏确定，不能任意修改。r 为 response 响应对象，通过 response 响应对象的 text 属性，可以获取返回的文本内容。

执行结果是一个完整的 HTML 文本，由于网页内容过多，省略了部分内容。执行结果如下：

```
<!DOCTYPE html>
<html xmlns="http://www.w3.org/1999/xhtml">
<head><meta http-equiv="Content-Type" content="text/html; charset=utf-8" />
<title>西安电子科技大学出版社</title>
<meta property="qc:admins" content="46507670076045006375" />
<meta property="wb:webmaster" content="299f365c878f6a20" />
<link href="newCss/reset.css" rel="stylesheet" />
<link href="newCss/base.css" rel="stylesheet" />
  <script src="../newJs/jquery-1.11.3.min.js"></script>
...(省略)
```

当前案例只是获取西安电子科技大学出版社首页的 HTML 页面内容，如果要获取其他网页内容又该如何处理呢？鼠标点击西安电子科技大学出版社首页中“全部图书分类”下的“教材”链接后，浏览器 URL 地址跳转到“http://www.xduph.com/Pages/booklist.aspx?classid=1.1.”。其中问号(?)代表页面参数，参数传递遵循“?key=value&key1=value”的格式，如“?classid=1.1.”，classid 为参数名，1.1.为参数值。这种方式是 HTTP 协议中 GET 请求基本参数传递方式。如获取教材中的计算机类图书的 HTML，可将代码进行如下修改：

```
import requests          #导包
#GET 参数传递方式，将参数连接在 URL 地址后
r=requests.get("http://www.xduph.com/Pages/booklist.aspx?classid=1.1.")
print(r.text)          #r.text 为返回的网页的 HTML 文本，如果使用 jupyter，可省略 print
```

通过 URL 查询字符串传递参数的方式虽然简单，但程序可读性差。Requests 库支持通过字典的方式进行参数传递。因此可以再次改写为如下代码：

```
import requests             #导包
p={"classid":"1.1."}        #参数字典，如果有多个参数，增加键值对
#注意参数名 params 不可改变，timeout=3 设置请求等待时间为 3 秒，超过 3 秒抛出异常
r=requests.get("http://www.xduph.com/Pages/booklist.aspx",params=p,timeout=3)
print(r.text)
```

爬取网页数据的过程中，由于网络等原因，导致服务器没有响应，一直请求等待直到超过最大请求次数。为了应对这种情况，可以设定 timeout 参数约定请求时间，单位为秒，超时自动抛出异常，程序中止。

3.2.4 使用 Requests 库发送 POST 请求

除了 GET 请求外，当然也可以使用 Requests 的 POST 函数发送 POST 请求。一般 POST 请求用于请求参数中包括敏感信息，如模拟登录操作。Requests 库的 POST 函数使用方法和 GET 雷同。使用 Requests 发送 POST 请求，基本的语法格式如下：

```
import requests    #导包
r=requests.post(url,data=payload,timeout=to)
参数说明：
1. url：POST 请求的 URL 地址，以 http://或 https://开头。
2. data：可选，payload 为字典类型，必须以键值对的形式传递。
3. timeout：可选，超时等待时间，单位为秒。
```

其中 payload 字典为 POST 请求的参数。requests.post 函数官方案例代码如下：

```
import  requests
#payload 为参数字典，传递的参数为个人信息，读者自行定义
payload = {'name': 'yongzhou', 'age': '44'}
#data 参数不可修改
r =requests.post("http://httpbin.org/post", data=payload)
print(r.text)
```

执行结果如下：

```
{ "args": {},
  "data": "", "files": {},
  "form": {
    "age": "44",
    "name": "yongzhou"
  }, ...}
```

3.2.5 Requests 库的响应对象

通过上述内容的学习，读者应该能够使用 Requests 库的 GET 或 POST 函数发送请求，从而获取网页的 HTML 内容。以获取百度首页的 HTML 内容为例，参考代码如下：

```
import requests
r=requests.get("http://www.baidu.com")
print(r.text)
```

细心的读者会发现返回的 HTML 内容部分乱码。通过对照网页内容后发现是中文内容乱码，这是由于返回内容的编码格式和 Requests 库的默认编码格式不一致而造成的。

代码中 r 代表服务端返回的响应对象。r.text 属性表示获取到文本格式的响应体内容。Requests 会自动解码来自服务端的内容，会基于 HTTP 头部对响应的编码作出有根据的推测。大多数情况下，Unicode 字符集都能被无缝地解码。如出现乱码，可使用 r.endoding

属性设置返回内容的编码方式，设置前可以通过代码查看百度首页 HTML 内容的编码格式。查看代码如下：

```
import  requests
r=requests.get("http://www.baidu.com")
print(r.encoding)            #r.encoding 显示返回内容的编码格式
```

执行结果如下：

```
ISO-8859-1
```

执行结果表示 Requests 库认定百度首页的返回的编码格式为 ISO-8859-1。ISO-8859-1 编码是单字节编码，支持部分欧洲语言，不支持中文。这时可将内容编码格式修改为 utf-8，修改后的代码如下：

```
import  requests
r=requests.get("http://www.baidu.com")
r.encoding="utf-8"          #设置编码格式为 utf-8
print(r.text)
```

执行后发现，所有中文能够正常显示了。utf-8 的编码格式只是猜测的编码格式。在 Requests 库无法正常处理编码格式的时候，又该如何处理呢？有以下两种方法可以使用：

(1) 结合浏览器的开发者工具，拦截网页请求，查看“Headers”选项卡中“Content-Type”，如图 3-10 所示。“Content-Type:text/html;charset=utf-8”表示响应内容为 HTML，编码格式为 utf-8。

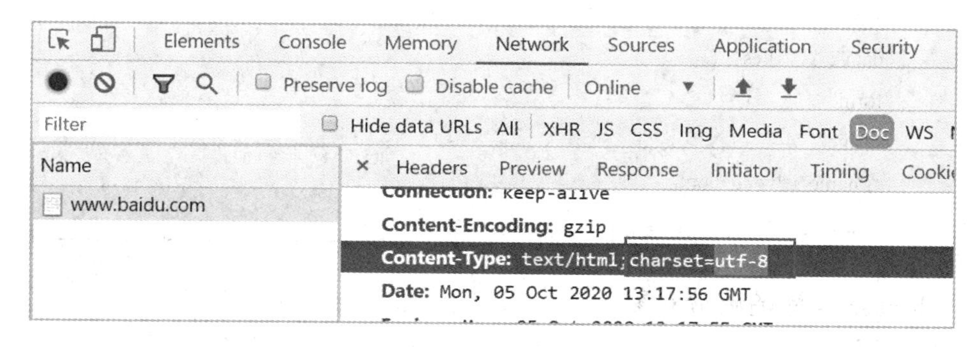

图 3-10　使用浏览器开发者工具确定返回内容的编码格式

(2) 鼠标右键，查看网页源码，浏览 head 中的 meta 标签，content 属性中的 charset 用于设定 HTML5 页面的编码格式，如图 3-11 所示。

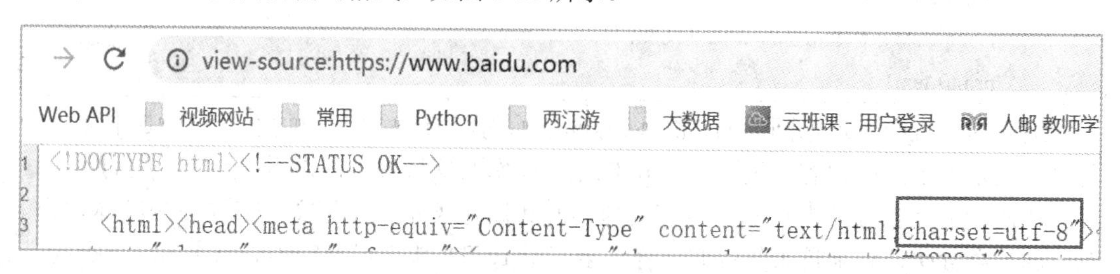

图 3-11　查看网页源码确定网页的编码格式

通过 r.encoding 属性设置编码方式虽然效率高，但是通用性差。有没有一种方式可以带来更好的体验呢？可以使用响应对象 r.apparent_encoding 属性来识别文本编码，但是这会消耗计算资源。可按照如下方法修正代码：

```
import    requests
r=requests.get("http://www.baidu.com")
r.encoding=r.apparent_encoding            #根据返回内容的猜测编码格式，通用性强
print(r.text)
```

网页中除了文本内容外，经常出现的还有 JSON、XML、图片、音频、视频等格式。JSON 和 XML 格式的数据如何处理，后续章节中将说明。图片、音频、视频都是以二进制的形式存储，可以通过 r.content 属性获取二进制数据，再结合文件写入保存，参考代码如下：

```
with open("image.jpg","wb") as tp:
    tp.write(response.content)
```

3.2.6 HTTP 状态码

使用 Requests 库发送请求，出错是不可避免的，特别是初学者。如何才能清晰地知道问题的原因变得至关重要，是 URL 地址输入错误，还是服务端出错。状态码则可以描述出错的原因。

响应状态码(HTTP Status Code)是用以表示网页服务端 HTTP 响应状态的 3 位数字代码。可以使用 response.stastus_code 属性查看响应代码。常见的 HTTP 状态码机器含义：200-请求成功；301-资源被永久转移到其他 URL；404-请求的资源不存在；500-内部服务器错误。

每次判断状态码比较烦琐，可通过 r.raise_for_status 函数结合异常处理函数进行状态判断。详情参见“3.2.8 Requests 库发送 GET 请求的通用代码”。

3.2.7 定制请求头

以获取豆瓣网首页的 HTML 内容为例，参考代码如下：

```
import    requests
r = requests.get('https://www.douban.com/')
r.encoding=r.apparent_encoding
print(r.text)
```

执行后无任何结果输出，有些时候还会出现错误。这是由于豆瓣网站对爬虫不友好，具有反爬虫设计。所谓的反爬虫设计，是指网站设计的过程中为避免因爬虫程序暴力爬取信息导致网络拥堵、服务端压力过大、正常用户访问受影响而采取的技术措施。常用的反爬虫措施包括通过 User-Agent 进行反爬、通过 Referer 进行反爬、通过 Cookie 进行反爬等。网站的反爬虫经常会针对不同场景采用一种或多种反爬虫手段。

豆瓣网首页就是通过 User-Agent 进行简单反爬。其原理为过滤每个用户请求头部信息

中的 User-Agent，正常情况下 User-Agent 包括客户端用户的浏览器版本信息，如果包含“python-requests/2.24.0”等相关信息就可以判断为爬虫。针对这种情况该如何处理？可以在请求头信息中添加 HTTP 头部来伪装成正常的浏览器，只要简单地传递一个用户代理的字典给 headers 参数就可以。

以下代码中 requests.get 函数中增加了 headers 参数。headers 字典中的 User-Agent 可使用开发者工具，从请求头中进行拷贝。参考代码如下：

```
import requests
#请求头字典，设置用户代理
headers={
"User-Agent": "Mozilla/5.0 (Windows NT 10.0; Win64; x64) "\
                        "AppleWebKit/537.36 (KHTML, like Gecko) "\
                         "Chrome/79.0.3945.88 Safari/537.36"
}
#发送 GET 请求，传递了 headers，携带用户代理
r = requests.get('https://www.douban.com/',headers=headers)
print(r.text)
print("-------------------")
print(r.request.headers)      #打印请求头信息
```

采用不同的浏览器输出信息会有略微不同。请求头的输出结果如下：

```
{'User-Agent': 'Mozilla/5.0 (Windows NT 10.0; Win64; x64) AppleWebKit/537.36 (KHTML, like
Gecko) Chrome/79.0.3945.88 Safari/537.36', 'Accept-Encoding': 'gzip, deflate', 'Accept': '*/*',
'Connection': 'keep-alive'}
```

3.2.8 Requests 库发送 GET 请求的通用代码

对于爬虫工程师来说，编写出健壮的代码，减少 BUG 的出现一直是努力的方向。结合 Requests 库的基本使用方法和 Python 的异常处理，可以将使用 GET 函数获取网页内容抽象出一个通用函数 get_html，将变化的部分转换为参数，参数分别为 url 和 time，其中 time 为超时请求的时间。

设计思路为将请求判断的过程放到 try...except 语句块中。通过 requests.get 函数发送请求；通过 r.encoding = r.apparent_encoding 语句设定返回内容编码格式；通过 r.raise_for_status 函数判断返回的状态码是否为 200，如果不正常抛出异常，打印错误，否则输出正常的网页内容。完整代码如下：

```
import   requests
def get_html(url,time=10):
    head = {
        "User-Agent": "Mozilla/5.0 (Windows NT 10.0; Win64; x64) " \
                        "AppleWebKit/537.36 (KHTML, like Gecko) " \
                        "Chrome/79.0.3945.88 Safari/537.36"
```

```
        }                                                    #设置用户代理，应对简单反爬虫
        try:
            r = requests.get(url,headers=head, timeout=time)  #发送请求
            r.encoding = r.apparent_encoding                  #设置返回内容的字符集编码
            r.raise_for_status()                              #返回的状态码不等于200抛出异常
            return r.text                                     #返回网页的文本内容
        except Exception as error:
            print(error)
    if __name__=="__main__":
        url="http://www.baidu.com"
        print(get_html(url))
```

3.3　使用urllib库提取网页数据

urllib库是Python内置的HTTP请求库，不需要额外安装即可使用。可以实现和Requests库同样的提取网页数据的功能，但使用方法稍显复杂，需要编写更多的代码。urllib库包含4个模块：request模块，最基本的HTTP请求模块；异常处理模块，如果出现请求错误，可以捕获异常；parse模块，是一个工具模块，提供了许多URL处理方法，比如拆分、解析、合并等方法；robotparser模块，主要是用来识别网站的robots协议。

由于urllib库在Python2和Python3中有不同的实现，需要读者注意Python版本，本书使用的Python版本为3.0以上。本节只是简单介绍urllib库的基本使用方法，详细的使用方法请读者参考官网的API文档，地址为https://docs.python.org/3/library/urllib.html。

3.3.1　使用urllib库发送GET请求

urllib库发送GET请求，基本的语法格式如下：

```
import urllib.request
r=urllib.requeset.urlopen(url,timeout=to)
参数说明：
1. url：GET请求的URL地址，以http://或https://开头。
2. timeout：可选，to为超时时间，单位为秒。
```

仍然以获取西安电子科技大学出版社的首页HTML内容为例，对比语法上的差异。本案例使用urlopen函数发送请求；响应内容虽然可通过r.read函数获取，但类型为字节码，所以需要用到decode函数进行编码转换。完整的程序代码如下：

```
import   urllib.request
r=urllib.request.urlopen("http://www.xduph.com")    #使用urlopen发送请求，r为响应对象
#r.read()获取的到响应内容为字节码格式，使用需要decode函数转换为网页编码
print(r.read().decode("utf-8"))
```

使用 urlopen 函数如何进行参数传递呢？最简单的方式就是将参数连接到 URL 地址后。如获取西安电子科技大学出版社教材中的计算机分类图书，将参数“?classid=1.1.”连接到 URL 地址后。完整的程序代码如下：

```
import urllib.request
#URL 地址后连接查询字符串，格式?Key=value&key1=value1
r=urllib.request.urlopen("http://www.xduph.com/Pages/booklist.aspx?classid=1.1.")
print(r.read().decode("utf-8"))
```

直接拼接 URL 的方式实现简单，但是如果参数较多，程序可读性则稍差。urlopen 函数也支持间接拼接，参数存储在字典中，但需要将字典参数转换为 URL 编码，然后拼接到 URL 地址后，与直接拼接无本质区别。转换类型需要使用 urllib.parse 模块，编程工作量有所增加。修改后的程序代码如下：

```
import urllib.request
import urllib.parse                   #新增导包
p={"classid":"1.1."}                  #参数字典
parm=urllib.parse.urlencode(p)        #使用 urlencode 进行 URL 编码
url="http://www.xduph.com/Pages/booklist.aspx?%s" %parm        #将参数连接到 URL 后
r=urllib.request.urlopen(url)
print(r.read().decode("utf-8"))
```

3.3.2 使用 urllib 库发送 POST 请求

urllib 库发送 POST 请求，基本的语法格式如下：

```
import urllib.request
r=urllib.requeset.urlopen(url,data=payload,timeout=to)
参数说明：
1. url：请求的 URL 地址，以 http://或 https://开头。
2. data：POST 请求，需要使用此参数，字节码类型。
3. timeout：超时时间，单位为秒。
```

使用 urllib 库改写“3.2.4 使用 Requests 库发送 POST 请求”中的代码，对比语法上的差异。与 Requests 库发送 POST 请求不同的是，参数 data 不能直接传入字典类型，需要将字典类型转换为字节码。完整的程序代码如下：

```
import urllib.request
import urllib.parse
#将参数字典转换为 URL 编码后再转换为字节码
payload=bytes(urllib.parse.urlencode({"name":"yongzhou","age":"43"}),encoding="utf8")
r=urllib.request.urlopen("http://httpbin.org/post",data=payload)
print(r.read().decode("utf-8"))
```

3.3.3　urllib 库的用户代理

通过在请求头中增加用户代理 User-Agent 是应对网站反爬虫最简单的方式。但遗憾的是 urlopen 函数只能实现最基本的请求，如需实现更强大的功能只有通过 Request 类结合 urlopen 函数来实现。西安电子科技大学出版社首页的案例可以改写，参考代码如下：

```
from    urllib import request
url="http://www.xduph.com"
req=request.Request(url)                    #构建 Request 对象
r=request.urlopen(req)                      #参数为 Request 对象
print(r.read().decode("utf-8"))
```

与“3.3.1 使用 urllib 库发送 GET 请求”不同的是 urlopen 函数传递的不是 URL 地址，而是构建的 Requests 对象。

Requests 类的基本语法格式如下：

```
req = request.Request(url=url, data=data, headers=headers, method='POST|GET')
参数说明：
1. url：必输项，请求的 URL 地址。
2. data：可选，传递的参数，字节码类型。
3. headers：可选，请求头字典。
4. method：可选，请求方式 POST 或 GET，默认为 GET。
```

改写“3.2.7 定制请求头”中的豆瓣首页案例，对比语法差异。参考代码如下：

```
from urllib import request,parse
head={
"User-Agent": "Mozilla/5.0 (Windows NT 10.0; Win64; x64) "\
                    "AppleWebKit/537.36 (KHTML, like Gecko) "\
                    "Chrome/79.0.3945.88 Safari/537.36"
} #请求头的 User-Agent，可结合浏览器开发者工具，从 head 选项卡中拷贝
url="https://www.douban.com/"
req=request.Request(url,headers=head)          #构建请求对象
r=request.urlopen(req)                          #发送请求
print(r.read().decode("utf-8"))
```

3.4　案例 1　QQ 表情包图片爬取

3.4.1　任务描述

任意下载多张表情包图片到本地磁盘指定目录中。要求采用函数形式进行代码封装，调用代码和通用函数分离。本案例以表情党网站为例进行讲解，案例网站地址为 http://www.

bspider.top/yh31/，参考页面如图 3-12 所示。

图 3-12　表情党网站

3.4.2　任务分析

QQ 表情包图片下载的本质是使用 Requests 库或 urllib 标准库发送 GET 请求，获取图片的二进制数据，然后保存在磁盘中。发送 GET 请求必须确定图片的 URL 地址，图片在网站中的布局一般使用 img 标签，img 标签的 src 属性也就是图片的 URL 地址。请求成功发送后，响应对象 r 中的 content 属性是图片内容的二进制数据。图片保存的方式很多，最简单的方式就是使用文件读写操作。

3.4.3　任务实现

1. 使用浏览器开发者工具，确定图片链接

打开目标网站，使用 F12 快捷键打开浏览器开发者工具。切换到“Elements”选项卡，按住“Ctrl + Shift + C”快捷键后，将鼠标移动到喜欢的表情包图片上，观察被选中的 HTML 元素片段，其中 img 标签的 src 属性值就是请求发送的 URL 地址，如图 3-13 所示。如此重复多次，获取多个图片的链接地址。

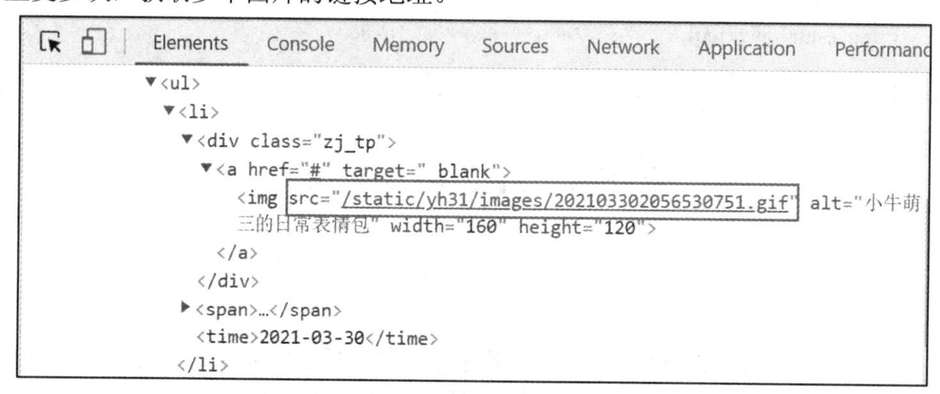

图 3-13　使用开发者工具选取图片元素

2. 使用 Requests 库实现图片下载简化版

图片下载简化版以单一图片下载为例，突出基本实现思路。先通过 requests.get 函数向目标表情包 URL 地址发送 GET 请求，由于 src 属性中的 URL 地址不是完整的地址，需要将域名 http://www.bspider.top/作为前缀，拼接成完整的 URL 地址。然后创建新文件，并保存从响应对象中获取的图片二进制数据。简化版代码如下：

```
import  requests
try:
  url="http://www.bspider.top/static/yh31/images/20210330205653O751.gif"  #图片的 URL 地址
  r=requests.get(url,timeout=3)          #发送 GET 请求，设置超时时间 3 秒
  with open ("1.gif","wb+") as f:        #创建文件，支持二进制类型写入
     f.write(r.content)                  #从响应对象 r 中获取图片二进制数据并写入文件
except Exception as err:
     print(err)
```

“1.gif”为表情包图片保存的文件名，由于没有指定路径，表情包图片保存在当前爬虫程序所在的目录下。简化版除了不支持多个表情包图片同时下载外，功能实现也有瑕疵，主要体现在文件名的处理上，文件保存在磁盘上的路径和文件名不能配置。这样处理的弊端为每次下载图片都需要更改路径以及文件名和扩展名。该如何处理呢？请读者仔细思考后，再阅读完整版。

3. 使用 Requests 库实现图片下载完整版

完整版实现了多文件下载以及文件名问题。多个表情包图片下载将下载的图片放到列表中，通过 for 循环的遍历依次下载图片；表情包图片的文件名和扩展名通过拆分图片的 URL 的地址，取最后一个元素，获取文件名和扩展名。完整版代码如下：

```
import  requests
try:
  #表情包 URL 地址列表
  url_list=["http://www.bspider.top/static/yh31/images/20210330205653O751.gif" ,
           "http://www.bspider.top/static/yh31/images/20210318202942587l.jpg"]
  for url in url_list:                      #循环读取
      r=requests.get(url,timeout=3)         #发送请求，设置超时时间 3 秒
      dir="d:\\"                            #设置缺省目录
      file_name=url.split("/")[-1:][0]      #从 URL 地址中获取原始图片文件名
      file_name=dir+file_name               #文件全路径
      with open (file_name,"wb+") as f:     #创建文件，支持二进制类型写入
         f.write(r.content)                 #写入图片文件
except Exception as err:
       print(err)
```

从任务的角度看，完整版已经解决了 QQ 表情包图片下载的所有功能。从软件设计健壮性和复用性的角度看，存在的问题是代码无法复用，由于没判断响应码状态，可能出现

数据返回但状态码不为 200，导致后续的程序代码异常。这些问题该如何处理？请读者仔细思考，如何使用函数形式进行封装？通过重构代码，从而提高代码的复用性和健壮性。

4. 代码重构可复用版

编写代码不能只以功能实现为最终目标。如何提高代码质量？如何提高软件的复用性？是每个程序员必须要考虑的问题。通过代码重构将获取图片二进制数据和图片保存，分别抽象出两个可复用的函数 get_image、sava_image。然后通过 main 函数控制流程，将数据的输入输出和复用函数组合起来形成一个整体。重构后的代码如下：

```
import  requests
def get_image(url):                                  #获取单个图片的二进制数据
    try:
        r = requests.get(url, timeout=10)            #发送请求，设置超时时间 10 秒
        r.raise_for_status()                         #非正常状态 200 时，抛出异常
        return  r.content
    except Exception as err:
        print(err)
def save_imag(path,content):     #图片保存，path 图片的全路径，content 图片的二进制数据
    with open(path,"wb") as f:
        f.write(content)
if __name__=="__main__":     #main 函数，流程控制
    url_list=["http://www.bspider.top/static/yh31/images/20210330205653O751.gif" ,
        "http://www.bspider.top/static/yh31/images/20210318202942587l.jpg"]  #多图片列表
    for url in url_list:            #循环遍历处理多张图片
        imag_content=get_image(url)
        dir = "d:\\"                #设置图片目录，为减少代码没生成目录，必须确保目录存在
        file_name = url.split("/")[-1:][0]       #从 URL 地址中获取原始图片文件名
        path = dir + file_name                   #文件全路径
        save_imag(path,imag_content)
```

以上层层递进实现了 QQ 表情包图片下载功能。需要提醒读者的是代码的编写不是一次成型，在形成基本思路后边编写边调试，只有通过不断优化、迭代，才能提高代码质量。

3.5　案例 2　手机号码归属地查询

3.5.1　任务描述

使用 Requests 库向 http://www.bspider.top/ip138/发送请求，打印输出手机号码归属地的查询结果。参考页面如图 3-14 所示。

手机号码归属地专业在线查询

手机号码(段):

请输入手机号码(段)　查询

查询结果	
您查询的手机号码段	18725868135 测吉凶(新)
卡号归属地	重庆
卡 类 型	移动187卡
区 号	023
邮 编	400000

图 3-14　手机号码归属地查询

3.5.2　任务分析

在如图 3-15 所示的手机号码归属地查询页面中输入手机号，点击“查询”按钮后发现网址跳转到 https://www.ip138.com/mobile.asp?mobile=18725868135&action=mobile。观察 URL 地址会发现这是个典型的 GET 请求。URL 地址为 https://www.ip138.com/mobile.asp，查询参数分别是 mobile 手机号码以及 action。

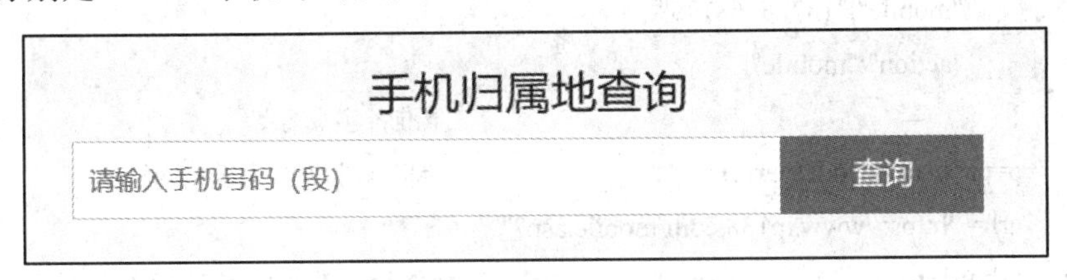

图 3-15　手机号码归属地查询

从技术实现的角度来说，无论是使用 Requests 库还是 urllib 都可以实现模拟发送 GET 请求。读者可考虑分别使用不同的技术实现。这里使用 GET 请求的通用函数实现此任务。由于如何从 HTML 页面中提取数据还没有讲解，任务只要求打印输出查询结果的 HTML 内容。

3.5.3　任务实现

使用 3.2.8 节编写的 Requests 库通用函数，这样既简单又快速。通用函数兼顾复用性和健壮性，只需要编写 main 函数调用通用函数即可。为了使程序有更好的可读性，使用 parm 参数传递 GET 请求的参数。parm 参数为字典类型，需要使用 urllib.parse 模块的 urlencode 函数将其转换为 key=value&key1=value1 形式，然后将转换后的字符串拼接在 URL 地址后。

为了简化代码编写，读者也可将参数直接连接在 URL 地址后。打印输出的结果建议读者拷贝到文本文件中，另存为 utf-8 编码，扩展名为 HTML，使用浏览器打开确认返回的数据。

手机号码归属地查询的完整代码如下：

```
import   requests
from urllib import parse                              #导入 urllib.parse 模块
def get_html(url,time=10):
    head = {
        "User-Agent": "Mozilla/5.0 (Windows NT 10.0; Win64; x64) " \
                      "AppleWebKit/537.36 (KHTML, like Gecko) " \
                      "Chrome/79.0.3945.88 Safari/537.36"
    }                                                 #设置用户代理，应对简单反爬虫
    try:
        r = requests.get(url,headers=head,timeout=time)    #发送请求
        r.encoding = r.apparent_encoding              #设置返回内容的字符集编码
        r.raise_for_status()                          #返回的状态码不等于 200 抛出异常
        return r.text                                 #返回网页的文本内容
    except Exception as error:
      print(error)
if __name__=="__main__":
    parm={
        "mobile":"18725868135",
        "action":"mobile"
    }                                                 #准备字典参数
    p=parse.urlencode(parm)                           #将参数转换为键值对形式
    url = "https://www.ip138.com/mobile.asp?"
    url=url+p                                         #将查询参数拼接在 URL 地址后
    print(get_html(url))                              #打印输出返回结果
```

本 章 小 结

本章主要介绍了两种 HTTP 请求库 Requests 和 urllib。重点介绍了使用 Requests 库发送 GET 请求和 POST 请求的基本语法格式。着重介绍了从 Requests 库的响应对象中获取文本类型、二进制类型数据以及通过设置响应文本的编码格式解决乱码问题。概括介绍了设置请求头中的用户代理来应对网站的反爬虫设置、通过 HTTP 协议响应状态码判断请求是否发送成功以及 Requests 库发送 GET 请求的通用程序代码。简单介绍了 urllib 发送 GET 和 POST 请求的基本语法格式以及设置用户代理。

urllib 库的使用难度大于 Requests 库，熟练掌握一种即可完成发送 HTTP 请求的任务。

最后通过 QQ 表情包图片下载以及手机号码归属地查询两个工作任务，综合应用 Requests 库和 urllib 库的核心知识点。

本 章 习 题

1. 简要说明 HTTP 的请求响应模型。
2. 举例说明 GET 请求和 POST 请求的区别。
3. 简要说明 Requests 库的 GET、POST 方法的基本语法格式。
4. 罗列常用的 HTTP 请求状态码并说明含义。
5. 独立编写 Requests 库发送 GET 请求的通用代码。

第 4 章　网页解析

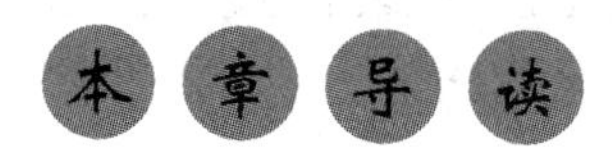

正常获取网页 HTML 内容后就需要考虑网页的数据解析，从网页中提取用户关心的数据。本章主要介绍 BeautifulSoup 库和 lxml 库的网页解析方法，重点介绍元素定位、标签属性获取以及标签文本获取方法。通过中国大学排名、百度新闻、酷狗音乐华语新歌榜、起点中文网原创风云榜 4 个案例进行巩固提高。

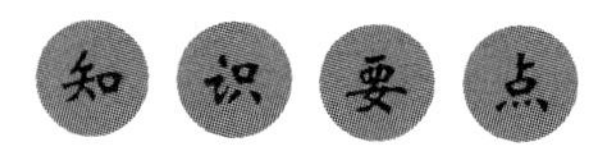

通过本章内容的学习，读者应该了解或掌握以下知识技能：

- 掌握 BeautifulSoup 库的安装。
- 了解 BeautifulSoup 库的不同解析器的优劣。
- 掌握 BeautifulSoup 库的元素定位、标签属性以及标签文本的获取方法。
- 掌握 lxml 库的安装。
- 理解常用 XPath 选择器的含义。
- 掌握使用 XPath 选择器进行的元素定位、获取标签属性以及标签文本的方法。

常用的网页解析库包括正则表达式 Re、BeautifulSoup、lxml、PyQuery 等。这么多解析库如何进行选择呢？从运行效率上对比，正则表达式最高，lxml 次之，PyQuery 和 BeautifulSoup 最慢。从难易程度上对比，BeautifulSoup 和 PyQuery 最容易，lxml 次之，正则表达式最复杂、难度最大。本章将会分别介绍 BeautifulSoup 库和 lxml 库的使用，重点介绍定位元素、获取标签属性和获取标签文本等常见用法。

4.1　使用 BeautifulSoup 解析网页

BeautifulSoup 的中文含义为“美丽的汤”，这个奇特的名字来源于《爱丽丝梦游仙境》。BeautifulSoup 库是一个可以从 HTML 或 XML 文件中提取数据的 Python 库，能够通过转换器实现快速文档导航、查找功能。它也是一个灵活方便的第三方 Python 网页解析库，易学易用，特别适合爬虫初学者使用。

4.1.1　BeautifulSoup 库的安装

BeautifulSoup 库支持 Windows、Mac OS、Linux 下安装，本节只介绍 Windows 系统下的安装。Mac OS、Linux 系统下的安装方法，请读者参考 BeautifulSoup 的官方 API 文档。官方 API 的 URL 地址为 https://beautifulsoup.readthedocs.io/zh_CN/v4.4.0。

为了提高安装效率，建议采用国内镜像进行换源安装。具体方法为增加-i 参数，空格后的参数为国内镜像地址。在 cmd 命令行下输入如下命令：

```
#以下两种方式二选一
pip install bs4            #基本安装方式
#换源安装，国内镜像，安装效率高
pip install bs4    -i https://pypi.tuna.tsinghua.edu.cn/simple
```

需要注意的是，包名是 bs4 或 BeautifulSoup4，如果不加上 4，会安装成老版本 bs3，它是为了兼容性而存在的，目前已不推荐安装。BeautifulSoup4 安装过程如图 4-1 所示。

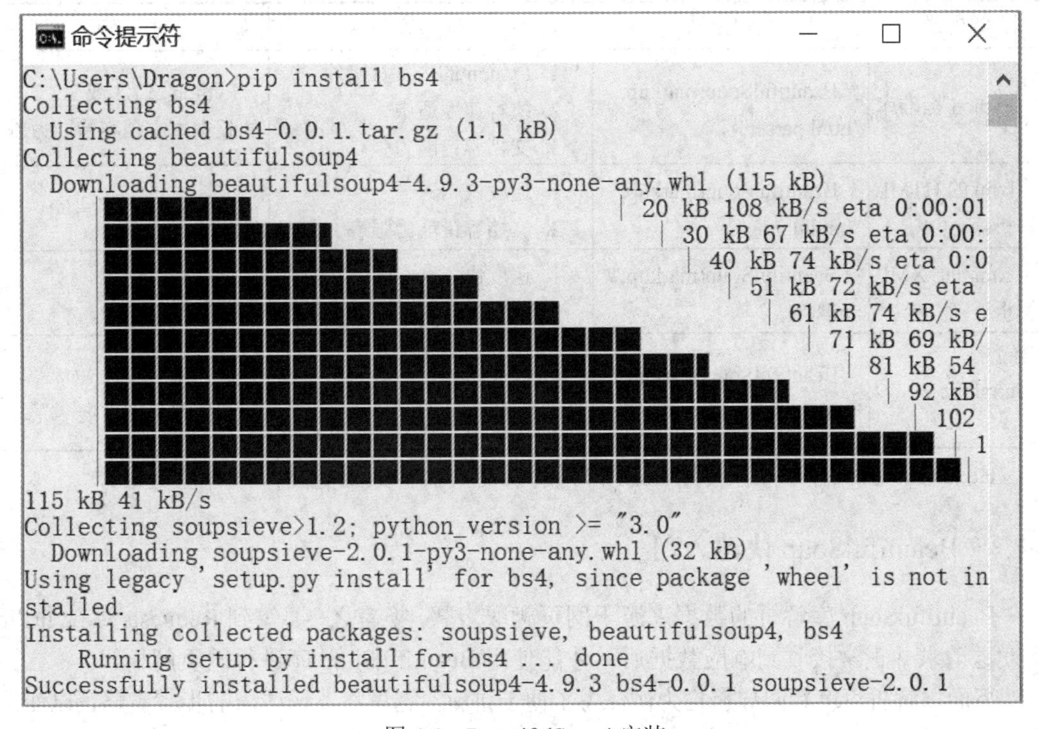

图 4-1　BeautifulSoup4 安装

BeautifulSoup 库能够解析网页依靠的是强大的解析器。HTML 或 XML 经过 BeautifulSoup 库处理后可以转换为 soup 对象，可按照“对象.属性”的方式获取元素文本以及属性。这种处理方式类似于 HTML 的 Dom 结构。lxml 库也不是 Python 的标准库，需要单独安装。在 cmd 下输入如下命令：

```
#换源安装，lxml 安装
pip install lxml    -i https://pypi.tuna.tsinghua.edu.cn/simple
```

lxml 安装过程如图 4-2 所示。

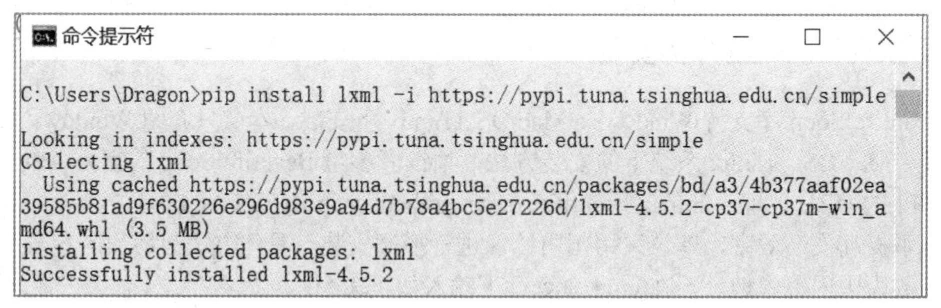

图 4-2　lxml 安装

4.1.2　BeautifulSoup 解析器

BeautifulSoup 支持 Python 标准库、lxml 的 HTML 解析器、lxml 的 XML 解析器、html5lib 多种解析器。BeautifulSoup 解析器优缺点对比如表 4-1 所示。

表 4-1　BeautifulSoup 解析器优缺点对比

解析器	使用方法	优　势	劣　势
Python 标准库	BeautifulSoup(markup, "html.parser")	1. Python 的内置标准库 2. 执行速度适中 3. 文档容错能力强	Python 2.7.3 或 3.2.2 前的版本中文档容错能力差
lxml 的 HTML 解析器	BeautifulSoup(markup, "lxml")	1. 速度快 2. 文档容错能力强	需要安装 C 语言库
lxml 的 XML 解析器	BeautifulSoup(markup," xml")	1. 速度快 2. 唯一支持 XML 的解析器	需要安装 C 语言库
html5lib	BeautifulSoup(markup," html5lib")	1. 最好的容错性 2. 以浏览器方式解析文档 3. 生成 HTML5 格式的文档	速度慢 不依赖外部扩展

BeautifulSoup 官方推荐使用 lxml 作为解析器，执行效果更高，兼容性更好。

4.1.3　BeautifulSoup 快速入门

BeautifulSoup 库解析的数据来源于网页爬取步骤，换言之，要等到 Requests 库或 urilib 库发送请求并正常接收到响应数据后，才能使用 BeautifulSoup 库进行网页解析。

下面以解析百度新闻导航栏为例。为了便于讲解，这里将发送请求的步骤省略，以变量赋值的形式代替。将一段 HTML 赋值给变量 htmlstr 模拟请求成功。入门案例参考代码如下：

```
from bs4 import BeautifulSoup                    #导包
htmlstr='''<ul class="clearfix lavalamp">        #用变量赋值模拟请求成功
        <div class="lavalamp-object" id="nav"></div>
          <li class="navitem-index current" ><a href="/index">首页</a></li>
          <li class="lavalamp-item"><a href="/guonei">国内</a></li>
          <li class="lavalamp-item"><a href="/guoji">国际</a></li>
          <li class="lavalamp-item"><a href="/mil">军事</a></li>
```

```
            <li class="lavalamp-item"><a href="/finance">财经</a></li>
            <li class="lavalamp-item"><a href="/ent">娱乐</a></li>
            <li class="lavalamp-item"><a href="/sports">体育</a></li>
            <li class="lavalamp-item"><a href="/internet">互联网</a></li>
    </ul>'''
soup=BeautifulSoup(htmlstr,"lxml")        #使用 lxml 解析器
print(soup.li)                            #打印第一个 li 节点
```

执行结果如下：

```
<li class="navitem-index current"><a href="/index">首页</a></li>
```

其中，soup=BeautifulSoup(htmlstr,"lxml")语句通过构造方法，得到一个文档对象 soup，参数 htmlstr 是要解析的文本数据，参数 lxml 为 BeautifulSoup 的解析器。得到 soup 对象后就可以使用“对象.属性”的方式解析想要的数据了，如“soup.li”。

使用“soup.标签名”的形式可以获取标签的 HTML 片段，因此，“soup.li”的语法含义为获取 li 标签的 HTML 片段。但是输出结果并没有显示所有的 li 标签，这就意味着“soup.标签名”的用法有特殊约定，当存在多个同样标签的时候只能返回第一个标签的 HTML 片段，并且这种使用方式可以“连缀”继续缩小范围。如获取第一个 li 下 a 标签的 HTML 片段的参考代码如下：

```
print(soup.li.a)                #获取标签的 HTML
#以下为输出结果
<a href="/index">首页</a>
```

如果想要获取标签中的文本内容，如 a 标签的文本“首页”两个字。在标签后增加“.string”就可获取标签内的文本。参考代码如下：

```
print(soup.li.string)           #获取标签的文本
#以下为输出结果
首页
```

在编写爬虫的过程中，经常会提取链接地址也就是提取 a 标签的 href 属性。如果想要获取标签的属性，可以使用“标签[属性]”或“标签.get(属性)”的方式获取属性值。推荐使用“标签.get(属性)”的方式，可有效避免属性不存在导致的错误。参考代码如下：

```
print(soup.li.a.get("href"))        #获取标签的属性
#以下为输出结果
index
```

4.1.4 使用 BeautifulSoup 定位提取数据

爬虫爱好者编写的爬虫几乎都是聚焦爬虫，即根据实际业务需求爬取网页中需要的数据。这就会用到搜索或遍历 HTML 文档树进行快速定位，而定位就是为了提取 HTML 标签片段、标签的文本以及标签的属性。搜索文档树的方法很多，本节主要介绍 CSS 选择器函数以及 find_all 函数。

1. CSS 选择器函数

推荐使用 BeautifulSoup 作为爬虫入门首选解析库的主要原因是 BeautifulSoup 支持大部分的 CSS 选择器。为了后续使用更加顺利，这里简单回顾关于 CSS 选择器的基本内容。id 选择器使用“#”作为前缀，类选择器使用点“.”作为前缀，元素选择器直接使用标签的名称。实际应用中多为组合选择器，就是多种选择器使用的组合形式。如果缺少相关知识则可以使用 Chrome 浏览器的开发者工具，选中元素后单击鼠标右键选择“copy”，再选择“copy selector”生成 CSS 选择器。

使用 CSS 选择器提取数据，主要用到 BeautifulSoup 对象的 select 函数。select 函数的参数为 CSS 选择器，基本上遵照 CSS 选择器的语法格式。其使用方法虽然简单，但需要注意的是 select 函数返回的是 bs4.element.ResultSet 列表对象，获取属性或文本时需要进行列表切片。select 函数的基本使用方法如表 4-2 所示。

表 4-2　select 函数的基本使用方法

用　法	作　用	实　例
soup.select ("CSS 选择器")	获取 HTML 片段，返回类型为字典	soup.select(".nav>li")，提取类名为 nav 的元素下的所有 li 标签
text	获取标签文本	soup.select(".nav a")[0].text，获取类名为 nav 的元素第一个 a 标签的文本
attrs["属性名"]	获取属性值	soup.select(".nav a")[0].attrs["href"]，获取类名为 nav 的元素第一个 a 标签的 href 属性

下面以百度导航条为例说明 CSS 进行数据提取的具体使用方法。将 HTML 文本转换为 soup 对象后，使用 soup.select(".nav>li")获取 class 为 nav 的 ul 标签下的所有的 li,为后续循环遍历做准备。a_element=row.select("a")[0]为二次提取 li 下的第一个 a 标签，并将对象赋值为 a_element。a_element.text、a_element.attrs["href"]分别提取 a 标签的文本以及 a 标签的属性 href。参考代码如下：

```
from bs4 import BeautifulSoup                 #导包
htmlstr='''<html><head><title>导航解析</title></head><body>
        <ul class="nav">
            <li class="navitem-index" ><a href="/index">首页</a></li>
            <li class="lavalamp"><a href="/guonei">国内</a></li>
            <li class="lavalamp"><a href="/guoji">国际</a></li>
            <li class="lavalamp"><a href="/internet">互联网</a></li>
        </ul></body></html>'''
soup=BeautifulSoup(htmlstr,"lxml")         #将 HTML 转换为 soup 对象
for   row in soup.select(".nav>li"):        #获取所有的 li 标签
    a_element=row.select("a")[0]           #获取 li 标签下超级链接
    print(a_element.text)                  #获取标签文本
    print(a_element.attrs["href"])         #获取标签属性
```

编写爬虫一般分为网页数据获取、数据解析以及数据存储三个步骤。网页数据获取使

用通用函数 get_html 提取百度首页的 HTML 内容。数据解析使用 BeautifulSoup 进行元素定位、节点数据提取。数据存储可以通过 Python 文件操作来保存数据。为了简单暂时使用 print 函数代替。

Select 函数的参数为 CSS 选择器，需要使用浏览器开发者工具确定。Chrome 浏览器下打开百度首页，使用 F12 快捷键打开浏览器开发者工具，按住“Ctrl + Shift + C”快捷键后，用鼠标选择导航链接，如图 4-3 所示。

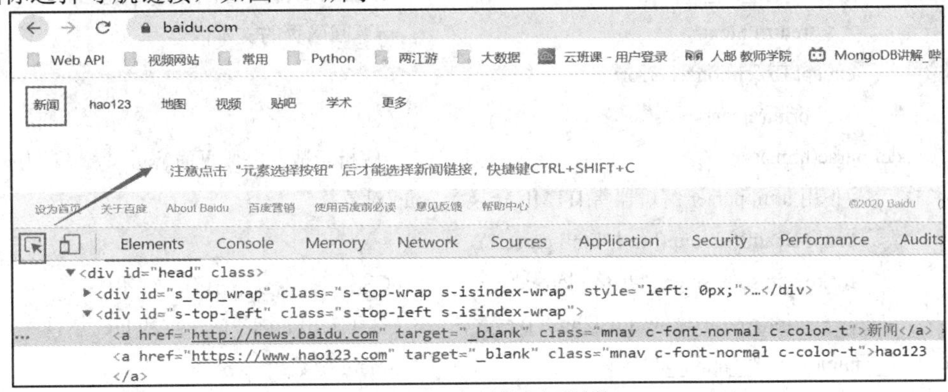

图 4-3　百度导航页面结构

分析后发现导航条 a 标签是在 id 为 s-top-left 的 div 下。如果选择所有的导航 a 标签，可以确定选择器为 #s-top-left>a。也可以使用浏览器开发者工具进行验证。在“Elements”选项卡下按住“Ctrl + F”并输入选择器，与选择器匹配的元素会高亮显示，并且会显示匹配元素的个数。选择器“#s-top-left>a”选中 6 个 a 标签，当前为第一个，如图 4-4 所示。

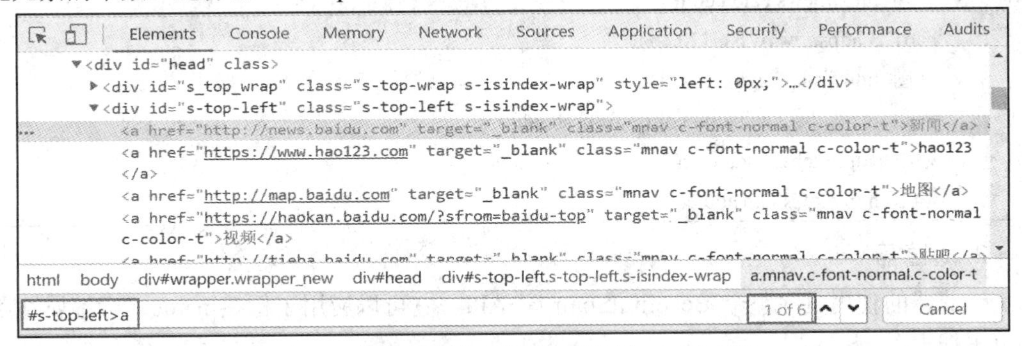

图 4-4　使用浏览器开发者工具验证 CSS 选择器

以提取百度首页导航条的链接文本和链接地址为例。get_html 为 GET 请求的通用函数，用于获取页面的 HTML。parse 函数主要负责解析、提取导航链接的 a 标签的文本和属性 href，并打印输出。main 函数负责整合流程、控制数据输入输出。参考代码如下：

```
import    requests
from bs4 import BeautifulSoup
def get_html(url,time=10):        #GET 请求通用函数
    head = {
        "User-Agent": "Mozilla/5.0 (Windows NT 10.0; Win64; x64) " \
                    "AppleWebKit/537.36 (KHTML, like Gecko) " \
```

```
                "Chrome/79.0.3945.88 Safari/537.36"
        }  #设置用户代理，应对简单反爬虫
        try:
            r = requests.get(url,headers=head, timeout=time)    #发送请求
            r.encoding = r.apparent_encoding            #设置返回内容的字符集编码
            r.raise_for_status()                        #返回的状态码不等于 200 抛出异常
            return r.text                               #返回网页的文本内容
        except Exception as error:
            print(error)
def parse(html):                                        #解析函数，完成页面解析
    #使用 html.parser 解析器将 HTML 转换为 soup 对象
    soup=BeautifulSoup(html,"html.parser")
    for row in soup.select("#s-top-left>a"):            #CSS 选择器获取所有 a 标签
        print(row.text,row.attrs["href"])               #打印输出 a 标签的文本和 href 属性
if __name__=="__main__":                                #main 函数
    url="http://www.baidu.com"
    html=get_html(url)                                  #调用 get_html 函数，发起请求
    parse(html)                                         #解析 HTML，提取数据
```

执行结果如下：

```
新闻  http://news.baidu.com
hao123 https://www.hao123.com
地图  http://map.baidu.com
视频  https://haokan.baidu.com/?sfrom=baidu-top
贴吧  http://tieba.baidu.com
学术  http://xueshu.baidu.com
```

2. 过滤器

过滤器的使用贯穿整个 BeautifulSoup 库 API，它可以应用于标签 name、标签属性和字符串搜索。

以下为过滤器的案例代码，读者主要关注 HTML 文档结构，并观察返回结果。参考代码如下：

```
html_doc = """<html><head><title>The Dormouse's story</title></head><body><p
class="title"><b>The Dormouse's story</b></p>
<p class="story">Once upon a time there were three little sisters; and their names were<a
href="http://example.com/elsie" class="sister" id="link1">Elsie</a>,<a
href="http://example.com/lacie" class="sister" id="link2">Lacie</a> and<a
href="http://example.com/tillie" class="sister" id="link3">Tillie</a>;and they lived at the
bottom of a well.</p>
<p class="story">...</p>"""
```

```
from bs4 import BeautifulSoup
soup = BeautifulSoup(html_doc, 'html.parser')
```

过滤器包括字符串、正则表达式、列表、True 等几种类型。

1) 字符串过滤器

最简单的过滤器是字符串，在搜索方法中传入一个字符串参数，元素对象 soup 会查找与字符串完整匹配的内容。如果传入字节码参数，元素对象 soup 会当作 UTF-8 编码，可以传入一段 Unicode 编码来避免 BeautifulSoup 解析编码出错。查找文档中所有的<b>标签，参考代码如下：

```
print(soup.find_all('b'))
```

执行结果如下：

```
[<b>The Dormouse's story</b>]
```

2) 正则表达式过滤器

find_all 函数的参数支持字符串、正则表达式以及列表等多种类型。如果传入正则表达式作为参数，元素对象 soup 会使用正则表达式的 match 函数来匹配内容。找出所有以 b 开头的标签，这表示<body>和<b>标签都应该被找到，参考代码如下：

```
import re                                        #正则库导包
for tag in soup.find_all(re.compile("^b")):     #查找以 b 开头的标签
print(tag.name)
```

执行结果如下：

```
body
b
```

3) 列表过滤器

如果查找的标签有多个，可以使用列表类型作为参数。找到文档中所有<a>标签和<b>标签，参考代码如下：

```
print(soup.find_all(["a", "b"]))
```

执行结果如下：

```
[<b>The Dormouse's story</b>,
<a class="sister" href="http://example.com/elsie" id="link1">Elsie</a>,
<a class="sister" href="http://example.com/lacie" id="link2">Lacie</a>,
<a class="sister" href="http://example.com/tillie" id="link3">Tillie</a>]
```

4) True 过滤器

True 可以匹配任何值。查找到所有的 tag，但是不会返回字符串节点，参考代码如下：

```
for tag in soup.find_all(True):
    print(tag.name)
```

执行结果如下：

```
html
head
title
body
p
b
p
a
a
a
p
```

3. find_all 函数

除了支持 CSS 选择器的 select 函数外，find_all 和 find 函数也经常使用，用于搜索当前标签的所有子节点，并判断是否符合过滤器的条件。这里主要讲解 find_all 函数的基本使用。案例中的 HTML 文档结构沿用上节过滤器中的结构。

find_all 函数的基本语法格式如下：

```
Soup.find_all(name,attrs,recursive,string)
参数说明：
1. name：查找标签名，字符串对象会被自动忽略掉。
2. attrs：定义一个字典参数来搜索包含特殊属性的 tag。
3. string：搜索文档中的字符串内容。
4. recursive：是否搜索当前标签的所有子孙节点，缺省为 True。
```

以下演示 find_all 函数的常见用法，包括根据标签名、标签名限定属性、id 属性、特殊属性查找。参考代码和执行结果如下：

```
soup.find_all("title")            #获取 title 标签
#执行结果如下
[<title>The Dormouse's story</title>]
```

```
soup.find_all("p", "title")       #查找 p 标签，并且 class 属性为 title
#执行结果如下
[<p class="title"><b>The Dormouse's story</b></p>]
```

```
soup.find_all(id="link2")         #查找 id 为 link2 的标签
#执行结果如下
[<a class="sister" href="http://example.com/lacie" id="link2">Lacie</a>]
```

```
data_soup.find_all(attrs={"data-foo": "value"})       #查找特殊属性
#执行结果如下
[<div data-foo="value">foo!</div>]
```

此外还有非常多的节点遍历方法，详情请参见 BeautifulSoup 的官方文档。

4.2　案例 1　中国大学排名爬取

4.2.1　任务描述

爬取“高三网”中国大学排名一览表，爬取数据包括学校名称、总分、全国排名、星级排名、办学层级。爬取后的数据保存在 CSV 文件中。目标网址 http://www.bspider.top/gaosan/，参考页面如 4-5 所示。

中国的大学排名一览表

名次	学校名称	总分	全国排名	星级排名	办学层次
1	北京大学	100	1	8★	世界一流大学
2	清华大学	99.81	2	8★	世界一流大学
3	浙江大学	80.72	4	8★	世界一流大学
4	复旦大学	79.75	3	8★	世界一流大学
5	南京大学	76.85	5	8★	世界一流大学
6	上海交通大学	76.09	6	8★	世界一流大学
7	武汉大学	75.75	10	7★	世界知名高水平大学
8	中国人民大学	73.75	9	8★	世界一流大学

图 4-5　中国大学排名一览表

4.2.2　任务分析

从中国好大学排名案例开始学习网页数据解析。代码编写将按照网页数据获取、网页解析以及数据存储三个步骤编写。网页数据获取采用 GET 请求通用函数 get_html，网页解析采用 BeautifulSoup 完成页面解析，数据存储将数据解析的输出保存为逗号分隔的 CSV 文件。核心的解析任务依然使用浏览器开发者工具确定 CSS 选择器，并通过二次查找的方式提取需要的数据。

首要任务是通过浏览器开发者工具分析页面布局结构。使用 Chrome 浏览器打开高三网，使用 F12 快捷键打开浏览器开发者工具，然后按住“Ctrl + Shift + C”快捷键，用鼠标选择任意一行排名信息。通过观察发现中国大学排名一览表采用 table 进行布局，页面结构如图 4-6 所示。

```
<h2>中国的大学排名一览表</h2>
▼<table border="1">
  ▼<tbody>
    ▼<tr class="firstRow">
        <td>名次</td>
        <td>学校名称</td>
        <td>总分</td>
        <td>全国排名</td>
        <td>星级排名</td>
        <td>办学层次</td>
      </tr>
    ▼<tr>
        <td>1</td>
        <td style="word-break: break-all;">北京大学</td>
        <td>100</td>
        <td>1</td>
        <td>8★</td>
        <td>世界一流大学</td>
      </tr>
```

图 4-6　中国大学排名页面结构

通过 table 标签的 class 属性控制解析数据的范围，所有的正式数据都是放到 tbody 标签下，可以使用 CSS 选择器“table>tbody>tr”一次性提取所有的数据行。确定选择器后，在“Elements”选项卡下按住“Ctrl + F”快捷键，输入 CSS 选择器进行确认，确认获取的 tr 行数是否和展示的实际行数相匹配，如图 4-7 所示。

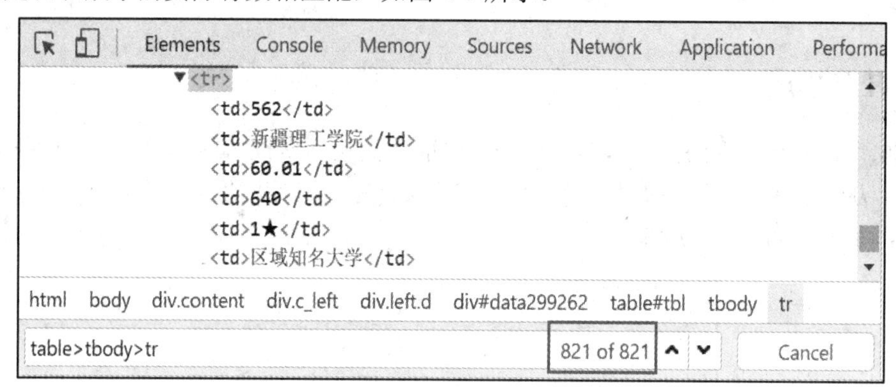

图 4-7　浏览器开发者工具验证 CSS 选择器

匹配的数据行数为 821 行，刚好和网页中的 821 所大学对应，这样就确定了外层数据行的 CSS 选择器。具体的排名数据需要循环遍历时再次进行查找，这种方式一般称之为二次查找。下面可以着手编写爬虫代码，一边调试一边确定排名信息 CSS 选择器。

4.2.3　任务实现

1. 编写初步代码

通过分析并形成基本思路后，可以初步开始编写代码。代码一般都是边写边完善，不是一次成型的，希望读者能够养成代码重构的习惯。由于网站没有反爬虫机制，GET 请求通用函数去掉了 User-Agent 以简化代码。parser 函数接收 get_html 函数的输出数据，循环输出每个 tr 的 HTML 片段。参考代码如下：

```
import   requests                    #导包
from bs4 import BeautifulSoup
def get_html(url,time=10):           #GET 请求通用函数，去掉了 User-Agent 简化代码
    try:
        r = requests.get(url, timeout=time)      #发送请求
        r.encoding = r.apparent_encoding         #设置返回内容的字符集编码
        r.raise_for_status()     #返回的状态码不等于 200 抛出异常
        return r.text            #返回网页的文本内容
    except Exception as error:
        print(error)
def parser(html):                    #解析函数
    soup=BeautifulSoup(html,"lxml")              #将获取的 HTML 转换为 soup 对象
    for row in soup.select("table>tbody>tr"):    #循环遍历获取每行数据
        print(row)
```

```
if __name__=="__main__":  #main 函数整合流程
    url="http://www.bspider.top/gaosan/"
    html=get_html(url)
    parser(html)
```

部分运行结果如下：

```
<tr class="firstRow">
<td>名次</td>
<td>学校名称</td>
<td>总分</td>
<td>全国排名</td>
<td>星级排名</td>
<td>办学层次</td>
</tr>
```

2. 编写解析函数

从排名信息片段中可以看出数据全部为 td 标签的文本，可以在行 row 的基础上再次查找 td，按照顺序获取想要的信息。为了给数据存储提供信息，可以将数据存储为列表，每行数据都为列表类型。解析函数 parser 代码如下：

```
def parser(html):
    soup=BeautifulSoup(html,"lxml")             #HTML 转换为 soup 对象
    out_list=[]                                 #解析函数输出数据的列表
    for row in soup.select("table>tbody>tr"):   #循环遍历 tr
        td_html=row.select("td")                #获取 td
        row_data=[
            td_html[1].text.strip(),            #学校名称
            td_html[2].text.strip(),            #总分
            td_html[3].text.strip(),            #全国排名
            td_html[4].text.strip(),            #星级
            td_html[5].text.strip()             #办学层次
                ]
        out_list.append(row_data)               #将解析的每行数据插入到输出列表中
    return out_list
```

3. 编写存储函数

CSV 文件是由逗号分隔的文本文件，每行使用换行符分隔。CSV 操作需要导入 Python 标准库 CSV，使用 import csv。save_csv 函数参考代码如下：

```
def save_csv(item,path):
    with open(path, "a+", newline='',encoding="utf-8") as f:
    csv_write = csv.writer(f)
    csv_write.writerows(item)
```

save_csv 函数的输入参数为 item 和 path，参数 item 为列表类型，参数 path 为保存在磁盘上的路径。通过 Python 的文件操作将列表写入文件。通过 with open 函数创建文件，其中参数“a+”的含义为追加模式读写文件，encoding="utf-8"的含义为设置文件编码方式为 utf-8，参数 newline 设置换行符，由于 Windows 平台和 Linux 平台的换行符不一致，需要重新设置换行符 newline='，否则会生成空行。通过 csv_write.writerows(item)将 item 列表数据写入文件。

4. 完整代码

以上各个函数通过 main 函数进行整合。希望读者在编写爬虫过程中能够找到规律，编写自己的通用函数如 get_html、save_csv。整合后的完整代码如下：

```
import    requests
from bs4 import BeautifulSoup
import csv
def get_html(url,time=3):            #GET 请求通用函数，去掉了 User-Agent 简化代码
    try:
        r = requests.get(url, timeout=time)        #发送请求
        r.encoding = r.apparent_encoding           #设置返回内容的字符集编码
        r.raise_for_status()                       #返回的状态码不等于 200 抛出异常
        return r.text                              #返回网页的文本内容
    except Exception as error:
      print(error)
def parser(html):                                  #解析函数
    soup=BeautifulSoup(html,"lxml")                #HTML 转换为 soup 对象
    out_list=[]                                    #解析函数输出数据的列表
    for row in soup.select("table>tbody>tr"):      #循环遍历 tr
        td_html=row.select("td")                   #获取 td
        row_data=[
            td_html[1].text.strip(),               #学校名称
            td_html[2].text.strip(),               #总分
            td_html[3].text.strip(),               #全国排名
            td_html[4].text.strip(),               #星级
            td_html[5].text.strip()                #办学层次
        ]
        out_list.append(row_data)                  #将解析的每行数据插入到输出列表中
    return out_list
def save_csv(item,path):                           #数据存储，将 list 数据写入文件
    with open(path, "w+", newline='',encoding="utf-8") as f:   #创建 utf-8 编码文件
        csv_write = csv.writer(f)                  #创建写入对象
```

```
        csv_write.writerows(item)             #一次性写入多行
if __name__=="__main__":
    url="http://www.bspider.top/gaosan/"
    html=get_html(url)                        #获取网页数据
    out_list=parser(html)                     #解析网页，输出列表数据
    save_csv(out_list,"school.csv")           #数据存储
```

4.3 案例 2　百度新闻爬取

4.3.1 任务描述

爬取百度新闻首页中的热点要闻，爬取数据包括新闻标题以及新闻详情页链接。爬取后的数据保存在 CSV 文件中。百度新闻的 URL 地址为 http://www.bspider.top/baidunews，参考页面如图 4-8 所示。

图 4-8　百度新闻——热点要闻

4.3.2 任务分析

通过中国大学排名案例的学习，读者已经熟悉了爬虫编写的三个步骤，分别为网页数据获取、网页解析以及数据存储。其中网页数据获取、数据存储已经分别封装为通用函数 get_html 和 save_csv。读者编写爬虫程序时只需要关注解析函数的编写即可，并通过 main 函数整合三个函数，控制数据的输入和输出。

网页解析的基本思路为使用浏览器的开发者工具确定解析表达式，然后结合 Python 标准库如正则表达式 Re 或第三方库如 BeautifulSoup、lxml 等提取网页数据。

通过分析页面结构，并结合元素选取工具发现"热点要闻"的 HTML 结构稍微有点复杂，分为热点新闻和焦点新闻两部分。其中热点新闻被 class 为"hotnews"的 div 包裹，焦点新闻被 class 为"focuslistnews"的 ul 包裹。根据页面 HTML 结构确定 CSS 选择器是分

析工作的重点。热点新闻整体页面结构如图 4-9 所示。热点新闻的页面结构如图 4-10 所示。

```
▼<div class="mod-tab-content">
  ▼<div id="pane-news" class="mod-tab-pane active"> == $0
    ▶<div class="hotnews" alog-group="focustop-hotnews">…</div>
    ▶<ul class="ulist focuslistnews">…</ul>
    ▶<ul class="ulist focuslistnews">…</ul>
    ▶<ul class="ulist focuslistnews">…</ul>
    ▶<ul class="ulist focuslistnews">…</ul>
    ▶<ul class="ulist focuslistnews">…</ul>
   </div>
  ▶<div id="pane-recommend" class="mod-tab-pane pane-recommend ">…</div>
 </div>
```

图 4-9　热点新闻整体页面结构

```
▼<div class="mod-tab-content">
  ▼<div id="pane-news" class="mod-tab-pane active"> == $0
    ▼<div class="hotnews" alog-group="focustop-hotnews">
      ▼<ul>
        ▼<li class="hdline0">
            <i class="dot"></i>
          ▼<strong>
              <a href="https://news.cctv.com/2020/10/14/ARTIUmDUmUCn1Pgk5MaVIT40201014.shtml" target=
              "_blank" class="a3" mon="ct=1&a=1&c=top&pn=0">习近平在深圳特区建立40周年大会上的讲话</a>
            </strong>
          </li>
        ▶<li class="hdline1">…</li>
        ▶<li class="hdline2">…</li>
```

图 4-10　热点新闻页面结构

通过观察发现 class 为“hotnews”的 div 里面依然嵌套 ul 标签和 li 标签。li 标签下的 a 标签中包括新闻标题和新闻详情页链接。结合网页结构，可以确定 CSS 选择器表达式为 #pane-news .hotnews ul>li。读者可在浏览器开发者工具的“Elements”选项卡中输入 CSS 选择器验证选中元素个数。

接着分析焦点新闻的 HTML 结构，页面结构如图 4-11 所示。

```
▼<div class="mod-tab-content">
  ▼<div id="pane-news" class="mod-tab-pane active"> == $0
    ▶<div class="hotnews" alog-group="focustop-hotnews">…</div>
    ▼<ul class="ulist focuslistnews">
      ▼<li class="bold-item">
          <span class="dot"></span>
          <a href="https://3w.huanqiu.com/a/2928e7/40HGnM2rkPv?agt=8" mon="ct=1&a=2&c=top&pn=1" target=
          "_blank">31省区市新增确诊20例,其中境外输入14例本土6例</a>
        </li>
      ▶<li>…</li>
      ▶<li>…</li>
```

图 4-11　焦点新闻页面结构

焦点新闻依然使用 ul 进行布局。li 中的 a 标签中链接文本和 href 属性分别对应新闻标题和新闻详情页的地址链接。CSS 选择器表达式为#pane-news ul>li。两个 CSS 选择器的表达式很雷同，可以合并为 #pane-news ul>li。

4.3.3　任务实现

1. 编写解析函数

读者可根据自己的思路编写 CSS 表达式，答案不唯一，能够提取数据项即可。以下代码中使用 strip 函数去掉首尾空格，使用 replace 函数替换换行符和空格。也可以使用正则表达式的 re.sub 函数替换。解析函数的参考代码如下：

```
def parser(html):          #解析函数
    soup=BeautifulSoup(html,"lxml")          #HTML 转换为 soup 对象
    out_list=[]          #输出列表
    for row in soup.select("#pane-news ul>li"):
    #新闻标题,去掉空白字符和换行符
            row_list= [row.text.replace(' ','').replace("\n",""),
            row.select("a")[0].attrs["href"].replace(' ','').replace("\n","")]      #详情链接
     out_list.append(row_list)
        return out_list
```

2. 完整代码

函数 get_html 和 save_csv 都是通用函数，代码固定不变。除了解析函数 parser 外，需要关注 main 函数中的 URL 地址以及保存的文件名。参考代码如下：

```
import   requests
from bs4 import BeautifulSoup
import csv
def get_html(url,time=10):      #GET 请求通用函数，去掉了 User-Agent 简化代码
    try:
        r = requests.get(url, timeout=time)      #发送请求
        r.encoding = r.apparent_encoding      #设置返回内容的字符集编码
        r.raise_for_status()                  #返回的状态码不等于 200 抛出异常
        return r.text                         #返回网页的文本内容
    except Exception as error:
      print(error)
def parser(html):                             #解析函数
    soup=BeautifulSoup(html,"lxml")           #HTML 转换为 soup 对象
    out_list=[]
    for row in soup.select("#pane-news ul>li"):
        row_list= [row.text.replace(' ','').replace("\n",""),
              row.select("a")[0].attrs["href"].replace(' ','').replace("\n","")]  #详情链接
        out_list.append(row_list)
    return out_list
```

```
def  save_csv(item,path):                    #数据存储，将 list 数据写入文件
    with open(path, "a+", newline='',encoding="utf-8") as f:     #创建 utf-8 编码文件
        csv_write = csv.writer(f)        #创建写入对象
        csv_write.writerows(item)        #一次性写入多行
if __name__=="__main__":
    url="http://www.bspider.top/baidunews/"
    html=get_html(url)                  #获取网页数据
    out_list=parser(html)               #解析网页，输出列表数据
    save_csv(out_list,"news.csv")
```

从中国大学排名、百度新闻爬取这两个案例中，读者可以了解编写一个完整爬虫程序的基本步骤分为网页 HTML 获取、网页解析、数据保存以及 main 函数整合四个部分。网页 HTML 获取可以直接使用 get_html 函数，数据保存可以使用 save_csv 函数，解析函数 parser 是需要重点关注的部分，main 函数负责程序启动以及数据的输入和输出。

4.4　使用 lxml 解析网页

lxml 是使用 C 语言实现的一款高性能的 Python HTML/XML 解析库，可以利用 XPath 选择器快速定位特定元素以及获取节点信息。在“4.1.1 BeautifulSoup 库安装”中使用 lxml 解析器时已经提到过 lxml 的安装，请读者自行参考。

4.4.1　XPath 选择器

XPath(XML Path Language)是一种 XML 的查询语言，它使用路径表达式在 XML 树状结构中选取节点，用于在 XML 文档中通过元素和属性进行导航。XML 是一种标记语法的文本格式，XPath 选择器可以方便地定位 XML 中的元素和属性值。其中 lxml 是 Python 中的第三方库，这个库中包含了将 HTML 文本转成 XML 对象以及对象执行 XPath 选择器的功能。

常用的 XPath 路径表达式的属性含义如表 4-3 所示。

表 4-3　常用 XPath 路径表达式的属性

属　性	描　述	实　例
标签名	获取当前标签下的所有子节点	ul
/	从根节点选取	/ul，选取根路径下的 ul
//	从任意位置选取	//a，选取所有的 a 标签
.	选取当前节点	
..	选取当前节点的父节点	
@	属性	//a/@href，选取所有 a 标签的 href 属性

XPath 语法实际上是使用层级路径来查找相应元素，从外到内按层查找。如果某个层

级的元素或属性值具有唯一性，也可以直接指向这个元素。也就是说，XPath 语法的核心就是层级关系。

4.4.2　使用标签定位

lxml 库的大部分功能都包含在 lxml.etree 模块下，因此，需要从 lxml 中导入 etree 模块。为简化代码编写，这里使用变量 htmlstr 模拟获取的 HTML 文本内容。参考代码如下：

```
from lxml import etree
htmlstr='''
<ul class="clearfix lavalamp">
        <div class="lavalamp-object" id="nav">第一个 div</div>
        <li class="navitem-index current" ><a href="/index">首页</a></li>
        <li class="lavalamp-item"><a href="/guonei">国内</a></li>
        <li class="lavalamp-item"><a href="/guoji">国际</a></li>
        <li class="lavalamp-item"><a href="/mil">军事</a></li>
        <li class="lavalamp-item"><a href="/finance">财经</a></li>
        <li class="lavalamp-item"><a href="/ent">娱乐</a></li>
        <li class="lavalamp-item"><a href="/sports">体育</a></li>
    </ul>'''
```

HTML 文本最外层为 ul 标签，第二层包括一个 div 标签和 7 个 li 标签。每个 li 中包括一个 a 标签。HTML 结构是一层一层的，如果要查找第一个 a 标签，需要先查找 ul 标签，然后查找 li 标签，最后查找 a 标签。

解析数据前需要使用 etree.fromstring 或 etree.HTML 函数初始化，这样就得到一个变量名为 doc 的元素对象，可以对这个元素对象进行 XPath 筛选。参考代码如下：

```
#初始化,以下方法二选一
doc=etree.fromstring(htmlstr)
doc=etree.HTML(htmlstr)
```

etree.fromstring 和 etree.HTML 使用上的主要区别在于根节点的选择。etree.HTML 认为根节点为<HTML>标签。如果以“/”开头代表从<HTML>标签开始进行查找，并且如果输入的 HTML 文本不完整会自动补全。etree.formString 函数认定当前输入参数的最外层节点为根节点，如果输入参数为不完整的 HTML，也不会自动补全。以下案例使用 etree.formString 函数进行介绍。

如果要查找所有的 li 标签，可以使用/从根 ul 开始查找，然后查找所有的 li。参考代码如下：

```
all_li=doc.xpath("/ul/li")
for li in all_li:
    print(li)
```

输出结果如下：

```
<Element li at 0x209273b44c8>
<Element li at 0x209273b4448>
<Element li at 0x209273b4588>
<Element li at 0x209273b45c8>
<Element li at 0x209273b4608>
<Element li at 0x209273b4688>
<Element li at 0x209273b46c8>
```

打印输出的结果为 7 行“Element li”对象，无法知晓获取的网页内容。可以使用 etree.tostring 函数打印输出结果，同时必须使用 decode("utf-8")解码，否则中文会乱码。修改后的参考代码如下：

```
all_li=doc.xpath("/ul/li")
for li in all_li:
    print(etree.tostring(li,encoding="utf-8").decode("utf-8"))
```

打印输出结果如下：

```
<li class="navitem-index current"><a href="/index">首页</a></li>
<li class="lavalamp-item"><a href="/guonei">国内</a></li>
<li class="lavalamp-item"><a href="/guoji">国际</a></li>
<li class="lavalamp-item"><a href="/mil">军事</a></li>
<li class="lavalamp-item"><a href="/finance">财经</a></li>
<li class="lavalamp-item"><a href="/ent">娱乐</a></li>
<li class="lavalamp-item"><a href="/sports">体育</a></li>
```

获取所有的 li 标签也可以不从根节点“/”开始查找，可以使用“//”获取任意位置的 li 节点。以下代码使用相对路径“//”来查找匹配的节点，参考代码如下：

```
all_li=doc.xpath("//li")  #只将 xpath 表达式修改为“//”
for li in all_li:
    print(etree.tostring(li,encoding="utf-8").decode("utf-8"))
```

定位元素是为了获取元素标签的属性和文本。如果需要提取所有的 li 标签下 a 标签的 href 属性，可以使用“@”获取属性，参考代码如下：

```
all_href=doc.xpath("//li/a/@href")  #使用@属性名的形式
print(all_href)
```

观察输出结果，可以确定 doc.xpath 函数返回值为列表类型。输出结果如下：

```
['/index', '/guonei', '/guoji', '/mil', '/finance', '/ent', '/sports']
```

如果需要提取第一个 li 下的 a 标签，可以通过索引来控制，需要注意的是索引是从 1 开始，“//li[1]”表示选取任意位置第一个 li。参考代码如下：

```
first_li=selector.xpath("//li[1]/a")[0]
print(etree.tostring(first_li,encoding="utf-8").decode("utf-8"))
```

除了获取元素属性外，获取元素文本内容，也是经常要用到的。如果需要获取第三个

li 下 a 标签中的内容“国际”两个字，可以通过 text 函数来进行获取，参考代码如下：

```
a_text=doc.xpath("//li[3]/a/text()")
print(a_text)
```

4.4.3 使用属性定位

使用标签进行定位的效率低、表达式编写复杂，如果元素中具有相对能够保持元素唯一性的属性，建议使用属性进行定位。如 ul 内的 div 具有 id 属性，可使用 id 进行定位。使用属性查找元素，一般格式为“标签名[@属性名='属性值']”。也可以使用通配符*，代表任意 HTML 标签，格式为“*[@属性名='属性值']”。建议编写 XPath 选择器时直接使用标签名来提高查询效率。参考代码如下：

```
nav_text=doc.xpath("//div[@id='nav']/text()")  #id 属性定位
print(nav_text)
```

除了使用属性 id 定位外，也可以使用 CSS 选择器的 class 属性来进行定位。如获取 li 的 class 属性为“lavalamp-item”的 a 标签文本，参考代码如下：

```
lavalamp_text=doc.xpath("//li[@class='lavalamp-item']/a/text()"  #class 属性定位
print(lavalamp_text)
```

输出结果如下：

```
['国内', '国际', '军事', '财经', '娱乐', '体育']
```

经常会遇到一个标签引用多个 class，如第一个 li 引用了两个类，分别为 navitem-index 和 current。在使用 Xpath 选择器时可以把多个类名当成一个整体，务必注意 class 属性值要与网页数据保持一致，包括空格的个数。参考代码如下：

```
#class 属性值为多个
navitem=selector.xpath("//li[@class='navitem-index current']/a/text()")
print(navitem)
```

除了精确匹配外，也可以使用 contains 函数对属性值进行模糊匹配。其基本语法格式为“contains(@属性名,'属性值')”。参考代码如下：

```
#class 属性值模糊匹配
navitem=selector.xpath("//li[contains(@class, 'navitem-index')/a/text()")
print(navitem)
```

4.5 案例 3　酷狗音乐华语新歌榜爬取

4.5.1 任务描述

爬取酷狗音乐华语新歌榜中所有的榜单歌曲，要求使用 lxml 库进行数据解析，爬取数据包括歌曲名、歌手、歌曲播放地址，爬取后的数据保存在 CSV 文件中。酷狗音乐华语新歌榜网址为 http://www.bspider.top/kugou/，目标页面如图 4-12 所示。

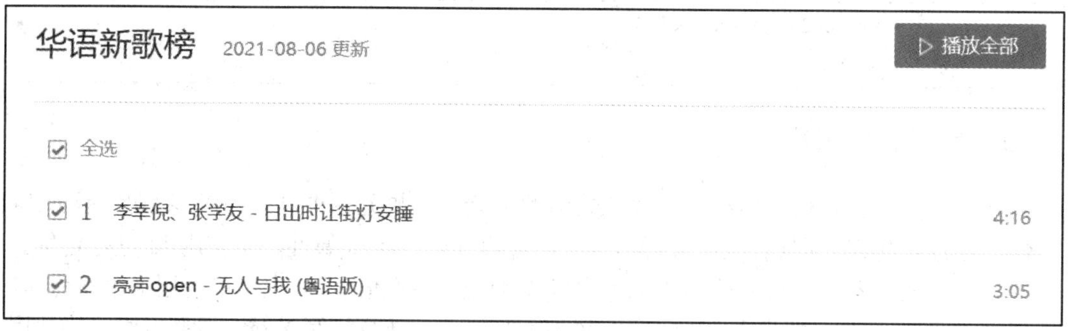

华语新歌榜　2021-08-06 更新　▷ 播放全部

☑ 全选

☑ 1　李幸倪、张学友 - 日出时让街灯安睡　4:16

☑ 2　亮声open - 无人与我 (粤语版)　3:05

图 4-12　酷狗音乐华语新歌排行榜

4.5.2　任务分析

酷狗华语新歌榜案例用于练习 lxml 解析网页的基本方法，重点依然在解析函数 parser 的编写。首先分析页面的 HTML 结构，歌曲榜单的 HTML 结构如图 4-13 所示。

```
▼<div id="rankWrap">
  ▶<div class="pc_temp_songhead clear_fix">…</div>
  ▼<div class="pc_temp_songlist ">
    ▼<ul>
      ▼<li class=" " title="李幸倪、张学友 - 日出时让街灯安睡" data-index="0">
          <span class="pc_temp_btn_check pc_temp_btn_checked" data-index="0"></span>
          <span class="pc_temp_coverlayer"></span>
        ▼<span class="pc_temp_num">
            <strong>1</strong>
          </span>
          <a href="https://www.kugou.com/song/1wyaktc2.html" data-active="playDwn" data-index=
          "0" class="pc_temp_songname" title="李幸倪、张学友 - 日出时让街灯安睡" hidefocus="true">
          李幸倪、张学友 - 日出时让街灯安睡</a>
        ▶<span class="pc_temp_tips_r">…</span>
          ::after
        </li>
      ▶<li class=" " title="亮声open - 无人与我 (粤语版)" data-index="1">…</li>
```

图 4-13　酷狗音乐华语新歌榜页面结构

歌曲列表使用 ul 和 li 进行布局。ul 没有任何属性，无法进行定位，但外层的 div 的 id 属性为 rankWrap，可以通过 id 属性进行快速定位。歌曲名放在 li 标签的 title 属性中，由此可以确定，//div[@id='rankWrap']//li/@title 是歌曲名的 XPath 表达式。同理，歌曲播放地址链接在 a 标签下 href 属性中，//div[@id='rankWrap']//li/a/@href 为歌曲链接的 XPath 选择器。

细心的读者会发现 XPath 选择器可以通过 text 属性或@标识符一次性提取标签的文本或属性。之前介绍 BeautifulSoup 解析时使用二次查找方法，是因为 select 方法的参数为 CSS 选择器，没有办法一次获取标签的文本或属性。如果读者对于 XPath 选择器的用法还比较生疏，也可以使用浏览器的开发者工具自动生成，只不过生成的 XPath 选择器比较长。在 Chrome 浏览器开发者工具的“Element”选项卡下，鼠标选中需要解析的标签后，依次选择“Copy”和“Copy XPath”选项，将生成的 XPath 表达式粘贴到代码中即可，如图 4-14 所示。

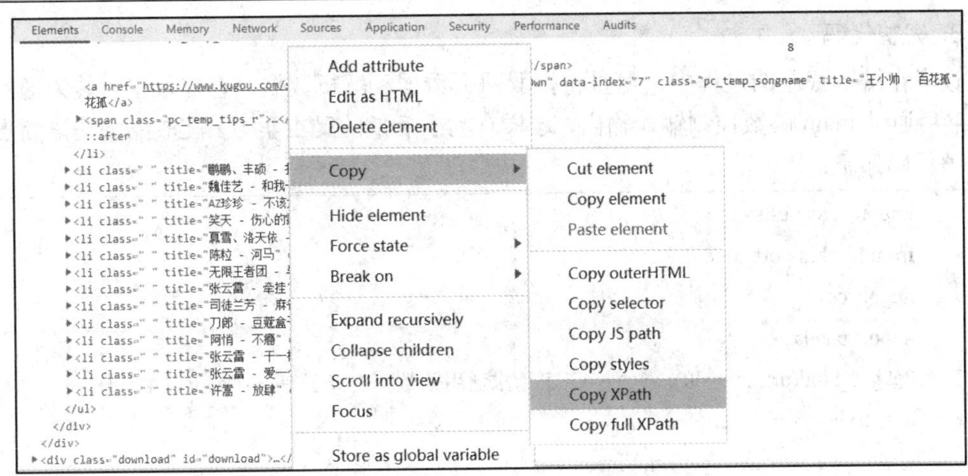

图 4-14　使用浏览器开发者工具生成 XPath 表达式

4.5.3　任务实现

1. 编写解析函数

在任务分析中，歌曲名 title 和歌曲的播放链接 href 使用了一次获取，返回值是列表类型。现在两个列表如何进行处理呢？要考虑到下一步骤输出为 CSV 文件。可以通过循环形成一个新的列表，但是处理起来比较麻烦，并且效率不高。如果使用 Pandas 库的 to_csv 函数将 DataFrame 类型数据存储为 CSV 文件，就需要使用字典作为输入参数。为了编码简单，我们使用 Pandas 库的 to_csv 函数进行数据存储操作。Pandas 库为第三方库，通过 pip 命令安装后方可使用。必须要说明的是通过属性进行一次性提取的方式也有缺陷。如果页面布局不规则，所有数据行没有采用同样的结构，有可能出现多个列表元素个数不同(如 title 列表 2 个元素，href 列表 3 个元素)，导致字典无法转换为 DataFrame。除非能够保证没有缺项数据，否则建议采用二次查找法。参考代码如下：

```
def parser(html):                                                   #解析函数
    doc=etree.HTML(html)                                            #HTML 转换为 doc 对象
    title=doc.xpath("//div[@id='rankWrap']//li/@title")             #歌曲名
    href=doc.xpath("//div[@id='rankWrap']//li/a/@href")             #歌曲播放链接
    out_dict={"歌曲":title,"地址":href}
    return out_dict
```

2. 编写数据存储函数

函数 save_dict2csv 的输入参数分别为 item 和 path。参数 item 为字典类型,数据为解析函数 parse 的返回值；参数 path 为 CSV 文件保存的路径。参考代码如下：

```
#参数 item 为字典类型，path 为文件保存路径
def    save_dict2csv(item,path):
df=pandas.DataFrame(item)           #创建 DataFrame 对象
        df.to_csv(path)             #存储为 CSV 文本
```

3. 完整代码

读者在编写代码的过程中，尽量将提取网页数据、解析数据、存储数据封装为通用函数，最后通过 main 函数控制输入输出，这样有利于后期的爬虫学习。爬取酷狗华语新歌榜的完整代码如下：

```
import    requests
from lxml import etree
import csv
import pandas
def get_html(url,time=30):          #GET 请求通用函数，去掉了 User-Agent 简化代码
    try:
        r = requests.get(url, timeout=time)      #发送请求
        r.encoding = r.apparent_encoding         #设置返回内容的字符集编码
        r.raise_for_status()                     #返回的状态码不等于 200 抛出异常
        return r.text                            #返回网页的文本内容
    except Exception as error:
      print(error)
def parser(html):                                #解析函数
    doc=etree.HTML(html)                         #HTML 转换为 doc 对象
    title=doc.xpath("//div[@id='rankWrap']//li/@title")        #歌曲名
    href=doc.xpath("//div[@id='rankWrap']//li/a/@href")        #歌曲播放链接
    out_dict={"歌曲":title,"地址":href}
    return out_dict
def  save_dict2csv(item,path):           #数据存储，将 list 数据写入文件
     df=pandas.DataFrame(item)          #创建 DataFrame,DataFrame 是表格型数据结构
     df.to_csv(path)                    #转存为 CSV 文件
if __name__=="__main__":
    url="http://www.bspider.top/kugou/"
    html=get_html(url)                           #获取网页数据
    out_dict=parser(html)                        #解析网页，输出列表数据
    save_dict2csv(out_dict,"music.csv")          #数据存储
```

4.6　案例 4　起点中文网原创风云榜爬取

4.6.1　任务描述

爬取起点中文网原创风云榜所有的榜单小说，要求使用 lxml 库进行数据解析，爬取数据包括小说名称、作者、摘要、更新日期时间。爬取后的数据保存在 CSV 文件中。起点中文网原创风云榜网址为 http://www.bspider.top/qidian/，目标页面如图 4-15 所示。

4.6.2 任务分析

1. 页面分析

结合浏览器开发者工具进行有效的页面分析，是起点中文网原创风云榜案例的关键。使用浏览器开发者工具已经比较熟练的读者，建议独立完成页面分析，并编写 XPath 选择器。每个人编写的 XPath 选择器都不同，但只要能够有效地解析网页数据即可。

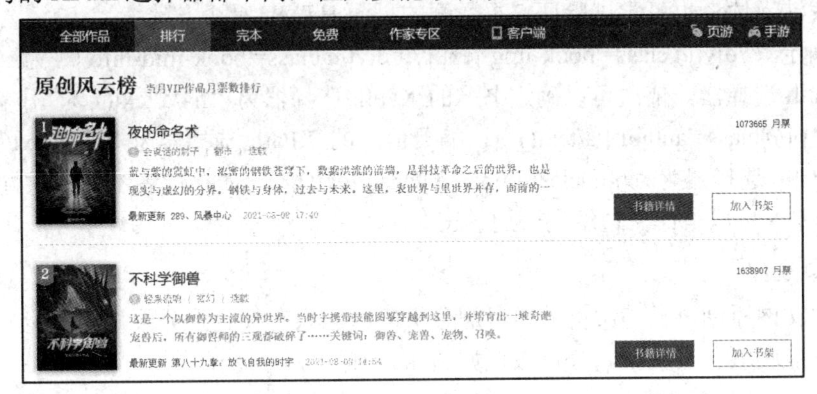

图 4-15 起点中文网原创风云榜

结合浏览器的开发者工具选取页面元素，发现页面结构如图 4-16 所示。

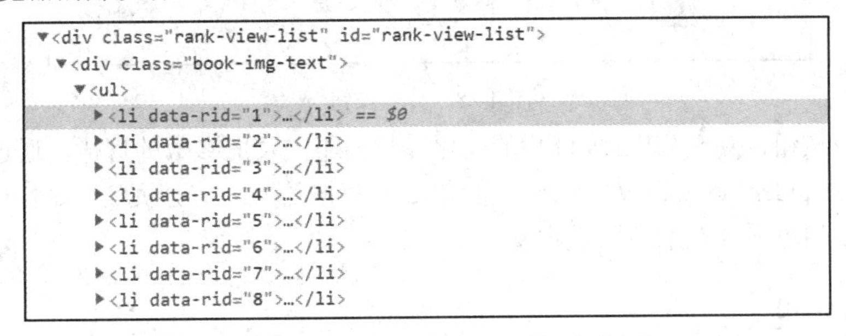

图 4-16 起点中文网原创风云榜页面结构

需要爬取的数据使用了 ul 和 li 进行布局，ul 无任何属性标识进行快速定位，但可以使用 ul 外层的 div 进行定位，外层 div 的 class 为“book-img-text”。进一步观察发现，需要爬取的数据都放在 class 为“book-mid-info”的 div 中，如图 4-17 所示。

```
▼<ul>
  ▼<li data-rid="1">
    ▶<div class="book-img-box">…</div>
    ▼<div class="book-mid-info">
      ▼<h4>
          <a href="//book.qidian.com/info/1018027842" data-bid="1018027842">万族之劫</a>
        </h4>
      ▶<p class="author">…</p>
        <p class="intro">我是这诸天万族的劫！《全球高武》和《万族之劫》前五册实体书出版了，天猫、当当、京东
        看看，谢谢大家支</p>
      ▶<p class="update">…</p>
      </div>
    ▶<div class="book-right-info">…</div>
  </li>
```

图 4-17 起点中文网原创风云榜单行数据页面结构

现在需要考虑页面解析的方法是使用案例 1 中国大学排名中的二次查找法还是使用案

例 3 酷狗华语新歌榜的一次提取法。二次查找法先选择外层标签元素，然后逐步细化提取。而一次提取法是先一次提取一个类型的所有数据，然后将多个列表数据转换为字典。从通用性的角度来说二次查找法稳定性更强，不容易出现问题，但离不开循环的使用。一次提取法快速，但如果解析的页面不规则，如有些行采用的样式或布局结构有偏差会使得提取数据返回的列表元素个数不一致，导致无法组合成一个完整的二位表格结构。由于起点中文网原创风云榜案例涉及爬取分页数据，不确定 100 行数据的结构都一致，为降低风险采用二次查找法。读者也可尝试验证 5 页数据的页面 HTML 是否一致。

分析确定“//div[@class='book-img-text']//li/div[@class='book-mid-info']”为二次查找法的外层 XPath 选择器。依次可以确定书名的 XPath 选择器为“h4/a/text()”，作者的 XPath 选择器为“p[@class='author']/a/text()”，摘要信息的 XPath 选择器为“p[2]/text()”，更新日期的 XPath 选择器为“p[@class='update']/span/text()”。如果读者不能一次性确认多个 XPath 选择器，可以考虑一边编码一边调试。

2. 分页规律

起点中文网原创风云榜案例需要考虑分页问题。只有找到了分页规律才能爬取所有数据，否则只能爬取一页数据。分页按钮如图 4-18 所示。

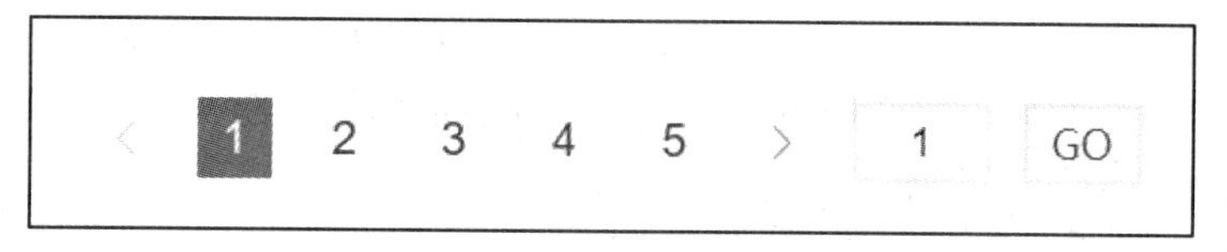

图 4-18　分页按钮

点击分页按钮，观察 URL 地址栏的变化，找出不同页面参数的规律。通过观察发现，“http://www.bspider.top/qidian/?page=2”为第 2 页数据的 URL，分页实际是修改 page 参数值。读者可以通过循环获取每页数据。

4.6.3 任务实现

1. 编写解析函数

一般来说，爬虫代码编写都从获取页面数据的 get_html 开始，由于整个过程介绍过多次，这里直接从解析函数开始介绍。读者在编写解析函数的时候，出现问题是不可避免的，养成阅读错误提示的习惯可以快速定位问题。建议结合 etree.tostring 函数查看获取 HTML 结构，通过不断调试确定 XPath 选择器。参考代码如下：

```
def parser(html):                          #解析函数
    doc=etree.HTML(html)         #HTML 转换为 doc 对象
    out_list=[]                        #解析函数输出数据的列表
    for row in doc.xpath("//div[@class='book-img-text']//li/div[@class='book-mid-info']"):
    row_data=[
        row.xpath("h4/a/text()")[0],                          #书名
        row.xpath("p[@class='author']/a/text()")[0],     #作者
        row.xpath("p[2]/text()")[0].strip(),                  #介绍
```

```
                row.xpath("p[@class='update']/span/text()")[0]        #更新日期
            ]
        out_list.append(row_data)        #将解析的每行数据插入到输出列表中
        return out_list
```

2. 分页功能

分页功能在main函数中实现，通过for循环并结合format方法生成1～5页的URL的地址。每页数据依次完成数据提取、数据解析和数据存储三个过程。参考代码如下：

```
if __name__=="__main__":
    for i in range(1,6):
    #每页的URL地址
        url="http://www.bspider.top/qidian/?&page={0}".format(i)
        html=get_html(url)                              #获取网页数据
        out_list=parser(html)                           #解析网页，输出列表数据
        save_csv(out_list,"d:\\book.csv")               #数据存储
```

3. 完整代码

起点中文网原创风云榜爬取的完整代码如下：

```
import    requests
from lxml import etree
import csv
def get_html(url,time=30):        #GET请求通用函数，去掉了User-Agent简化代码
    try:
        r = requests.get(url, timeout=time)        #发送请求
        r.encoding = r.apparent_encoding           #设置返回内容的字符集编码
        r.raise_for_status()                       #返回的状态码不等于200抛出异常
        return r.text                              #返回网页的文本内容
    except Exception as error:
        print(error)
def parser(html):                        #解析函数
    doc=etree.HTML(html)                 #HTML转换为doc对象
    out_list=[]                          #解析函数输出数据的列表
    #二次查找法
    for row in    doc.xpath("//*[@class='book-img-text']//li/*[@class='book-mid-info']"):
        row_data=[
            row.xpath("h4/a/text()")[0],                            #书名
            row.xpath("p[@class='author']/a/text()")[0],            #作者
            row.xpath("p[2]/text()")[0].strip(),                    #介绍
            row.xpath("p[@class='update']/span/text()")[0]          #更新日期
```

```
            ]
            out_list.append(row_data)        #将解析的每行数据插入到输出列表中
        return out_list
def  save_csv(item,path):                    #数据存储，将 list 数据写入文件
        with open(path, "a+", newline='',encoding="utf-8") as f:    #创建 utf-8 编码文件
            csv_write = csv.writer(f)        #创建写入对象
            csv_write.writerows(item)        #一次性写入多行
if __name__=="__main__":
        for i in range(1,6):
            url="http://www.bspider.top/qidian/?page={0}".format(i)
            html=get_html(url)               #获取网页数据
            out_list=parser(html)            #解析网页，输出列表数据
            save_csv(out_list,"qidian.csv")  #数据存储
```

本 章 小 结

本章主要介绍了 BeautifulSoup 库和 lxml 库的使用方法。重点介绍了使用 BeautifulSoup 库和 lxml 库进行元素定位、提取标签文本以及标签属性的方法，并实现了中国大学排名、百度新闻、酷狗音乐华语新歌榜和起点中文网原创风云榜 4 个案例，读者应重点关注案例的分析过程、理解分析思路。无论是 BeautifulSoup 库的 CSS 选择器还是 lxml 库的 XPath 选择器，都不是只有一种固定的方式才能解析数据，希望读者理解其中的含义，并灵活应用。

本 章 习 题

1. 简要说明 BeautifulSoup 库中各种解析器的优劣。

2. 举例说明 BeautifulSoup 库的元素定位方法以及标签属性和标签文本的获取方法。

3. 举例说明 lxml 库元素定位、标签属性以及标签文本的获取方法。

4. 爬取重庆工程学院官网校园动态频道新闻列表，爬取数据包括新闻标题、新闻地址，URL 地址为 http://www.cqie.edu.cn/。分别使用 BeautifulSoup 库、lxml 库进行解析。

5. 爬取起点中文网“军旅生涯”频道的小说列表，爬取数据包括小说名称、作者、小说描述，URL 地址为 https://www.qidian.com/all/chanId6-subCateId54/。分别使用 BeautifulSoup 库、lxml 库进行解析。

第5章 数据存储

解析后的数据以何种方式进行存储是爬虫编写过程中需要关注的问题。常用的数据存储方式包括文本存储和数据库存储。文本存储一般指将数据存储为 TXT、CSV、EXCEL 等文本格式。数据库存储包括将数据存储至关系型数据库如 MySQL 以及将数据存储至 NoSQL 数据库如 mangodb 等。本章主要介绍将文本存储和 MySQL 数据库存储。文本存储主要介绍将文本存储为 TXT、CSV、EXCEL 这 3 种常见格式。MySQL 数据库存储主要介绍 PyMySQL 库的基本使用方法以及 MySQL 通用函数封装。

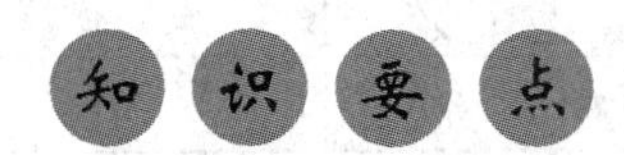

通过本章内容的学习，读者应该掌握以下知识技能：

- 掌握将数据存储为常用文本格式的方法。
- 掌握 MySQL 数据库的常用操作。
- 掌握 PyMySQL 的安装方法。
- 掌握 PyMySQL 库操纵 MySQL 数据库的基本步骤。
- 理解 MySQL 通用函数的编写思路，并能熟练应用。

将数据存储为 TXT、CSV、EXCEL 等格式的文本文件，是实现数据存储最简单有效的方式，也是使用比较广泛的一种存储方式。基于文本格式数据实施数据清洗、数据分析、数据可视化操作，Pandas 等第三方库都有非常好的支持。

5.1 文本文件存储

将数据存储为 TXT、CSV、EXCEL 等常用文本格式，实现方式非常多。可以使用 Pandas 等第三方库，也可使用 Python 文件读写方法。本节将详细介绍将数据存储为 TXT 文件、CSV 文件、EXCEL 文件等相关内容。

5.1.1 将数据存储为 TXT 文件

将数据存储为 TXT 文件的方法非常简单，只需要几行代码。使用的是 Python 文本读写的基本方法，with open 结合 write 函数实现。下面的案例实现了一段文本的写入，参考代码如下：

```
title="测试使用 with open 写入 txt\n"   #初始化字符串参数 title
with open("d:\\yongzhou\\title.txt","a+",encoding="utf-8") as f:   #创建文件
    f.write(title)   #写入数据
```

变量 title 中的转义字符"\n"的含义为换行。with open 的第一参数为保存文件的路径，文件路径一定要保证真实存在，否则会出现"No such file or directory"的错误。第二个参数"a+"为 Python 文件的读写模式，表示对文件使用附加读写模式打开，如果文件不存在就创建一个新的文件。第三个参数 enconding 为文件写入的编码格式，如果数据格式和写入格式不一致会出现乱码。常用的文件读写模式如表 5-1 所示。

表 5-1　文件读写模式

读写方式	可否读写	若文件不存在	写入方式
w	写入	创建	覆盖写入
w+	读取+写入	创建	覆盖写入
r	读取	报错	不可写入
r+	读取+写入	报错	覆盖写入
a	写入	创建	追加写入
a+	读取+写入	创建	追加写入

根据不同的需要，可以采用不同的读写模式。文件的读写模式实际上是文件的读写权限，保证了文件读写的可靠性。如使用 r 读写模式，在文件不存在时，就会返回错误，而且无法向该文件中写入数据。在写入文件的时候，使用 a+读写模式，数据会在文件最后追加，不会影响原有的数据，如果该文件不存在，就会创建一个新的文件。以上读写模式只是针对文本数据，如果需要写入二进制数据，需要增加参数 b。写入二进制数据的读写模式包括 wb、wb+、rb、rb+、ab、ab+等。读者应该注意不同读写模式的细微差别。

除了读写模式外，文件路径也是一个易错点。比如，文件保存路径 d:\\yongzhou\\title.txt 为什么要用两个反斜线呢？其实第一个反斜线在编程语言中被称作转义字符，如"\n"代表换行符，多加一个斜线让程序不按照转义字符解释，"\\"其实代表的是一个反斜线。

文件路径的 3 种常用形式如下：

```
with open("d:\\yongzhou\\title.txt","a+") as f:
with open(r"d:\yongzhou\title.txt","a+") as f:
with open("d:/yongzhou/title.txt","a+") as f:
```

有时需要把几个变量写入 TXT 文件中，这时分隔符就比较重要了。可以采用 Tab 进行分隔，使用"\t".join 函数将列表类型数据转换为字符串。参考代码如下：

```
out=["SNo","SName","Sex"]   #列表初始化
with open("d:\\yongzhou\\title.txt","a+",encoding="utf-8") as f:
    outstr="\t".join(out)   #列表中的元素以 Tab 作为分隔符，连接为一个字符串
    f.write(outstr)   #文件写入
```

5.1.2　将数据存储为 CSV 文件

将文件存储为 CSV 文件在第 4 章的案例中已经使用过。CSV(Comma-Separated Values)是逗号分隔的文件格式，其文件以纯文本的形式存储表格数据。CSV 文件的行与行之前通过换行符分隔，列与列之间用逗号分隔。

相对于 TXT 文件，CSV 文件既可以用记事本打开，又可以用 EXCEL 打开为表格形式。由于数据用逗号已经分隔开来，因此可以十分整齐地看到数据的情况，此外，CSV 文件存储同样数据所占的磁盘空间大小也和 TXT 文件差不多。以下代码实现了数据的二维表格形式写入，列表 studentinfo 为二维列表，每行数据同样也是列表。参考代码如下：

```
import csv                                          #导入 CSV 标准库
studentinfo=[["SNo","SName","Sex"],["179001","周勇","男"]]      #初始化输出数据
with open("d:\\info.csv","a+",encoding="utf-8",newline='') as f:   #创建输出文件
    csv_writer=csv.writer(f)                #创建 CSV 对象
    csv_writer.writerows(studentinfo)     #批量写入多行数据
```

为了降低编写 CSV 文件输出的难度，实例中使用 Python 标准库的 CSV 模块。首先通过 import csv 导入模块。特别说明 newline 参数的含义为修改换行符，否则输出的数据都会增加空白行，空白行是由于 Windows 操作系统和 Linux 换行符不同引发。

可以将以上代码封装为通用函数 save_csv，用于爬虫数据的存储。其中参数 item 为需要写入的列表数据，参数 path 为文件输出的路径。参考代码如下：

```
def save_csv(item,path):              #通用函数存储为 CSV 文件
    with open(path,"a+",newline='',encoding="utf-8") as f:
        write=csv.writer(f)
        write.writerows(item)
```

除了使用 CSV 模块完成 CSV 文本文件的输出外，也可使用 Pandas 实现 CSV 文件的输出。由于 Pandas 为第三方库，必须安装后才能使用。在 cmd 命令行下输入如下命令：

```
pip install pandas -i https://pypi.tuna.tsinghua.edu.cn/simple
```

Pandas 安装过程如图 5-1 所示。Pandas 的 DataFrame 是一个表格型的数据结构，由一定顺序排列的多列数据组成。设计初衷是将 Series 的使用场景从一维拓展到多维。DataFrame 既有行索引，也有列索引，用来处理输出也很方便。

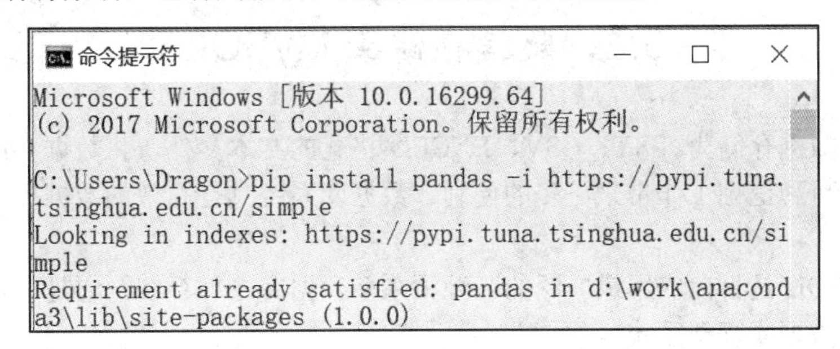

图 5-1　Pandas 安装

使用 Pandas 进行 CSV 文件输出，输入数据类型最好为字典类型。以下案例为字典类型输入，输出为 CSV 文件，参考代码如下：

```
import pandas  #导入 pandas
result_dict={
    "SNo":["179001","179002"],
    "SName":["周勇","杨倩"],
    "Sex":["男","女"]
}
path="d:/teacher.csv"  #输出路径
df = pandas.DataFrame(result_dict)
df.to_csv(path)  #输出为 CSV
```

5.1.3 将数据存储为 EXCEL 文件

将数据存储至 EXCEL 文件也是常用操作之一。本节使用 Pandas 第三方库实现 EXCEL 文件的输出。基于 5.1.2 节的案例进行修改，只需要将 to_csv 函数修改为 to_excel 函数，参考代码如下：

```
import pandas
result_dict={
    "SNo":["179001","179002"],
    "SName":["周勇","杨倩"],
    "Sex":["男","女"]
}
path="d:/teacher.xlsx"
df = pandas.DataFrame(result_dict)
df.to_excel(path,index=False,sheet_name="teacher")  #EXCEL 文件输出
```

使用 pandas.DataFrame 函数构建 DataFrame 对象后，通过 df.to_excel 函数完成 EXCEL 文件的输出，参数 path 为文件输出的路径，参数 index 为是否输出索引，缺省情况下会输出行索引，参数 sheet_name 含义是为输出 EXCEL 的 sheet 命名。

5.2 数据存储至 MySQL

相比于将数据存储为 TXT、CSV、EXCEL 格式的文本文件，将数据存储至数据库中会给后期的分析和挖掘工作带来更多的便利。数据库系统具有高效的数据控制以及数据检索功能。

其中 MySQL 是目前应用最广泛的开源关系型数据库管理系统，它是一种非常灵活、稳定、高效的数据库管理系统。

本节介绍使用 PyMySQL 库将爬取的数据存储至 MySQL 数据库中。

5.2.1　MySQL 的安装

本书选用的 MySQL 版本为 5.7.24。读者必须选用 MySQL5.5 以上版本，这是 PyMySQL 对 MySQL 版本的要求。

1. 官网下载

在 MySQL 官网下载 https://dev.mysql.com/downloads/windows/installer/5.7.html，如图 5-2 所示，选择 MSI 格式的社区版。

Generally Available (GA) Releases

MySQL Installer 5.7.24

Select Version:
5.7.24

Select Operating System:
Microsoft Windows

Looking for the latest GA version?

Windows (x86, 32-bit), MSI Installer (mysql-installer-web-community-5.7.24.0.msi)	5.7.24	16.3M MD5: ad6d724eedd24dc325e693bd35c54717 | Signature	Download
Windows (x86, 32-bit), MSI Installer (mysql-installer-community-5.7.24.0.msi)	5.7.24	404.3M	Download

图 5-2　MySQL 社区版下载

点击 Download 进行下载，在弹出的如图 5-3 所示的页面中，选择“No thanks,just start my download.”选项，也可登录注册。

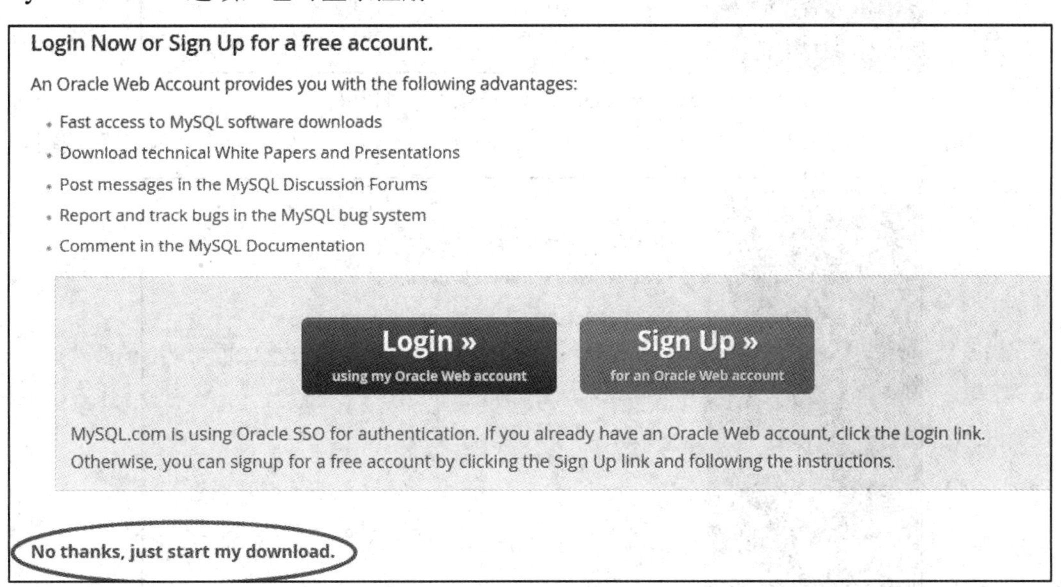

图 5-3　MySQL 下载选项

2. 本地安装

双击 mysql-installer-community-5.7.24.0.msi 进行安装。如果出现如图 5-4 中的错误提示，说明“.NET 4.5.2”未安装。需要安装此软件，报错窗口有网址，直接安装即可。

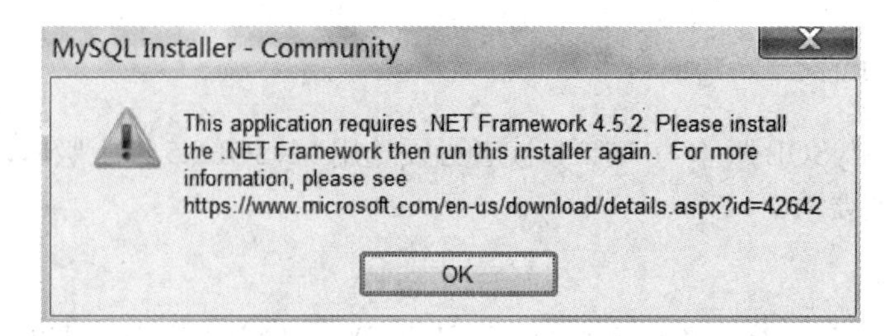

图 5-4　MySQL 安装错误提示——缺少.Net Framework

“.Net Framework 4.5.2”安装完毕后，重新打开 MySQL 安装程序，出现如图 5-5 所示的页面，勾选“I accept the license terms”，点击“Next”按钮。

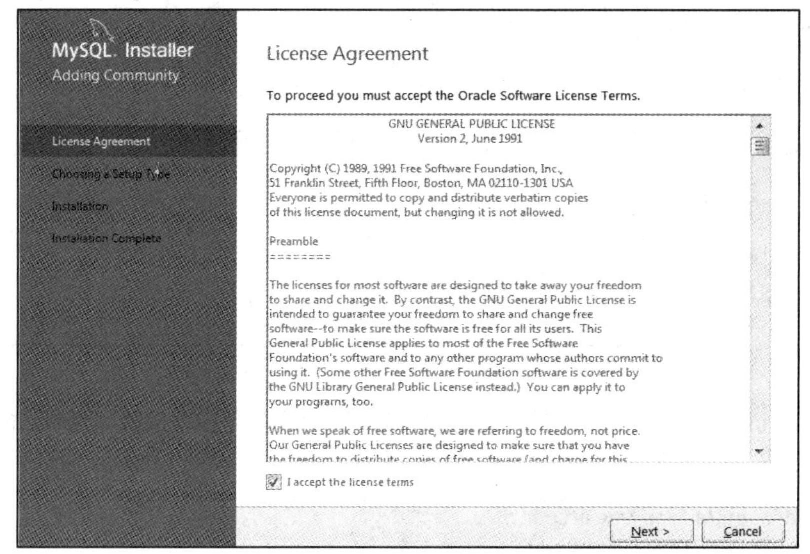

图 5-5　MySQL 安装——接受许可协议

在弹出的如图 5-6 所示的页面中，选择“Custom”自定义安装，点击“Next”按钮。

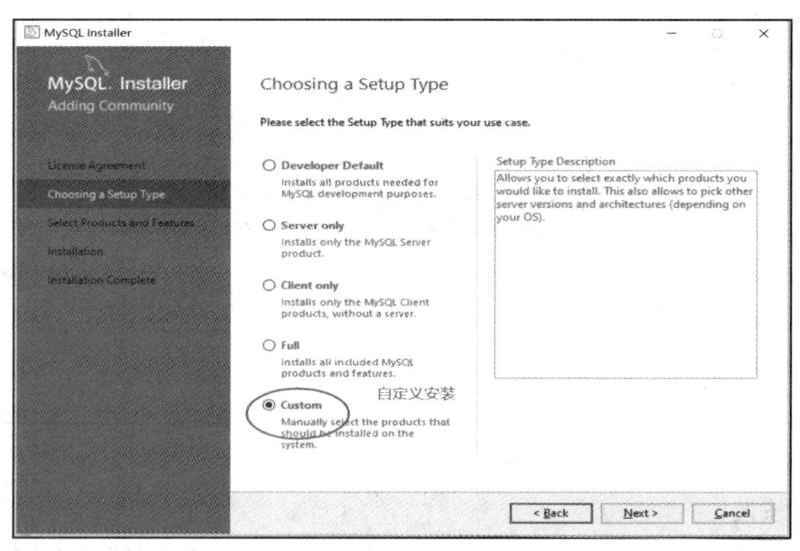

图 5-6　MySQL 选择安装类型

在弹出的如图 5-7 所示的页面中，根据本地操作系统选择 x64 或 x86 后点击中间的箭头，将选项移动到右侧，然后选择安装路径(默认安装的是 C 盘)。

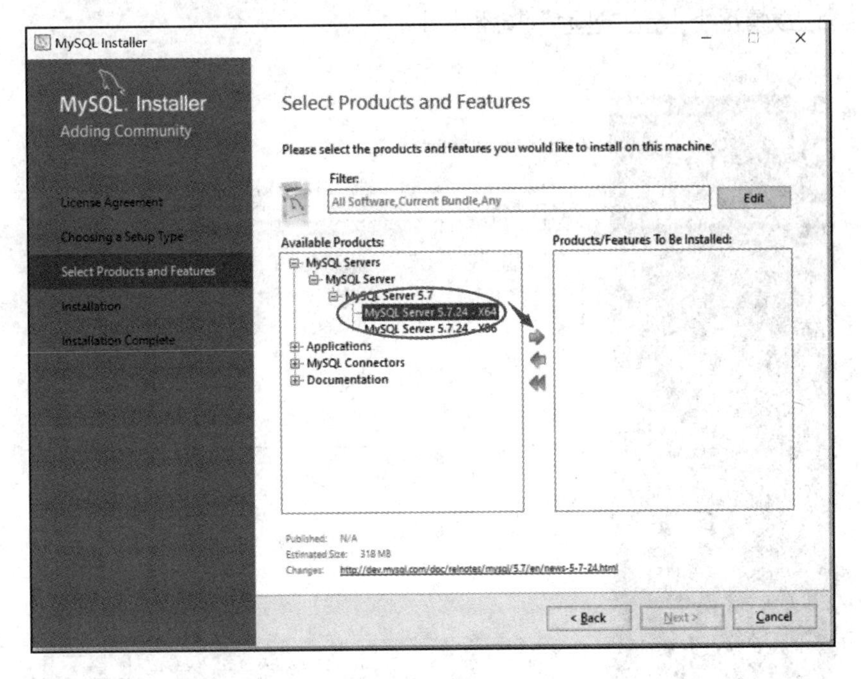

图 5-7　定制安装

如果需要变更安装路径，需要选择“Advanced Options”，如图 5-8 所示。输入新的安装目录以及数据目录后，点击“OK”按钮。

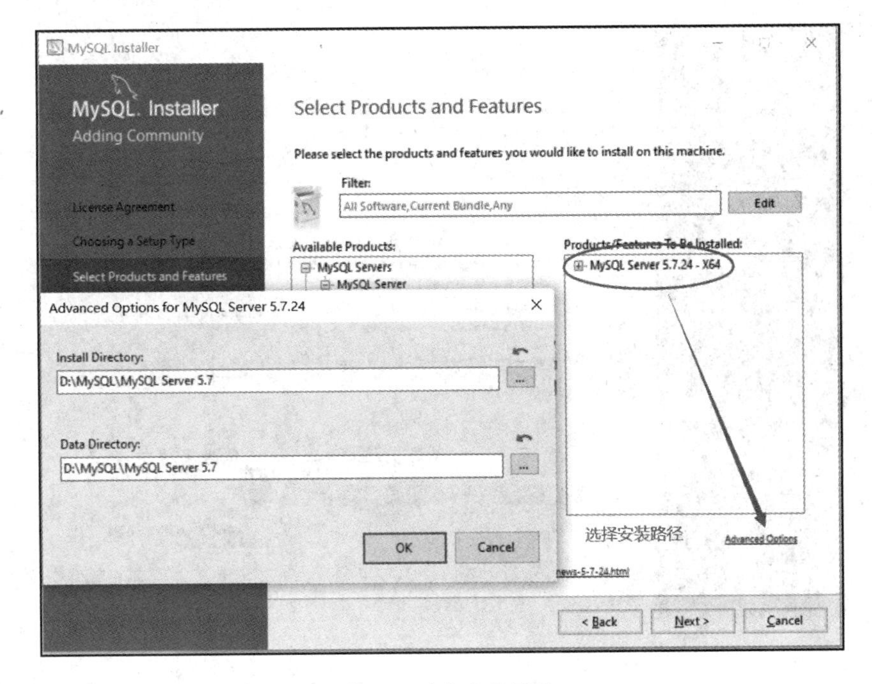

图 5-8　改变安装目录

指定完安装目录后，点击“Next”按钮。在弹出的如图 5-9 所示的检查要求页面中，检查本机是否安装 Visual C++2013 组件，如果没有安装，则会出现提示对话框让用户选择是否继续，一般情况下点击“Next”按钮即可。

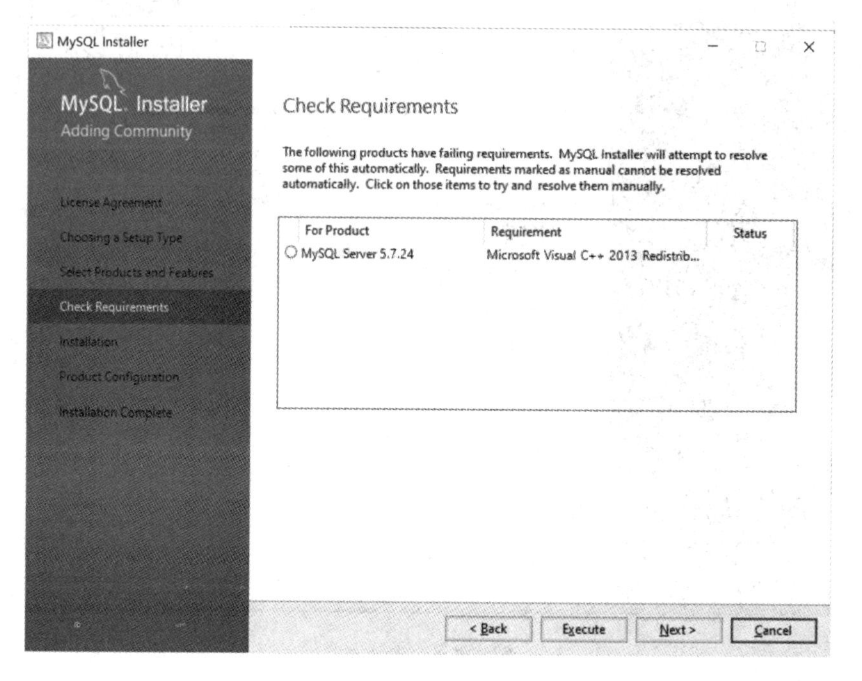

图 5-9　检查要求

在弹出的如图 5-10 所示的页面中选择默认选项，点击“Next”按钮。

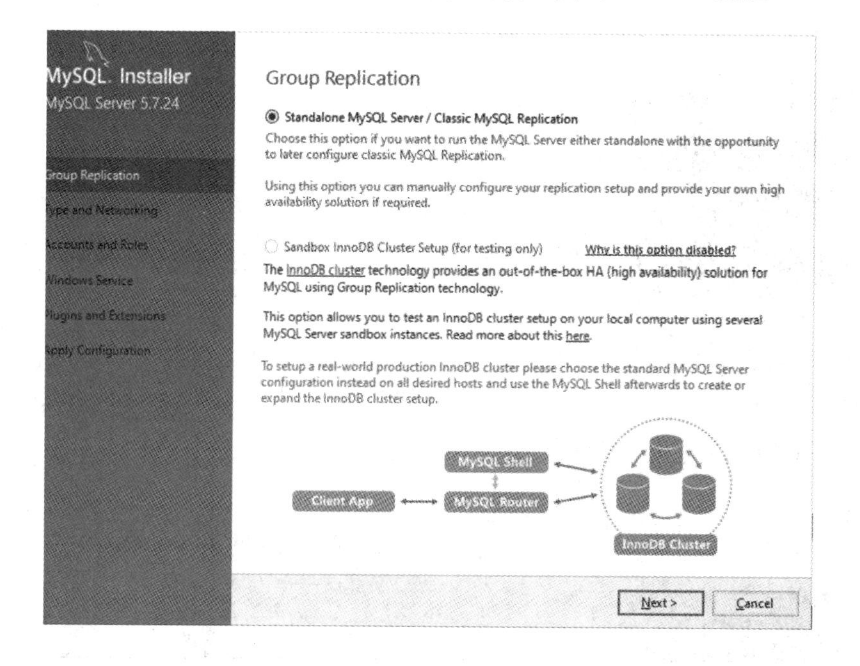

图 5-10　复制选项

在弹出的如图 5-11 所示的页面中选择网络类型、协议、端口，使用缺省选项即可，然后点击“Next”按钮。

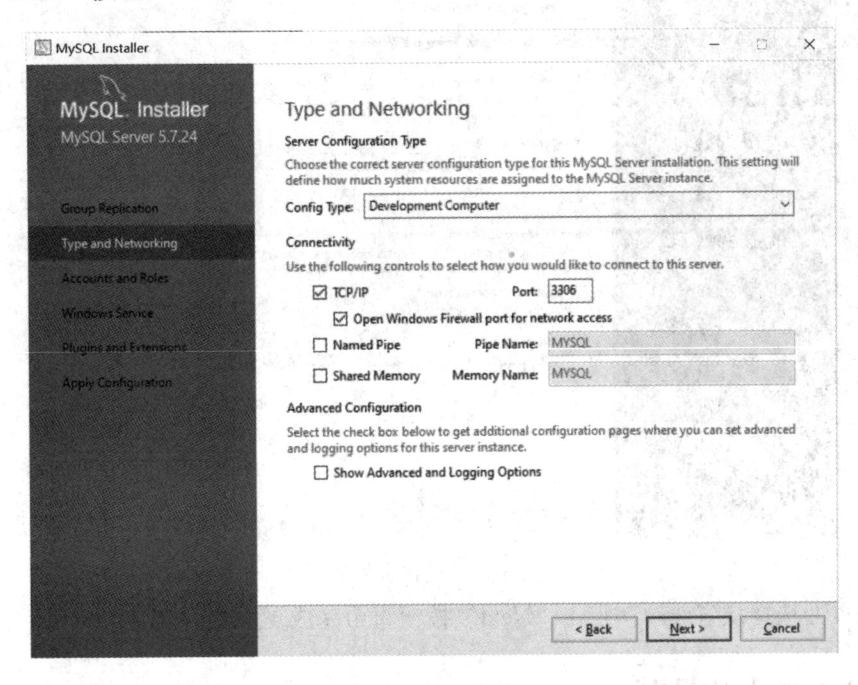

图 5-11　协议与端口

在弹出的如图 5-12 所示页面，输入两次 root 用户密码或添加用户，点击“Next”按钮。

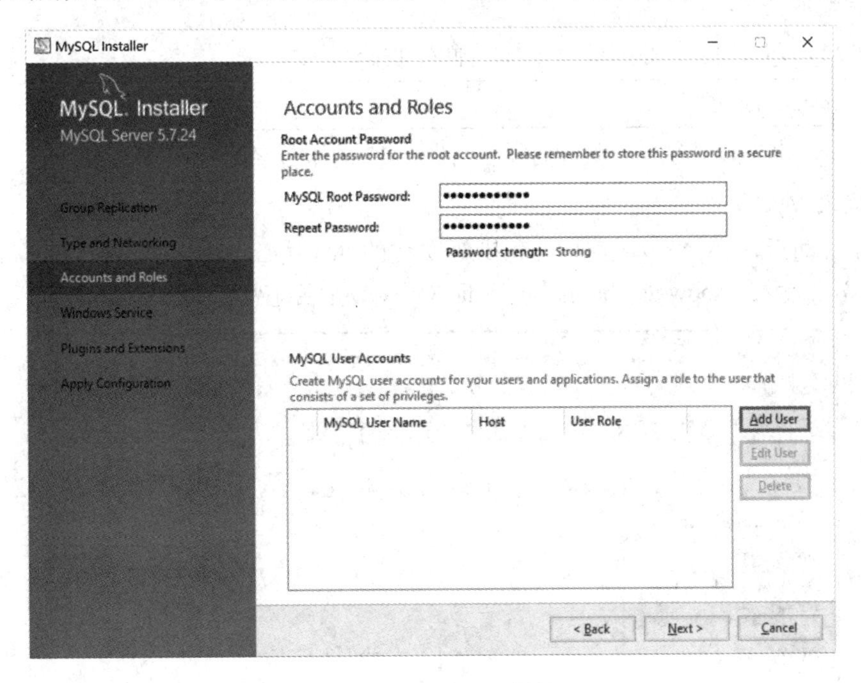

图 5-12　设置 root 密码

在弹出的如图 5-13 所示页面，配置服务名 Windows Service Name 后，点击“Next”按钮。

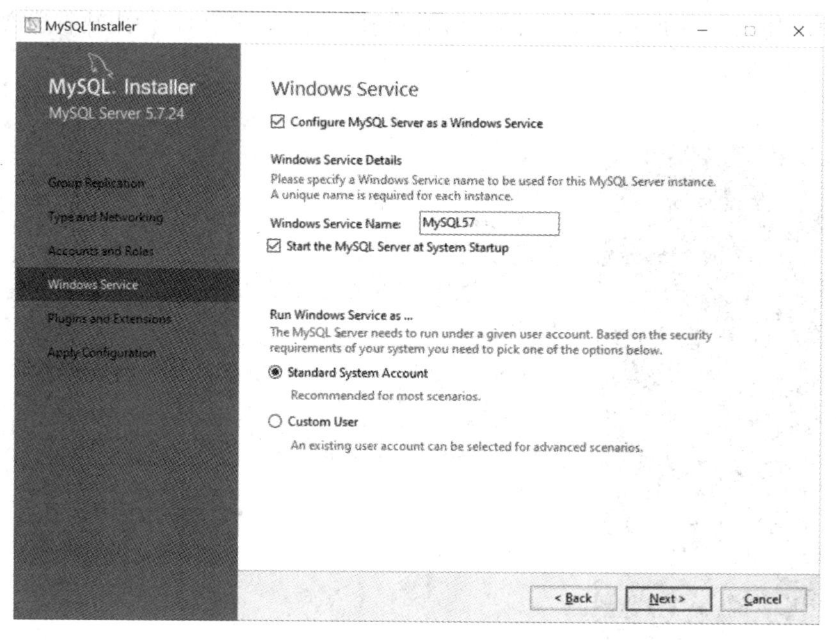

图 5-13　设置服务名

其他页面选择缺省选项，点击“Next”按钮直至完成。

5.2.2　MySQL 基本操作

1. 启动服务

启动 MySQL 服务，在 cmd 命令行下输入如下命令：

```
net start mysql57
```

其中 mysql57 为服务名，服务名需要与图 5-13 的服务名配置保持一致。

2. 登录 MySQL

服务启动后，在“开始菜单”查找新安装的 MySQL，选择“command line client -Unicode”，输入“show databases”，验证 MySQL 是否正常，如图 5-14 所示。

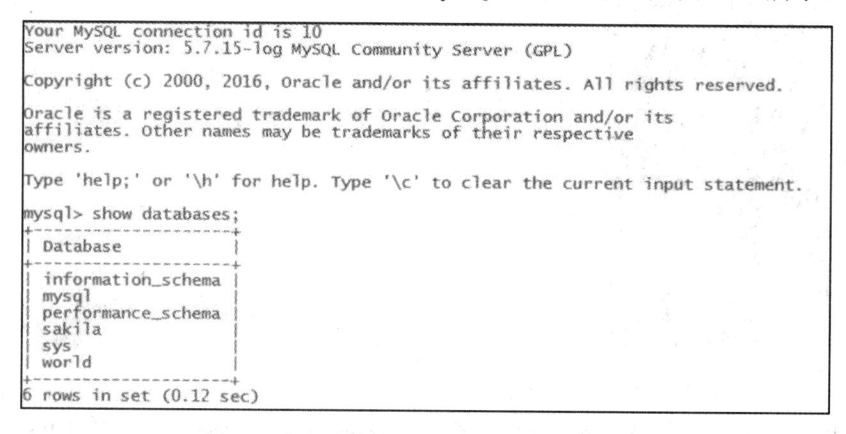

图 5-14　显示 MySQL 已创建数据库

3. 创建数据库

使用 create database 命令创建数据库 spider，为避免中文乱码，增加参数 character set utf8。参考代码如下：

```
#参数 character set utf8，设置字符集，为支持中文
create database spider character set utf8;
```

执行后的结果如图 5-15 所示。

```
C:\Users\Dragon>mysql
Welcome to the MySQL monitor.  Commands end with ; or \g.
Your MySQL connection id is 9
Server version: 5.7.29-log MySQL Community Server (GPL)

Copyright (c) 2000, 2020, Oracle and/or its affiliates. All rights reser
ved.

Oracle is a registered trademark of Oracle Corporation and/or its
affiliates. Other names may be trademarks of their respective
owners.

Type 'help;' or '\h' for help. Type '\c' to clear the current input stat
ement.

mysql> create database spider character set utf8;
Query OK, 1 row affected (0.01 sec)

mysql> _
```

图 5-15　创建数据库

4. 创建表

spider 数据库创建完成后，使用“use spider”切换到创建的 spider 数据库，接着按照表 5-2 所示创建教师信息表 teacherinfo。

表 5-2　教师信息表 teacherinfo

列　名	数据类型	是否为空	是否主键	备　注
id	int	not null	yes	流水号，自增长主键
tno	char(6)	not null	no	教师工号
tname	varchar(10)	not null	no	教师姓名
remark	varchar(50)	null	no	备注信息

MySQL 数据库中创建表的基本语法格式如下：

```
create table [if  not esisis] 表名(
    列名 数据类型 是否为空 默认值,
    列名 1 数据类型 是否为空 默认值,
    primary key (主键字段 1, 主键字段 2, ...)
)
```

按照表 5-2 编写 SQL 脚本。其中 auto_increment 设置 id 为自增长类型，character set 设置字符集为 utf8，避免中文乱码。如果创建数据库时设置的字符集支持中文，则 SQL 语句中 character set utf8 可以省略。参考代码如下：

```
create table teacherinfo(
    id        int          auto_increment primary key,
    tno       char(6)      character set utf8,
    tname     varchar(10)  character set utf8,
    remark    varchar(50)  character set utf8);
```

如果读者不熟悉 SQL 语句，请使用 Navicat 等客户端工具，通过图形化的方式创建数据库和表结构。命令行下创建教师表的执行结果如图 5-16 所示。

```
mysql> use spider
Database changed
mysql> create table teacherinfo(id int auto_increment primary key,
    -> tno  char(6) character set utf8,
    -> tname varchar(10) character set utf8,
    -> remark varchar(50) character set utf8);
Query OK, 0 rows affected (0.01 sec)
```

图 5-16　创建教师表 teacherinfo

5.2.3　PyMySQL 的安装

Python 标准库不支持 MySQL 数据库，只能通过一些开源库实现 Python 与 MySQL 的交互。在 Python2 中使用的是 MySQLDB 库，Python3 中使用 PyMySQL 库。PyMySQL 库是 Python 连接 MySQL 数据库服务器的接口。PyMySQL 的目标是成为 MySQLDB 的替代品。

PyMySQL 的安装过程，和其他第三方库无本质区别。在 cmd 命令行下输入如下代码：

```
pip install  pymysql -i https://pypi.tuna.tsinghua.edu.cn/simple
```

出现如图 5-17 所示页面，表示 PyMySQL 安装成功。

```
C:\Users\Dragon>  pip install  pymysql -i https://pypi.tuna.tsinghua.ed
u.cn/simple
Looking in indexes: https://pypi.tuna.tsinghua.edu.cn/simple
Collecting pymysql
  Using cached https://pypi.tuna.tsinghua.edu.cn/packages/1a/ea/dd9c81e2
d85efd03cfbf808736dd055bd9ea1a78aea9968888b1055c3263/PyMySQL-0.10.1-py2.
py3-none-any.whl (47 kB)
Installing collected packages: pymysql
Successfully installed pymysql-0.10.1
```

图 5-17　PyMySQL 安装

安装完成后，读者可查看 https://github.com/PyMySQL/PyMySQL 的官方文档快速入门。

5.2.4　PyMySQL 使用方法

PyMySQL 的使用包括创建数据库连接对象、获取游标对象、执行 SQL 语句、释放资源四个步骤。

1. 创建数据库连接对象

数据库连接对象 connect 是 Python 和 MySQL 数据库之间的桥梁和纽带，通过设置数据库的连接参数进行构造。使用 PyMySQL 模块中的 connect 函数来进行对象获取。

connect 函数的使用方法为 pymysql.connect(参数名 = 参数值)，常用的连接参数如表 5-3 所示。

表 5-3　数据库常用连接参数

参数名	类　型	说　　明
host	字符串	主机名或 MySQL 数据库服务器 IP
port	数字	端口，MySQL 数据库的默认端口为 3306
user	字符串	用户名
password	字符串	密码
db	字符串	数据库名称
charset	字符串	字符集，设置字符集主要是避免中文乱码
cursorclass	字符串	设置默认的游标类型，默认为元组类型

通过 import pymysql 导入模块，使用 pymysql.connect 函数获取连接对象。参考代码如下：

```
import pymysql   #导入模块
connect=pymysql.connect(host="127.0.0.1",   #127.0.0.1 代表连接本地数据库
          user="root",          #root 为 MySQL 的超级用户
          password="密码",  #密码请使用实际密码替换
          db="spier",            #连接的数据库名称
         charset="utf8")        #设置字符集 utf-8
```

由于安装时没改变 MySQL 的默认端口 3306，所以可以省略不写。运行代码后如果不报错，则表示参数正确，连接成功。

2. 获取游标对象

在连接对象中获取游标对象，为下一步执行 SQL 语句准备。SQL 语句的执行是构建在游标对象基础上的，其核心语句为 cursor=connect.cursor()。

3. 执行 SQL 语句

获取游标对象后，就可以使用 cusor.execute(SQL 语句)向连接的数据库发送 DDL、DML

类型的 SQL 语句，如 insert into、update、delete、select 等 SQL 语句。

PyMySQL 默认是开启事务的，必须通过 connect.commit 函数进行提交才能完成对数据库的操作。在提交事务的过程中可能出现失败，如果失败则使用 connct.rollback 函数进行事务回滚。

4. 释放资源

完成对数据库的操作后，需要使用 cursor.close()、connect.close()关闭游标以及数据库的连接来释放资源。

结合以上四个步骤，使用 PyMySQL 向 teacherinfo 插入一行数据，数据为“03070，周勇”。参考代码如下：

```
import pymysql
try:
    #获取连接对象
    connect=pymysql.connect(host="127.0.0.1",
                            user="root",
                            password="数据库密码",
                            db="test",
                            charset="utf8")
    cursor=connect.cursor()  #获取游标对象
    sql="insert into teacherinfo(tno,tname) values('03070', '周勇')"
    cursor.execute(sql)  #执行 SQL
    connect.commit()  #提交事务
except Exception as err:
    connect.rollback()
    print(err)
finally:
    cursor.close()  #关闭游标
    connect.close()  #关闭链接
```

细心的读者会发现一次只能插入一条记录，每次插入都需要执行获得连接和关闭连接等操作，这非常消耗资源。有没有办法一次插入多条记录？学过 MySQL 数据库的读者应该可以想到，“insert into”语句支持批量插入，如 SQL 语句“insert into teacherinfo(tno, tname)values('03070', '周勇'), ('03071', 'yongzhou')”一次可以插入两条记录，只需要在 values 后增加需要插入的数据即可。但这种方式需要将 SQL 语句提前准备好，不方便通用代码的封装。

PyMySQL 模块提供了一次插入多条语句的方法，即 cursor.executemany(sql,val)。参数 sql 传递的是完整的 SQL 语句，其中真实数据使用占位符%s 代替，需要读者注意的是占位符%s 的使用，无论任何数据类型都不需加引号；参数 val 为数据集合，数据类型可以是字典或数组。参考代码如下：

```
sql="insert into teacherinfo(tno,tname)   values(%s,%s)"
val=[["03072","yongzhou"],["03073","yongzhou"]]
cursor.executemany(sql,val)                    #执行 SQL
```

以上代码同样适用于单条记录插入，参考代码如下：

```
sql="insert into teacherinfo(tno,tname)   values(%s,%s)"
val=["03072", "yongzhou"]
cursor.execute(sql, val)                       #执行 SQL
```

以上代码块也可完成数据更新、删除操作，通过替换 SQL 语句即可实现。如果需要查询表中的一行数据则可以使用 cursor.fetchone 函数，查询表中所有数据可以使用 cursor.fetchall 函数。参考代码如下：

```
import pymysql
try:
    #获取连接对象
    connect=pymysql.connect(host="127.0.0.1",
                            user="root",
                            password="数据库密码",
                            db="test",
                            charset="utf8",
                            cursorclass=pymysql.cursors.DictCursor)
    cursor=connect.cursor()           #获取游标对象
    sql="select * from teacherinfo "
    cursor.execute(sql)
    print(cursor.fetchall())          #获取表中所有数据
except Exception as err:
    connect.rollback()
    print(err)
finally:
      cursor.close()                  #关闭游标
      connect.close()                 #关闭链接
```

其中连接参数 cursorclass=pymysql.cursors.DictCursor 是设置使用 select 语句返回的结果集类型，缺省情况下为元组类型，调整后为字典类型。

5.2.5　MySQL 通用函数封装

为了减少代码的重复编写，考虑将对 MySQL 的操作封装成通用函数。实现思路是将变化的数据库连接参数以及 SQL 语句抽象为参数。参考代码如下：

```
#参数 sql, SQL 语句
#参数 val，需要传递数据的集合，一般为列表或元组
#**dbinfo，数据库连接参数
def save_mysql(sql,val,**dbinfo):
    try:
            connect=pymysql.connect(**dbinfo)        #创建数据库连接
            cursor=connect.cursor()                  #获取游标对象
            cursor.executemany(sql,val)              #执行多条 SQL
            connect.commit()                         #事务提交
    except Exception as err:
            connect.rollback()                       #事务回滚
            print(err)
    finally:
        cursor.close()
        connect.close()
```

调用 save_mysql 函数所需要的 3 个参数，在 main 函数中进行传入。参考代码如下：

```
if __name__ == "__main__":
#字典类型的数据库参数
    parms={
            "host":"127.0.0.1",
            "user": "root",
            "password":"数据库密码",
            "db":"test",
            "charset":"utf8",
            "cursorclass": pymysql.cursors.DictCursor}
    sql="insert into teacherinfo(tno,tname) values(%s,%s)"  #带占位符的 SQL
    values=[["03072", "yongzhou"], ["03073", "yongzhou"]]  #列表类型数据，每行数据都为列表
    save_mysql(sql, values, **parms)                        #调用函数，注意**不能省略
```

5.3 案例 1　豆瓣图书爬取

5.3.1 任务描述

爬取豆瓣网新书速递的图书信息，并将数据保存在 MySQL 数据库中，表结构自行定义。爬取数据包括书名、评分、作者、出版社、出版时间、图书介绍。豆瓣图书新书速递的网址为 http://www.bspider.top/doubanbook/，参考页面如图 5-18 所示。

图 5-18　豆瓣图书——新书速递

5.3.2　任务分析

豆瓣图书爬取案例主要练习将爬取数据存储到 MySQL 数据库中，其页面结构虽然简单，只有一页数据，不需要考虑分页，但是从呈现效果看，作者、出版社和出版时间是连接在一起的，需要考虑数据的拆分问题。

分析工作从观察页面 HTML 结构开始。新书速递的页面结构布局采用分栏设计，虚构类和非虚构类图书包裹在不同的 div 中，内部的书籍信息呈现采用 ul 和 li 布局，如图 5-19 所示。在编写 XPath 选择器时需要考虑兼顾虚构类和非虚构类图书的选取。数据包裹在 id 为“content”的 div 中，使用属性进行快速定位后初步确定 XPath 选择器为//div[@id='content']//li。XPath 选择器的正确与否要使用浏览器的开发者工具进行验证。在“Elements”选项卡中按“Ctrl + F”快捷键，输入表达式//div[@id='content']//li 后定位 40 行数据，与页面显示数据一致。读者也可点击上下箭头来观察每行选取的数据，如图 5-20 所示。

```
▼<div id="content"> == $0
   <h1>新书速递</h1>
  ▼<div class="grid-12-12 clearfix">
    ▶<div class="fixTop" style="display: none;">…</div>
    ▼<div class="article">
       <h2>虚构类  · · · · · ·  </h2>
      ▶<ul class="cover-col-4 clearfix">…</ul>
     </div>
    ▼<div class="aside">
       <h2 class="pl20">非虚构类  · · · · · ·  </h2>
      ▶<ul class="cover-col-4 pl20 clearfix">…</ul>
     </div>
     ::after
   </div>
```

图 5-19　豆瓣图书——新书速递页面结构

图 5-20　浏览器开发者工具验证 XPath 表达式

确定外围 li 的 XPath 选择器后，进一步分析提取数据项，如图 5-21 所示。读者根据页面结构自行确定 XPath 选择器。

```
▼<li>
  ▶<a class="cover" href="https://book.douban.com/subject/35051822/">…</a>
  ▼<div class="detail-frame">
    ▼<h2>
        <a href="https://book.douban.com/subject/35051822/">尘埃落定</a>
      </h2>
    ▼<p class="rating">
        <span class="allstar45"></span>
        <span class="font-small  color-lightgray">
                                   8.8
                              </span>
      </p>
      <p class="color-gray">
                              阿来 / 浙江文艺出版社 / 2020-10
                          </p>
    ▼<p class="detail">
        "
                              一个声势显赫的藏族老麦其土司，在酒后和汉族太太生了一个傻瓜儿
        子。这个傻子却有着超越时代的预感能力和举止……阿来名作，第五届茅盾文学奖获奖作品。
                          "
      </p>
```

图 5-21　爬取数据项的页面结构

5.3.3　任务实现

1. 创建表结构

在 MySQL 数据库中按照表 5-4 所示创建图书信息表 bookinfo。

表 5-4　图书信息表 bookinfo

列　名	类　型	是否为空	是否为主键	备　注
id	int	no	yes	流水号，自增长主键
bookname	varchar(100)	no	no	书名
score	varchar(20)	yes	no	评分
autor	varchar(100)	yes	no	作者
press	varchar(200)	yes	no	出版社
pubdate	varchar(20)	yes	no	出版日期
Describ	varchar(3000)	yes	no	图书介绍

读者如果不熟悉 SQL 语句，也可使用如 navicat 等 MySQL 客户端工具创建信息表，参考 SQL 语句如下：

```
create   table   bookinfo(
        id           int              auto_increment        primary key,      #自增长主键
        bookname     varchar(100)     character set utf8,                      #书名
        autor        varchar(100)     character set utf8,                      #作者
```

```
        press        varchar(200)    character set utf8,          #出版社
        pubdate      varchar(20)     character set utf8,          #出版日期
        describ      varchar(3000)   character set utf8           #介绍
)
```

2. 初步代码

案例依然设计为 get_html 函数，parse 函数，save_mysql 函数以及 main 函数四个部分。读者可以边写代码边调试来确定解析的细节。初步参考代码如下：

```
import  requests
from lxml import etree
import csv
def get_html(url,time=30):      #GET 请求通用函数，必须增加请求头
    try:
        headers = {
            "User-Agent": "Mozilla/5.0 (Windows NT 10.0; Win64; x64) "
                          "AppleWebKit/537.36 (KHTML, like Gecko) "
                          "Chrome/80.0.3987.132 Safari/537.36"}
        r = requests.get(url,headers=headers, timeout=time)       #发送请求
        r.encoding = r.apparent_encoding       #设置返回内容的字符集编码
        r.raise_for_status()                   #返回的状态码不等于 200 抛出异常
        return r.text                          #返回网页的文本内容
    except Exception as error:
        print(error)
def parser(html):                      #解析函数
    doc=etree.HTML(html)          #HTML 转换为 doc 对象
    for row in doc.xpath("//div[@id='content']//li"):
        print(etree.tostring(row,encoding="utf-8").decode("utf-8"))
if __name__ == "__main__":
    url = "http://www.bspider.top/doubanbook/"
    html = get_html(url)         #获取网页数据
    parser(html)
```

由于初步代码的 parser 函数采用二次查找法定位到了所有的 li 标签，因此书名、评分、作者、出版社、出版时间和图书介绍等数据项使用相对路径进行定位，以 li 作为参考点。观察图 5-21 的页面结构，会发现书名是 h2 标签下的 a 标签的文本内容，可以确定 XPath 选择器为“.//h2/a/text()”。其中“.//h2”表示当前路径下任意位置的 h2 标签，此处表示当前路径的点(.)不可省略，省略后将会查找页面 HTML 中所有的 h2 标签。除此之外，也可以使用 h2 标签的外层 div 作为参考点编写 XPath 选择器。

评分、作者、出版社等数据项的 XPath 选择器读者自行分析，参考代码如下：

```
def parser(html):        #解析函数
```

```
doc=etree.HTML(html)      #HTML 转换为元素对象 doc
for row in doc.xpath("//div[@id='content']//li"):
    print(row.xpath(".//h2/a/text()")[0].strip())                          #书名
    print(row.xpath(".//p[@class='rating']/span[2]/text()")[0].strip())     #评分
    print(row.xpath(".//p[@class='color-gray']/text()")[0].strip())         #作者、出版社等
    print(row.xpath(".//p[@class='detail']/text()")[0].strip())             #简介
    print("------------------------")
```

运行结果如下：

```
波拉尼奥的肖像
8.6
[阿根廷]莫妮卡·马里斯坦 / 南京大学出版社 / 2021-7-15
Traceback (most recent call last):
  File "E:/教材配套/豆瓣图书-新书速递.py", line 30, in <module>
    parser(html)
  File "E:/教材配套/豆瓣图书-新书速递.py", line 22, in parser
    print(row.xpath(".//p[@class='detail']/text()")[0].strip())
IndexError: list index out of range
```

发现从图书“波拉尼奥的肖像”开始，图书简介无法进行解析，分析页面会发现非虚构类图书的 p 标签无 class 属性。读者可思考如何解决此问题。

3. 解析函数

作者、出版社和出版日期的原始数据为斜线“/”连接的字符串，需要使用 split 进行拆分后按照列表顺序读取。由于作者可能存在多个，会导致出版社和出版日期提取错误，所以这两个数据项需逆序提取后将结果依然插入到列表 out_list 中。参考代码如下：

```
def parser(html):                  #解析函数
    doc=etree.HTML(html)      #HTML 转换为元素对象 doc
    out_list=[]
    for row in doc.xpath("//div[@id='content']//li"):
        #书名
        title=row.xpath(".//h2/a/text()")[0].strip()
        #评分
        score=row.xpath(".//p[@class='rating']/span[2]/text()")[0].strip()
        #info 为作者、出版社、出版日期的列表，通过/分隔
        info=row.xpath(".//p[@class='color-gray']/text()")[0].strip().split("/")
        describe=row.xpath(".//p[3]/text()")[0].strip()
        #初始化行列表 row_list
        row_list=[
                title,      #书名
```

```
                    score,       #评分
                    info[0],     #作者
                    info[-2],    #出版社
                    info[-1],    #出版日期
                    describe     #介绍
            ]
            out_list.append(row_list)
        return out_list;
```

4. 完整代码

解析函数实现后，通过 main 函数将 get_html 函数、parser 函数、save_mysql 函数组合在一起，形成一个完整的功能函数。main 函数主要实现程序流程控制以及数据库相关操作。需要注意的是解析函数 parser 返回的列表元素需要与 insert 语句中列名的前后顺序对应。参考代码如下：

```
import  requests
from lxml import etree
import csv
import  pymysql
def get_html(url,time=30):      #GET 请求通用函数，必须编写请求头添加 User-Agent
    try:
        headers = {
            "User-Agent": "Mozilla/5.0 (Windows NT 10.0; Win64; x64) "
                          "AppleWebKit/537.36 (KHTML, like Gecko) "
                          "Chrome/80.0.3987.132 Safari/537.36"}
        r = requests.get(url,headers=headers, timeout=time)     #发送请求
        r.encoding = r.apparent_encoding        #设置返回内容的字符集编码
        r.raise_for_status()                    #返回的状态码不等于 200 抛出异常
        return r.text                           #返回网页的文本内容
    except Exception as error:
      print(error)
def parser(html):                               #解析函数
    doc=etree.HTML(html)                        #HTML 转换为元素对象 doc
    out_list=[]
    for row in doc.xpath("//div[@id='content']//li"):
        title=row.xpath(".//h2/a/text()")[0].strip() #书名
        score=row.xpath(".//p[@class='rating']/span[2]/text()")[0].strip()     #评分
        #info 为作者、出版社、出版日期的列表，通过/分隔
        info=row.xpath(".//p[@class='color-gray']/text()")[0].strip().split("/")
        describe=row.xpath(".//p[3]/text()")[0].strip()
```

```
            #初始化行列表 row_list
            row_list=[
                        title,              #书名
                        score,              #评分
                        info[0],            #作者
                        info[-2],           #出版社
                        info[-1],           #出版日期
                        describe            #介绍
            ]
            out_list.append(row_list)
        return out_list;
#数据保存为 MySQL 的通用函数
def save_mysql(sql, val, **dbinfo):
        try:
            connect = pymysql.connect(**dbinfo)         #创建数据库链接
            cursor = connect.cursor()                   #获取游标对象
            cursor.executemany(sql, val)                #执行多条 SQL
            connect.commit()                            #事务提交
        except Exception as err:
            connect.rollback()                          #事务回滚
            print(err)
        finally:
            cursor.close()
            connect.close()
if __name__ == "__main__":
        url = "http://www.bspider.top/doubanbook/"
        html = get_html(url)                    #获取网页数据
        out_list=parser(html)                   #解析的数据，列表类型
        parms = {
                "host": "127.0.0.1",
                "user": "root",
                "password": "密码",              #读者数据库密码
                "db": "数据库",                   #读者数据库名称
                "charset": "utf8",
                "cursorclass": pymysql.cursors.DictCursor}
        #插入的 SQL 语句，注意插入列的顺序和列表保持一致
        sql = "insert into bookinfo(bookname,score,autor,press,pubdate,describ) " \
          " values(%s,%s,%s,%s,%s,%s)"         #带占位符的 SQL
        save_mysql(sql, out_list, **parms)          #调用函数，注意**不能省略
```

5.4 案例2 安居客二手房信息爬取

5.4.1 任务描述

爬取重庆地区安居客二手房相关信息，数据保存在 MySQL 数据库中，表结构自行定义。爬取数据包括卖点、楼盘、地址、房屋户型、建筑面积、所在楼层、建造年代、每平米单价。安居客二手房网址为 http://www.bspider.top/anjuke/，参考页面如图 5-22 所示。

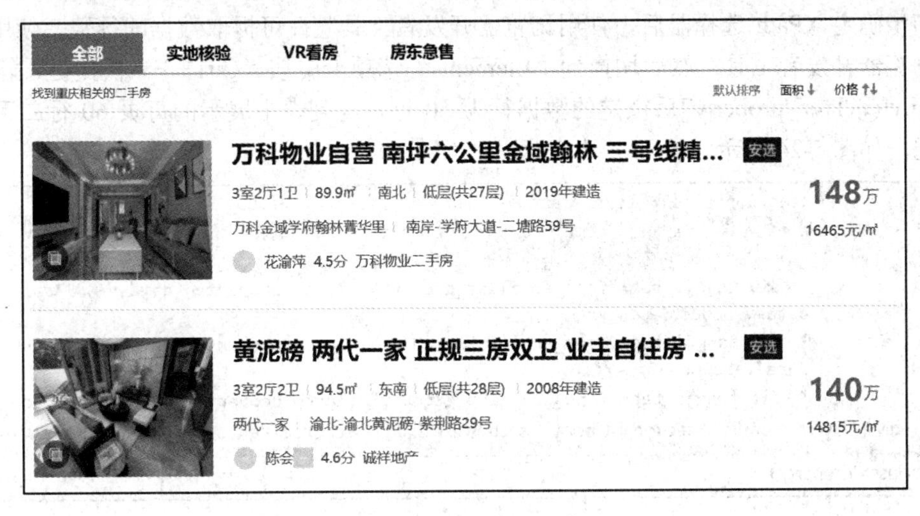

图 5-22 安居客二手房

5.4.2 任务分析

使用 GET 请求通用函数 get_html 获取网页数据。数据存储部分使用 5.2.4 节中封装的 MySQL 通用函数。分析的重点主要是通过页面解析确定 XPath 表达式以及寻找分页规律，并确定分页方案。

通过多个案例的练习，读者应该了解到无论使用何种技术，页面结构分析都是爬虫编写的重点，这里还是使用浏览器开发者工具进行 HTML 页面结构分析，页面结构如图 5-23 所示。

```
▼<section class="list" data-v-bc00cb90 data-v-7483f299>
  ▶<div tongji_tag="fcpc_ersflist_gzcount" class="property" data-v-4413cad6 data-v-bc00cb90>…
  </div>
  ▶<div tongji_tag="fcpc_ersflist_gzcount" class="property" data-v-4413cad6 data-v-bc00cb90>…
  </div>
  ▶<div tongji_tag="fcpc_ersflist_gzcount" class="property" data-v-4413cad6 data-v-bc00cb90>…
  </div>
  ▶<div tongji_tag="fcpc_ersflist_gzcount" class="property" data-v-4413cad6 data-v-bc00cb90>…
  </div>
```

图 5-23 安居客二手房页面结构

从以上页面结构可以看出，安居客二手房使用 section 和 div 标签布局。和列表数据相关的 HTML 结构，多数使用 table 或 ul 进行布局，也有使用 div 进行布局处理的。安居客二手房案例列表数据整体包裹在 section 标签中，section 标签有 class 属性，属性值为“list”。每行数据包裹在 div 标签中，div 标签有 class 属性，属性值为“property”。这样，可以通过属性定位快速定位元素。

为了爬虫的稳定性，采用二次查找法进行数据提取。二次查找法需要确定外层每行数据的 XPath 选择器，从图 5-23 可以初步确定 XPath 选择器为//div[@class='property']。关于 XPath 选择器，不同人有不同的想法，读者按照自己的思路进行编写，能够有效定位提取数据即可。

初步确定 XPath 选择器后，使用浏览器开发者工具验证可提取数据的行数。使用 F12 打开浏览器开发者工具，然后切换到“Elements”选项卡中按“Ctrl + F”快捷键，输入表达式//div[@class='property']后锁定的数据行为 60 行，与列表中展示的每页 60 行二手房信息匹配，如图 5-24 所示。

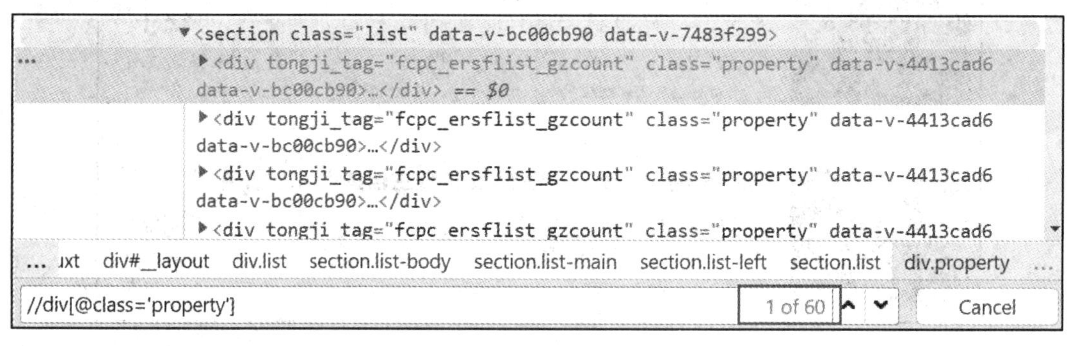

图 5-24　验证 XPath 表达式

通过以上分析确定二次查找法外层的 XPath 选择器，提取数据项的 XPath 选择器在编写代码的过程逐一确认。接下来分析分页规律，分页选项如图 5-25 所示。由于数据较多，并且在当前页面中无法知道总页数或数据的总行数。之前采用的是 for 循环来实现分页，但是必须要知道总页数。难道处理分页数据的时候就只能采用这种笨办法吗？答案是否定的。

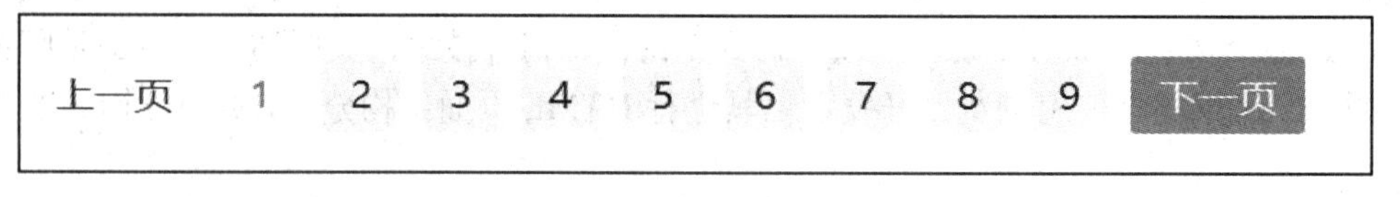

图 5-25　分页选项

使用浏览器开发者工具的元素选择器，分析“下一页”按钮的 HTML 结构，如图 5-26 所示。“下一页”按钮是由 a 标签伪装而成，a 标签的 href 属性是下一页数据的 URL 地址。

```
<a href="?page=2" data-npv class="next  next-active" data-v-29d65fc6>
下一页</a>
```

图 5-26　“下一页”按钮的 HTML 结构

点击“下一页”按钮后，发现浏览器的 URL 地址变为 http://www.bspider.top/anjuke/?page=2，和 a 标签的 href 属性相同，其中参数 page=2 表示第 2 页数据。尝试修改分页参数找到最后一页，当参数为 10 时跳转到最后一页数据，页面结构如图 5-27 所示。

```
</ul>
<a href="#" data-npv class="next" data-v-29d65fc6>下一页</a>
```

图 5-27　“下一页”按钮最后一页的 HTML 结构

当数据翻到最后一页时，“下一页”按钮 class 属性为 next，href 属性为#。分页判断逻辑为如果“下一页”按钮 class 属性包括 next-active，就继续循环，否则跳出循环。

5.4.3　任务实现

1. 创建表结构

在 MySQL 数据库中按照表 5-5 所示创建二手房信息表 houseinfo。

表 5-5　二手房信息表 houseinfo

列　名	类　型	是否为空	是否为主键	备　注
id	int	no	yes	流水号，自增长主键
title	varchar(200)	no	no	卖点
house	varchar(50)	yes	no	楼盘
address	varchar(200)	yes	no	地址
struct	varchar(50)	yes	no	房屋户型
area	varchar(20)	yes	no	建筑面积
floor	varchar(20)	yes	no	所在楼层
maketime	varchar(20)	yes	no	建造年代
price	varchar(20)	yes	no	每平方单价

读者如果不熟悉 SQL 语句，也可使用如 navicat 等客户端工具创建，参考 SQL 语句如下：

```
create table houseinfo(
    id          int             auto_increment  primary key,  #自增长主键
    title       varchar(200)    character set utf8,           #卖点
    house       varchar(50)     character set utf8,           #楼盘
    address     varchar(200)    character set utf8,           #地址
    struct      varchar(50)     character set utf8,           #房屋户型
    area        varchar(20)     character set utf8,           #建筑面积
    floor       varchar(20)     character set utf8,           #所在楼层
    maketime    varchar(20)     character set utf8,           #建造年代
    price       varchar(20)     character set utf8)           #每平米单价
```

2. 初步代码

爬虫整体设计与豆瓣图书案例相同，get_html 函数实现 HTML 文本获取，parser 函数

实现数据解析以及分页控制，save_mysql 实现数据存储，main 函数实现爬虫整体流程控制。

编写爬虫是个不断迭代的过程，初步代码完成网页 HTML 获取以及初步的解析。由于安居客有简单的反爬虫设计，必须在请求头中添加 User-Agent，否则会激活反爬虫。反爬虫激活后的效果如图 5-28 所示。

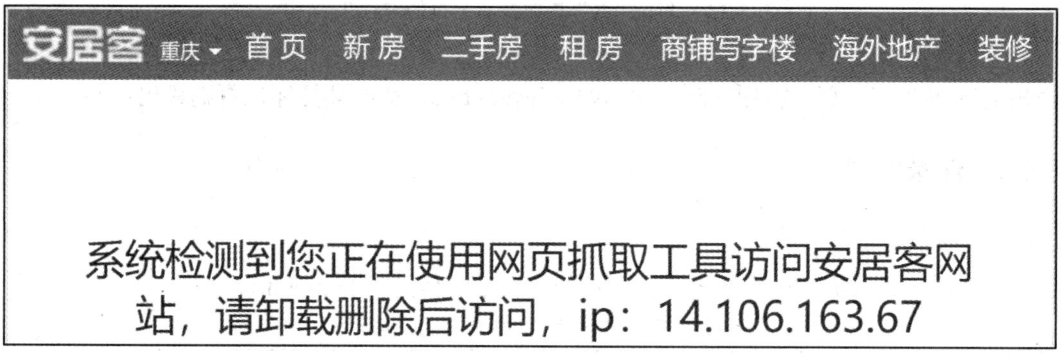

安居客 重庆 首页 新房 二手房 租房 商铺写字楼 海外地产 装修

系统检测到您正在使用网页抓取工具访问安居客网站，请卸载删除后访问，ip：14.106.163.67

图 5-28　安居客反爬虫检测

安居客网站的反爬虫设计，会将异常提示信息添加在响应 HTML 页面中，并且响应状态码依然为 200。读者在编写爬虫的过程中如果发现无法解析页面，可将 get_html 返回的 HTML 另存为扩展名为 htm 的文件，并使用浏览器打开，就可以直接查看返回的信息。安居客爬虫初步代码如下：

```
import    requests
from lxml import etree
import csv
def get_html(url,time=30):      #GET 请求通用函数，必须设置 User-Agent
    try:
        headers = {
            "User-Agent": "Mozilla/5.0 (Windows NT 10.0; Win64; x64) "
                          "AppleWebKit/537.36(KHTML, like Gecko) "
                          "Chrome/80.0.3987.132 Safari/537.36"}
        r = requests.get(url,headers=headers,timeout=time)     #发送请求
        r.encoding = r.apparent_encoding      #设置返回内容的字符集编码
        r.raise_for_status()                  #返回的状态码不等于 200 抛出异常
        return r.text                         #返回网页的文本内容
    except Exception as error:
        print(error)
#解析函数
def parser(html):
    doc=etree.HTML(html)
    for row in doc.xpath("//div[@class='property']"):
        #输出选取的每行 HTML 结构
```

```
        print(etree.tostring(row,encoding="utf-8").decode("utf-8"))
        #只输出 1 行数据，便于后面分析
        break
if __name__=="__main__":
    url="https://www.bspider.top/anjuke
    html=get_html(url)
    parser(html)
```

打印输出第一行 HTML 内容便于观察结构，这有利于解析函数的编写。输出结果如下：

```
<div tongji_tag="fcpc_ersflist_gzcount" class="property" data-v-4413cad6="" >
  <a href="https://chongqing.anjuke.com/XXX" data-action="esf_list" target="_blank"
    data-trace="{&quot;exposure&quot;:}}" data-cp="{&quot;broker_id}"
    data-lego="{&quot;entity_id&quot;:&quot;1842413708731400&quot;,&quot;tid&quot;
    :&quot;-&quot;}"
    class="property-ex" data-v-4413cad6="">
    <div class="property-image" data-v-4413cad6="">
      <img alt="" src="https://pages.anjukestatic.com/XXX.png" class="lazy-img cover"
      data-v-28819723="" data-v-4413cad6="" />
      <img src="https://pages.anjukestatic.com/usersite/XXX" class="property-image-vr"
      data-v-4413cad6="" />
      <span id="main-0" class="property-image-vr" data-v-4413cad6=""></span>
    </div>
    <div class="property-content" data-v-4413cad6="">
     <div class="property-content-detail" data-v-4413cad6="">
      <div class="property-content-title" data-v-4413cad6="">
        <h3 title="内部特惠(工程抵款)龙湖品质洋房" class="property-content-title-name"
                  style="max-width:435px;" data-v-4413cad6="">
内部特惠、(工程抵款)龙湖品质洋房、南北通透</h3>
        <img src="https://pages.anjukestatic.com/usersite/site/XXX"
                  class="property-content-title-anxuan"   data-v-4413cad6="" />
      </div>
      <section data-v-4413cad6="">
      <div class="property-content-info" data-v-4413cad6="">
        <p class="property-content-info-text property-content-info-attribute" >
          <span data-v-4413cad6="">3</span> <span data-v-4413cad6="">室</span>
          <span data-v-4413cad6="">2</span> <span data-v-4413cad6="">厅</span>
          <span data-v-4413cad6="">2</span> <span data-v-4413cad6="">卫</span></p>
        <p class="property-content-info-text" data-v-4413cad6=""> 99.3 ㎡  </p>
```

```
            <p class="property-content-info-text" data-v-4413cad6="">南北</p>
            <p class="property-content-info-text" data-v-4413cad6=""> 高层(共 8 层) </p>
            <p class="property-content-info-text" data-v-4413cad6=""> 2021 年建造 </p>
          </div>
          <div class="property-content-info property-content-info-comm" data-v-4413cad6="">
           <p class="property-content-info-comm-name" data-v-4413cad6="">龙湖景粼玖序</p>
          <p class="property-content-info-comm-address" data-v-4413cad6="">
              <span data-v-4413cad6="">渝北</span>
              <span data-v-4413cad6="">中央公园</span>
              <span data-v-4413cad6="">同茂大道</span></p>
          </div>
          <div class="property-content-info" data-v-4413cad6="">
             <span class="property-content-info-tag" data-v-4413cad6="">南北通透</span>
             <span class="property-content-info-tag" data-v-4413cad6="">推荐新房</span>
          </div>
        </section>
        <div class="property-extra-wrap" data-v-4413cad6="">
          <div class="property-extra" data-v-4413cad6="">
           <div class="property-extra-photo" data-v-4413cad6="">
               <img alt="" src="https://pages.anjukestatic.com/XXX" class="lazy-img cover" />
           </div>
           <span class="property-extra-text" data-v-4413cad6="">王虎</span>
           <div class="property-extra-anxuan" data-v-4413cad6="">
             <img alt="" src="https://pages.anjukestatic.com/XXX" class="lazy-img cover" />
           </div>
           <span class="property-extra-text" data-v-4413cad6="">4.6 分</span>
           <span class="property-extra-text" data-v-4413cad6="">到家了</span>
          </div>
        </div>
      </div>
      <div class="property-price" data-v-4413cad6="">
            <p class="property-price-total" data-v-4413cad6="">
                <span class="property-price-total-num" data-v-4413cad6="">180</span>
                <span class="property-price-total-text" data-v-4413cad6="">万</span></p>
            <p class="property-price-average" data-v-4413cad6="">18124 元/㎡</p>
      </div>
    </div></a>
</div>
```

3. 解析函数

初步代码的打印输出结果层级关系比较混乱，可以使用在线 HTML 格式化工具重新输出 HTML 代码，网址为 https://tool.oschina.net/codeformat/html，也可直接使用浏览器开发者工具进行元素定位，确定 XPath 选择器。观察初步代码的输出结果，注意黑体部分的内容标签和层级。每行数据的核心内容都包括在 a 标签中，楼盘卖点包裹在 h3 标签中，使用相对定位可以确定楼盘卖点的 XPath 选择器为 a//h3/text()。楼盘名称和小区单价也使用相对定位的方式确定 XPath 选择器。

房屋户型、建筑面积、所在楼层和建造年代 4 个数据项的页面结构比较复杂，每个单独定位很烦琐，以外层 class 属性为“property-content-info”的 div 为参考点，使用 string 函数获取所有下级标签的文本信息，XPath 选择器为 string(./a//*[@class='property-content-info']，然后使用换行符\n 进行拆分，这样就可以一次提取完成。楼盘地址信息也是相同的处理方式。需要读者注意的是 string 函数返回的数据类型不是列表，而是字符串，如果不确定数据类型，可以通过 type 函数打印输出变量类型。解析函数参考代码如下：

```
def parser(html):   #解析函数
    doc=etree.HTML(html)
    for row in doc.xpath("//div[@class='property']"):
        title = row.xpath("a//h3/text()")[0].strip()      #卖点标题
        #房屋户型|建筑面积|所在楼层|建造年代
        info = row.xpath("string(./a//*[@class='property-content-info'])")
        #去掉房屋信息中多余的空格和换行符
        info=info.replace(" ","").replace("\n\n","\n").split("\n")
        #楼盘名称
        hourse= row.xpath("a//*[@class='property-content-info-comm-name']/text()")[0]
        #楼盘地址
        address=row.xpath("string(./a//*[@class='property-content-info-comm-address'])")
        #每平单价
        price = row.xpath("a//*[@class='property-price-average']/text()")[0]
        price=price.replace(" ","")
        print(title,hourse,address,price)
```

读者可根据打印输出的结果，逐一确定 XPath 选择器，完成 XPath 选择器的编写。数据解析完成后需要把结果追加到 out_list 中，为数据存储做准备。参考代码如下：

```
out_list=[]  #输出数据列表，定义为全局变量
def parser(html):   #解析函数
    doc=etree.HTML(html)
    for row in doc.xpath("//div[@class='property']"):
        title = row.xpath("a//h3/text()")[0].strip()       #卖点标题
        info = row.xpath("string(./a//*[@class='property-content-info'])")
        #拆分户型、面积、楼层、年代等，去掉多余的空格和换行符
```

```
info = info.replace("","").replace("\n\n", "\n").split("\n")
#其他解析的数据项省略
row_list=[title,                              #卖点标题
          hourse.strip(),                     #楼盘
          address.strip(),                    #地址
          info[0] if len(info)>=1 else "",    #房屋户型
          info[1] if len(info)>=2 else "",    #建筑面积
          info[3] if len(info)>=4 else "",    #所在楼层
          info[4] if len(info)>=5 else "",    #建造年代
          price                               #房价
      ]
out_list.append(row_list)
```

4. 分页功能

分页的处理在任务分析中已经讨论过，实现思路为判断“下一页”按钮的 class 属性是否包括“next-active”属性值。具体实现可考虑在 parser 解析函数中处理，如果“下一页”按钮的class属性包括“next-active”，则表示存在下一页，直接向href属性值地址发送请求，并重新调用解析过程。一个函数在它的函数体内调用自身称为递归调用，这种函数称为递归函数。当“下一页”按钮的 class 属性值不包括“next-active”时，表示当前页为最后一页，递归函数停止调用。参考代码如下：

```
def parser(html): #解析函数
    doc=etree.HTML(html)
    for row in doc.xpath("//div[@class='property']"):
        title = row.xpath("a//h3/text()")[0].strip()        #卖点标题
        #房屋户型|建筑面积|所在楼层|建造年代
        info = row.xpath("string(./a//*[@class='property-content-info'])")
        #去掉房屋信息中多余的空格和换行符
        info=info.replace(" ","").replace("\n\n","\n").split("\n")
        #楼盘名称
        hourse= row.xpath("a//*[@class='property-content-info-comm-name']/text()")[0]
        #楼盘地址
        address=row.xpath("string(./a//*[@class='property-content-info-comm-address'])")
        #每平单价
        price = row.xpath("a//*[@class='property-price-average']/text()")[0]
        #去掉价格中的空格
        price=price.replace(" ","")
        row_list=[
              title,                    #卖点标题
              hourse.strip(),           #楼盘
```

```
                    address.strip(),                    #地址
                    info[0] if len(info)>=1 else "",    #房屋户型
                    info[1] if len(info)>=2 else "",    #建筑面积
                    info[3] if len(info)>=4 else "",    #所在楼层
                    info[4] if len(info)>=5 else "",    #建造年代
                    price                               #房价
                ]
            out_list.append(row_list)
        #查找下一页按钮的 href 属性
        ele_next = doc.xpath("//*[@class='next    next-active']/@href")
        if ele_next:
        #递归调用，重新发送请求，并解析
            new_url = ele_next[0]
            if new_url.startswith("?page="):
                    new_url = "http://www.bspider.top/anjuke/" + new_url
                    parser(get_html(new_url))
```

5. 完整代码

完整代码如下所示：

```
import    requests
from lxml import etree
import csv,pymysql
def get_html(url,time=30):        #GET 请求通用函数，去掉了 User-Agent 简化代码
    try:
        headers={
            "User-Agent":"Mozilla/5.0 (Windows NT 10.0; Win64; x64) "
                         "AppleWebKit/537.36 (KHTML, like Gecko) "
                         "Chrome/80.0.3987.132 Safari/537.36"}
        r = requests.get(url,headers=headers, timeout=time)      #发送请求
        r.encoding = r.apparent_encoding       #设置返回内容的字符集编码
        r.raise_for_status()                   #返回的状态码不等于 200 抛出异常
        return r.text                          #返回网页的文本内容
    except Exception as error:
        print(error)
out_list=[]
def parser(html):                              #解析函数
    doc=etree.HTML(html)
    for row in doc.xpath("//div[@class='property']"):
        title = row.xpath("a//h3/text()")[0].strip()       #卖点标题
```

```
            #房屋户型|建筑面积|所在楼层|建造年代
            info = row.xpath("string(./a//*[@class='property-content-info'])")
            #去掉房屋信息中多余的空格和换行符
            info=info.replace(" ","").replace("\n\n","\n").split("\n")
            #以下按照顺序为楼盘，地址，价格
             hourse= row.xpath("a//*[@class='property-content-info-comm-name']/text()")[0]
             address=row.xpath("string(./a//*[@class='property-content-info-comm-address'])")
             price = row.xpath("a//*[@class='property-price-average']/text()")[0]
             price=price.replace(" ","")
             row_list=[title,                              #卖点标题
                     hourse.strip(),                       #楼盘
                     address.strip(),                      #地址
                     info[0] if len(info)>=1 else "",      #房屋户型
                     info[1] if len(info)>=2 else "",      #建筑面积
                     info[3] if len(info)>=4 else "",      #所在楼层
                     info[4] if len(info)>=5 else "",      #建造年代
                     price                                 #房价
                    ]
            out_list.append(row_list)
        #查找下一页按钮的 href 属性
        ele_next = doc.xpath("//*[@class='next    next-active']/@href")
        if ele_next:
            #递归调用，重新发送请求，并解析
            new_url = ele_next[0]
            if new_url.startswith("?page="):
                new_url = "http://www.bspider.top/anjuke/" + new_url
                parser(get_html(new_url))

#数据存储 mysql 通用函数
def save_mysql(sql, val, **dbinfo):
        try:
            connect = pymysql.connect(**dbinfo)        #创建数据库链接
            cursor = connect.cursor()                  #获取游标对象
            cursor.executemany(sql, val)               #执行多条 SQL
            connect.commit()                           #事务提交
        except Exception as err:
            connect.rollback()                         #事务回滚
            print(err)
        finally:
```

```
        cursor.close()
        connect.close()
if __name__=="__main__":
    url="https://www.bspider.top/anjuke/"
    html=get_html(url)          #发送请求
    parser(html)                #数据解析、重新发送请求
    parms = {
        "host": "127.0.0.1",
        "user": "用户名",
        "password": "密码",
        "db": "数据库名称",
        "charset": "utf8",
        "cursorclass": pymysql.cursors.DictCursor}
    sql = "insert into houseinfo(title,house,address,struct,area,floor,maketime,price) " \
          " values(%s,%s,%s,%s,%s,%s,%s,%s)"  #带占位符的 SQL
    save_mysql(sql, out_list, **parms)          #调用函数，注意**不能省略
```

本章小结

本章主要介绍了数据存储的两种常用方式，分别为文本数据存储(TXT、CSV、EXCEL)和数据库存储。由于文本数据库存储的实现方式非常多，本章只是介绍使用 Pandas 和 Python 基础库实现文件读写。数据库存储以关系型数据库 MySQL 为例进行讲述，重点介绍了第三方库 PyMySQL 安装、PyMySQL 基本使用以及 MySQL 通用函数的封装。通过豆瓣图书-新书速递、安居客二手房两个案例加深对数据存储的掌握。

学习完本章内容，静态网页爬虫的学习到此结束。学习过程中抽象出 3 个通用函数，分别为获取网页 HTML 的 get_html 函数、数据存储为 CSV 文件的 save_csv 函数、数据存储至 MySQL 数据库的 save_mysql 函数。无论采用哪种技术实现爬虫，数据解析都是应重点关注的部分，希望读者在理解的前提下活学活用爬虫技术。

本章习题

1. 独立编写 save_mysql 通用函数。

2. 爬取豆瓣阅读平台的全部小说。爬取数据包括书名、作者、图书介绍和单价。要求使用 lxml 进行数据解析，数据保存至 MySQL 数据库，自定义表结构。网址为 https://read.douban.com/category?kind=100。

3. 爬取西安电子科技大学出版社所有计算机类图书。爬取数据包括书号、书名、作者、年版和定价。数据保存至 MySQL 数据库，自定义表结构。网址为 https://xduph.com/

newPages/booklist.aspx?classid=1.5.。

4. 爬取猫眼电影 Top100。爬取数据包括电影名称、主演、上映日期和评分。数据保存至 MySQL 数据库，自定义表结构。网址为 https://maoyan.com/board/4。

5. 爬取千千音乐任意分类歌单。爬取数据包括歌曲名称、歌手和专辑名称。网址为 https://music.taihe.com/。

第 6 章　动态网页爬取

随着技术的进步，越来越多的网站采用前后端分离技术，即前端通过 Ajax、动态 HTML 等技术实现与服务端的交互，前端接收到数据后使用动态加载技术渲染页面呈现效果，从而导致使用原有的静态网页爬取方法无法获取需要爬取的数据。本章包括动态网页概述和使用 Selenium 爬取动态网页两个部分的内容。动态网页概述主要介绍动态网页常用技术、判断方法以及动态网页爬取方法。使用 Selenium 爬取动态网页部分主要介绍 Selenium 安装、元素选择器使用方法、操纵元素方法、窗口切换方法以及无界面浏览器模式的使用方法。通过新浪博客、重庆名医榜、百度首页模拟登录、QQ 邮箱爬取这四个案例，让读者掌握动态网页的爬取方法。

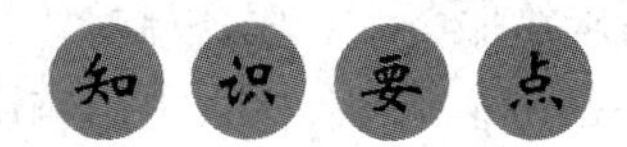

通过本章内容的学习，读者应了解或掌握以下知识技能：

- 了解动态网页的常用技术。
- 熟练掌握动态网页的判定方法。
- 熟练掌握浏览器开发者工具的使用。
- 熟练掌握 Selenium 库元素选择器使用方法、元素操纵方法。
- 熟练掌握 frame 切换/窗口切换方法。
- 了解三种等待处理方法以及无界面浏览器模式的配置使用方法。

前面章节已经介绍过静态网页爬取的相关技术，喜欢实践的读者应该已经发现有些网页依然无法进行爬取，如腾讯新闻、新浪博客等。这是由于除了静态网页外，大量的网站采用动态网页技术，前端使用 JavaScript 相关技术实现页面的加载和渲染，而使用静态网页技术获取的网页内容是页面未加载前的 HTML 文本。本章主要介绍动态网页爬取相关技术，包括逆向分析法和模拟法，模拟法重点介绍 Selenium 库的使用方法。

6.1　动态网页概述

随着新技术的发展，网站采用的技术也是五花八门。从爬取的角度来说网站可能会采用静态网页技术、动态网页技术以及动态和静态相结合的技术。在编写爬虫时如何根据具体情况采用不同的应对策略变得至关重要。本节从动态网页的概念、动态网页采用的常用技术、动态网页的判定方法以及动态网页的爬取方法几个方面进行详细介绍。

6.1.1　动态网页的概念

所谓的动态网页，是指与静态网页相对的一种网页编程技术。静态网页是指网页的内容和显示效果固定不变——除非修改网页代码。而动态网页则不然，页面代码虽然没有变，但是显示的内容却是可以随着时间、环境或者数据库操作的结果而发生改变。值得强调的是，不要将动态网页和页面内容是否有动画混为一谈。这里说的动态网页，与网页上的各种动画、滚动字幕等视觉上的动态效果没有直接关系。动态网页可以是纯文字内容，也可以是包含各种动画的内容，这些只是网页具体内容的表现形式，无论网页是否具有动态效果，只要是采用了动态网页技术生成的网页都可以称为动态网页。

总之，动态网页是基本的 HTML 语法规范与 Python、Java、C#等高级程序设计语言、数据库编程等多种技术的融合，以期实现对网站内容和风格的高效、动态和交互式的管理。因此，从这个意义上来讲，凡是结合了高级程序设计语言和数据库技术生成的网页都属于动态网页。

6.1.2　动态网页的常用技术

动态网页经常采用 Ajax、动态 HTML 等相关技术实现前后台数据的交互。对于传统的 Web 应用，当提交一个表单请求给服务端，服务端接收到请求之后，返回一个新的页面给浏览器，这种方式不仅浪费网络带宽，还会极大地影响用户体验，因为原网页和发送请求后获得的新页面两者中大部分的 HTML 内容是相同的，而且每次用户的交互都需要向服务端发送请求，并且刷新整个网页。这种问题的存在催生出了 Ajax 技术。

Ajax 的全称是 Asynchronous JavaScript and XML，中文名称为异步的 JavaScript 和 XML，是 JavaScript 异步加载技术、XML 以及 DOM，还有表现技术 XHTML 和 CSS 等技术的组合。使用 Ajax 技术不必刷新整个页面，只需对页面的局部进行更新。Ajax 只取回一些必需的数据，它使用 SOAP、XML 或者支持 JSON 的 Web Service 接口，在客户端利用 JavaScript 处理来自服务端的响应，这样客户端和服务端之间的数据交互就减少了，访问速度和用户体验都得到了提升。如注册邮箱时使用的用户名唯一性验证普遍采用的就是 Ajax 技术，服务端返回的数据格式通常为 JSON 或 XML，而不是 HTML 格式。

DHTML 是 Dynamic HTML 的简称，即动态 HTML，是相对传统的静态 HTML 而言的一种制作网页的概念。所谓动态 HTML，其实并不是一门新的语言，它只是 HTML、CSS 和客户端脚本的一种集成，即一个页面中综合运用 HTML、CSS、JavaScript。DHTML 不是一种技术、标准或规范，只是一种将目前已有的网页技术、语言标准整合运用，制作出能实时变换页面元素效果的网页设计概念。比如，腾讯新闻详情页首次加载只是加载很少的页面数据，部分数据隐藏在 JavaScript 脚本中，当鼠标滚动到新闻底部时会触发数据再次加载。

在实际商业项目中，动态网站可以采用静动结合的原则。基本不变的内容使用静态网页技术(如公司名称、地址、联系方式等)，频繁变化的内容使用动态网页技术。

6.1.3　动态网页的判定方法

如何判定一个网页到底是静态网页还是动态网页呢？最简单的办法是在浏览器中单击鼠标右键，选择“查看网页源代码”，在网页源代码中查找需要爬取的数据，如果无匹配数据，基本上可以确定网站采用动态网页技术。但是如果网站遵循静动结合的原则进行设计，这种方式往往会被误判，如腾讯首页，网站打开后用户能够看到的部分是静态网页，用户移动鼠标后通过 JavaScript 相关技术实现数据动态加载，如图 6-1 所示。

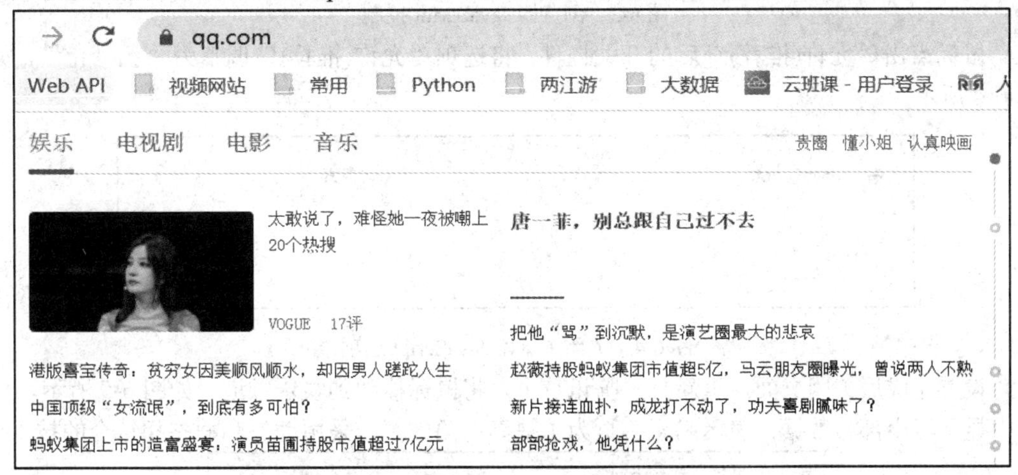

图 6-1　腾讯新闻首页——娱乐频道

判定动态网页最有效的方式为“禁用浏览器的 JavaScript”。以 Chrome 浏览器最新版为例进行说明。点击浏览器的“自定义及控制 google chrome”按钮，在左侧“设置”中选择“隐私设置和安全性”，如图 6-2 所示。

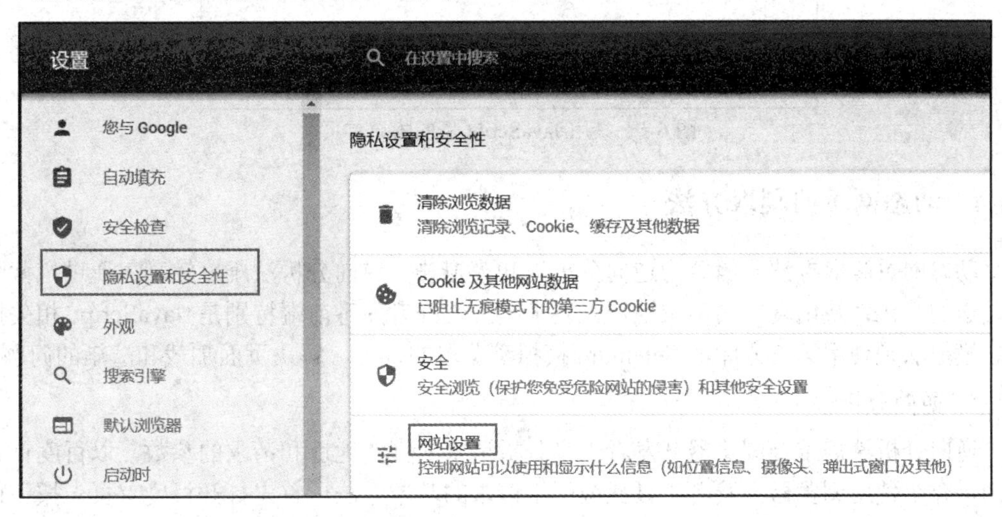

图 6-2　浏览器隐私设置和安全性

在图 6-2 的右侧栏目中点击“网站设置”。在弹出的对话框的底部选择“JavaScript”，如图 6-3 所示。

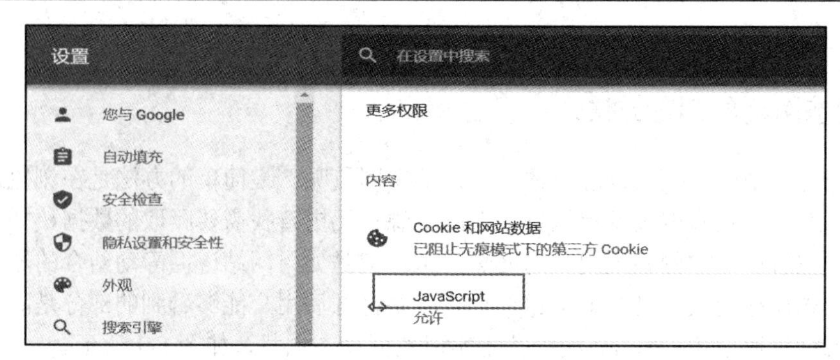

图 6-3　浏览器 JavaScript 控制

鼠标点击“允许(推荐)”后的开关控件，将选项“允许(推荐)”调整为“已禁止”，如图 6-4 所示。

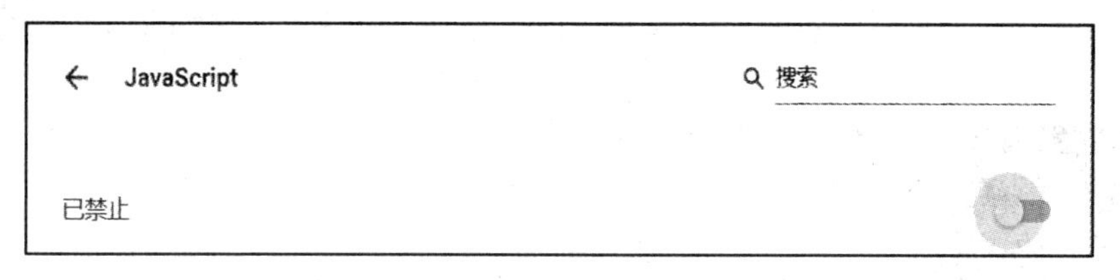

图 6-4　关闭浏览器 JavaScript 选项

设置完成后关闭页面，重新打开腾讯首页，将鼠标移动到娱乐频道，如图 6-5 所示，页面中显示极少部分数据，表示腾讯首页为了提高访问效率，采用动态和静态相结合的技术。

图 6-5　禁用 JavaScript 后的腾讯首页

6.1.4　动态网页的爬取方法

动态网页爬取方法一般分为逆向分析法和模拟法。逆向分析法难度较高，通过拦截网站发送的请求，找出真实的请求地址，要求爬虫爱好者熟悉前端特别是 JavaScript 相关技术。模拟法是使用第三方库如 Selenium 模拟浏览器的行为，解决页面加载和渲染的问题。

1. 逆向分析法

逆向分析法需结合浏览器开发者工具分析请求的真实地址和请求的参数。以百度首页为例，介绍使用浏览器开发者工具拦截网络请求的基本方法。首先打开百度首页，按 F12 快捷键，打开浏览器开发者工具并切换到“Network”选项卡后，使用 F5 快捷键刷新百度首页，会发现拦截到很多不同类型的请求。常用的类型有 XHR、JS、CSS、Img 等，可以点击不同的类型过滤请求，如图 6-6 所示。

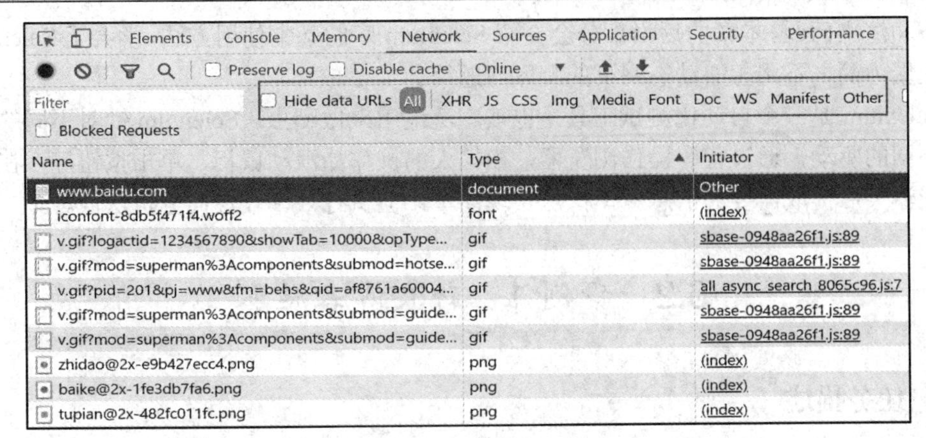

图 6-6　浏览器开发者工具拦截网络请求

点击某个具体的请求可以查看请求的详情，包括请求的类型，请求的参数、请求响应状态等重要信息，如图 6-7 所示。点击“Preview”选项卡中可以预览响应的数据，结合页面显示的数据进行分析，如图 6-8 所示。

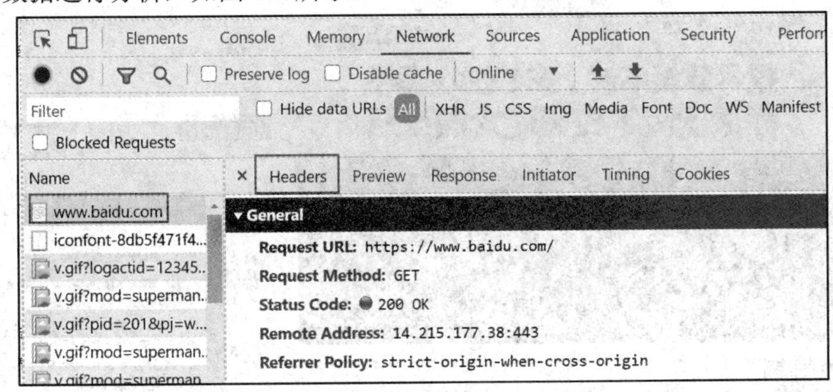

图 6-7　使用浏览器开发者工具查看请求详情

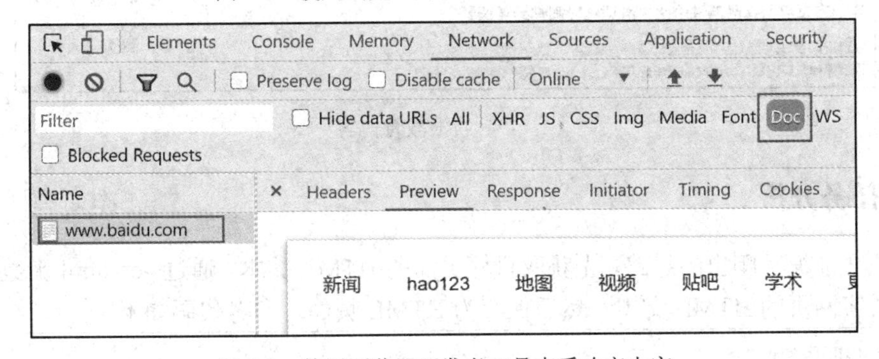

图 6-8　使用浏览器开发者工具查看响应内容

逆向分析法要求读者技术全面，对于一些安全性强、对爬虫不友好的网站，有可能需要进一步分析混淆后的 JavaScript 脚本，分析难度较高。但从运行效率来看由于找到了请求的真正 URL，该方法的执行效率较高。

2. 模拟法

使用如 Selenium、Splash、PyV8、Ghost 等模拟浏览器的运行库，可以解决动态网页的加载和渲染问题。本章的后半部分会介绍 Selenium 库的基本使用方法，学会了 Selenium，就可化繁为简，不用担心动态网页的爬取问题了。

Selenium 是一个自动化测试工具，也被广泛地用来做爬虫。Selenium 针对不同的浏览器有不同的驱动，通过代码操作浏览器，模拟人的操作如滑动鼠标、单击按钮等，在网页加载或渲染后提取需要的信息。模拟法实现简单，但执行效率较逆向分析法低。

6.2　案例 1　新浪博客爬取

6.2.1　任务描述

使用逆向分析法爬取新浪博客教育频道下的所有文章，爬取数据包括博客标题、作者、文章摘要。新浪博客教育频道地址为 http://www.bspider.top/blogsina/，参考页面如图 6-9 所示。

图 6-9　新浪教育博客

6.2.2　任务分析

按照之前编写爬虫的思路，先获取目标页面的 HTML 文本。通过 get_html 函数获取新浪教育博客网页的 HTML 文本，然后保存为 HTML 页面。参考代码如下：

```
import requests
def get_html(url,time=3):   #GET 请求通用函数，去掉了 User-Agent 简化代码
    try:
        r = requests.get(url, timeout=time)   #发送请求
        r.encoding = r.apparent_encoding   #设置返回内容的字符集编码
        r.raise_for_status()   #返回的状态码不等于 200 抛出异常
        return r.text   #返回网页的文本内容
```

```
        except Exception as error:
            print(error)
if __name__ == "__main__":
    url="http://www.bspider.top/blogsina/"
    html=get_html(url)
    print(html)
    with open("d:\\blog.html","w+",encoding="utf-8") as f:
        f.write(html)
```

将 blog.html 文件用浏览器打开，会发现没有任何博客文章，网页部分内容如图 6-10 所示。由此可以判定新浪博客采用动态网页相关技术，无法直接获取需要的数据。

图 6-10　新浪教育博客爬取结果

根据 6.1.4 节内容，我们尝试使用浏览器开发者工具，采用逆向分析法，找到新浪博客真正的数据源。输入新浪博客地址，使用 F12 快捷键打开浏览器开发者工具切换到“Network”选项卡，使用 F5 快捷键刷新新浪博客。由于拦截到的请求较多，这里主要关注 Fetch/XHR(Ajax 请求)、JS、Doc 类型的请求，参考页面如图 6-11 所示。

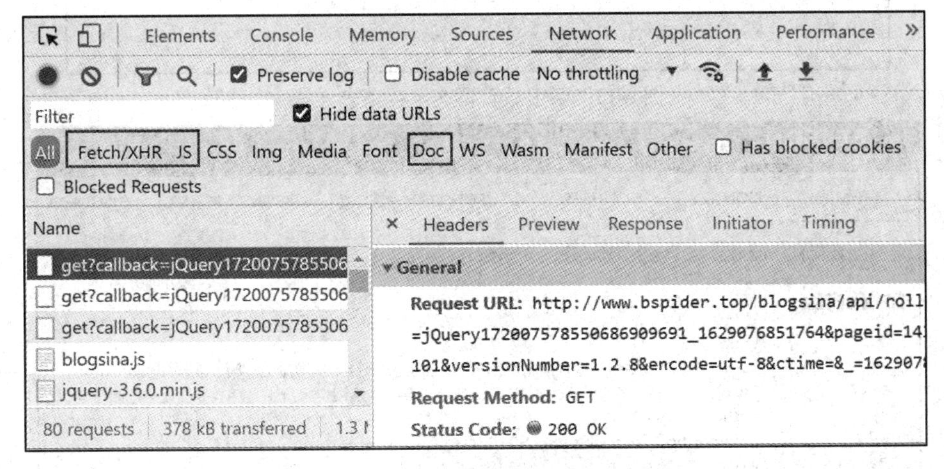

图 6-11　新浪教育博客——逆向分析

由于无法知晓目标网站采用的技术，所以采用逆向分析法，必须要有足够的耐心。能遵循的方法只有互相印证请求返回的数据(Priview 选项卡)和页面显示的数据。如果仔细观察能够发现新浪博客数据动态加载的时机，在鼠标滚动到底部后会触发数据动态加载。选择 Filter 工具栏的“Fetch/XHR”，此时拦截到的请求如图 6-12 所示。

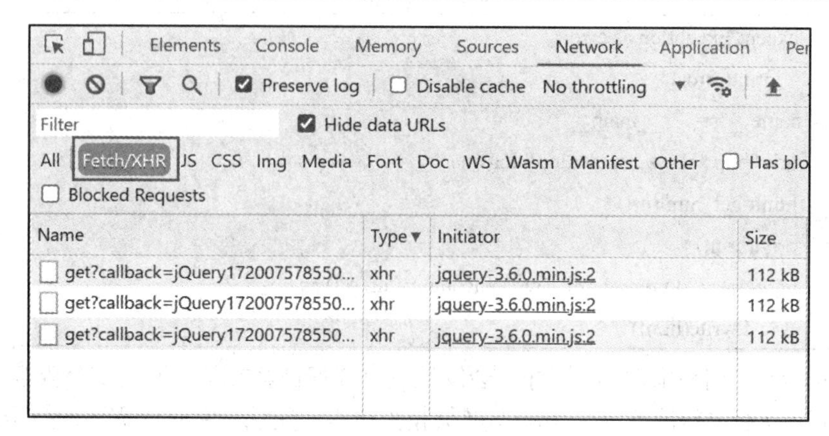

图 6-12　新浪教育博客——动态加载数据的请求

在图 6-12 所在页面中点击请求“get?Callback=XXX”，Preview 内容如图 6-13 所示。响应数据是一段 JS 代码，中文数据采用 Unicode 编码，难以理解。可以使用在线工具进行格式和编码转换。拷贝 Preview 的响应数据到 Bejson(www.bejson.com)网站中，先后点击“Unicode 转中文”和“格式化校验”按钮，完成编码格式转换，转换结果如图 6-14 所示。

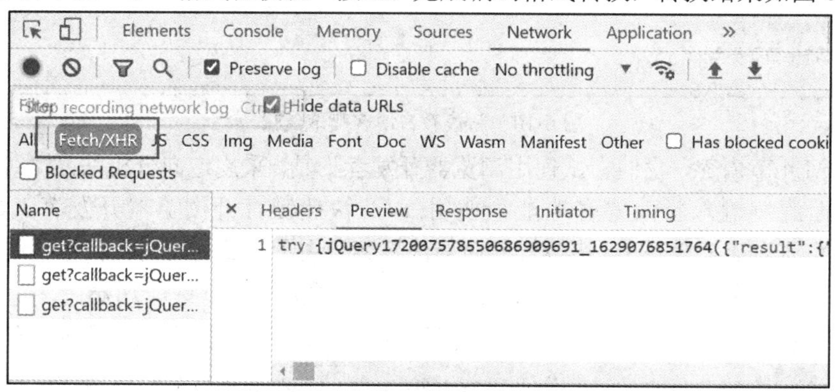

图 6-13　新浪教育博客——请求详情

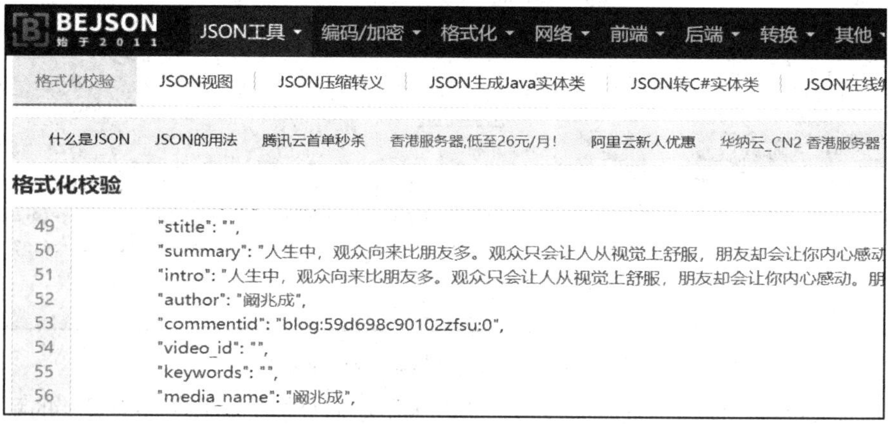

BEJSON 始于2011　JSON工具　编码/加密　格式化　网络　前端　后端　转换　其他

格式化校验　JSON视图　JSON压缩转义　JSON生成Java实体类　JSON转C#实体类

什么是JSON　JSON的用法　腾讯云首单秒杀　香港服务器,低至26元/月!　阿里云新人优惠　华纳云_CN2 香港服务器

格式化校验

```
49    "stitle": "",
50    "summary": "人生中，观众向来比朋友多。观众只会让人从视觉上舒服，朋友却会让你内心感动
51    "intro": "人生中，观众向来比朋友多。观众只会让人从视觉上舒服，朋友却会让你内心感动。朋
52    "author": "阚兆成",
53    "commentid": "blog:59d698c90102zfsu:0",
54    "video_id": "",
55    "keywords": "",
56    "media_name": "阚兆成",
```

图 6-14　Bejson 工具 Unicode 编码转换

由于响应内容是 JSON 数据和程序代码的混合，所以需要字符串切片或正则表达式提取 JSON 数据，然后通过函数 json.loads 将 JSON 字符串转换为 Python 字典。

6.2.3　任务实现

1. 初步实现

使用逆向分析法分析出新浪博客请求地址后，就可以着手编写初步实现代码了。基本思路为使用通用函数 get_html 向图 6-11 中的 Request URL 发送请求，使用 Python 的字符串切片提取 JSON 字符串，再通过 json.loads 函数将 JSON 字符串转换为字典，以前复杂的数据解析就转换为字典数据读取操作了。参考代码如下：

```
import requests
import csv
import json
import time
def get_html(url,time=30): 长          #GET 请求通用函数
#3.2.8 Request 库发送 GET 请求的通用代码，省略
#解析函数
def parse(js_text):
    #由于正则表达式没介绍，此处使用切片器
    json_text= js_text[8:-17]
    out_list = []
    #转为字典类型
    txt = json.loads(json_text, encoding="utf-16")
    #注意字典的元素的层级
    for row in txt["result"]["data"]:
        row_list=[
            row["title"],          #文章标题
            row["author"],         #作者
            row["summary"]         #文章摘要
        ]
    out_list.append(row_list)
    return out_list
if __name__ == "__main__":
        #参数 callback 的值较长，替换为较短的 a2，读者可任意替换
        #URL 参数可从图 6-11 的 Request URL 中拷贝
        url = "http://www.bspider.top/blogsina/api/roll/get?callback=a2&ctime=&_=78216091"
        html = get_html(url)
        parse(html)
```

2. 分页实现

初步代码已经实现了单次请求的数据解析。从 main 函数中的 URL 地址中看不出分页的规律。将鼠标滑动到新浪博客底部，并多次滚动鼠标加载数据，观察拦截到的请求，发

现只有 callback、_、ctime 三个参数在发生变化，如图 6-15 所示。

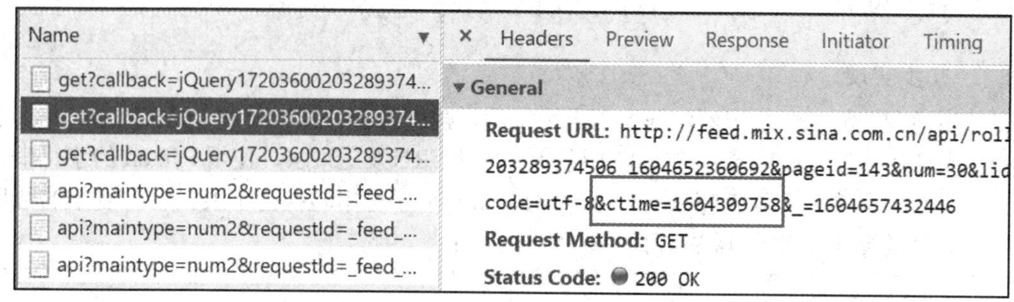

图 6-15　新浪教育博客——分页参数分析 1

callback 参数可以传递任何数据，只是定义回调函数名称，初步代码中设定为 a2。_ 参数无实际意义可以不处理。ctime 参数从内容上看为时间戳类型，读者可以使用“在线时间戳转换工具”进行验证。通过多次对比可以发现，当前请求的 ctime 来源于上次请求返回结果的参数 end，并且第一次发送请求时 ctime 可以为空字符串，如图 6-16 所示。

```
Name                                              Headers  Preview  Response  Initiator  Timing  Cookies
1269125875,1250256217,1400072192,12...          1 try {
1633662514,3118486405,1579266140,12...              jQuery17203600203289374506_1604652360690({
3118486405,1165656262,1459562091,13...                 "result": {
api?maintype=num2&requestId=_feed_...                     "status": {
api?maintype=num2&requestId=_feed_...                         "code": 0,
api?maintype=num2&requestId=_feed_...                         "msg": "succ"
get?callback=jQuery17203600203289374...                   },
get?callback=jQuery17203600203289374...                   "timestamp": "Fri Nov 06 17:07:18 +0800 2020
get?callback=jQuery17203600203289374...                   "top": [],
                                                          "pdps": [],
                                                          "cre": [],            记录总数
                                                          "total": 6721,
                                                          "end": 1604309758,    ctime的参数值
                                                          "start": 1604406001,
                                                          "lid": 3101,
                                                          "rtime": 1604653638,
```

图 6-16　新浪教育博客——分页参数分析 2

新浪博客的分页设计相对来说稍显复杂，需要读者有足够的耐心。基本实现思路为从上次请求中获取 end 的属性值，如图 6-16 所示，拼接新的 URL 地址继续发送请求，直到无法获取解析数据为止。可使用递归调用的方式，出口条件为解析数据为空。每次调用后需要一定时间的休眠，否则会激活新浪博客的反爬虫策略，导致无法继续爬取。同时解析函数 parser 也需要修改返回值为{"c_time":c_time,"out_list":out_list}，需要将 ctime 返回。参考代码如下：

```
def run(ctime=''):
    url = "http://www.bspider.top/blogsina/api/roll/get?callback=a2" \
        "&ctime={0}&_=78216091".format(ctime)
    html = get_html(url)                    #发送请求
    result = parse(html)                    #解析数据
    out_list=result.get("out_list")         #获取保存的列表数据
    c_time=result.get("c_time")             #下次请求的 ctime 参数值
    if len(out_list)>0:                     #递归触发的条件，上一次请求有正常数据返回
        save_csv(out_list, "blog.csv")      #保存数据
        time.sleep(5)                       #休眠，应对新浪博客反爬虫
```

```
            run(c_time)        #递归调用，注意参数为上一次请求返回的 c_time
if __name__ =="__main__":
        run()
```

3. 完整代码

新浪博客爬取的完整程序代码如下：

```
import   requests
import csv
import json
import time
def get_html(url,time=3):        #GET 请求通用函数
    try:
        headers = {
            "User-Agent": "Mozilla/5.0 (Windows NT 10.0; Win64; x64) "
                          "AppleWebKit/537.36 (KHTML, like Gecko) "
                          "Chrome/80.0.3987.132 Safari/537.36"}
        r = requests.get(url, timeout=time,headers=headers)     #发送请求
        r.encoding = r.apparent_encoding            #设置返回内容的字符集编码
        r.raise_for_status()                        #返回的状态码不等于 200 抛出异常
        return r.text                               #返回网页的文本内容
    except Exception as error:
      print(error)
def   save_csv(item,path):                          #数据存储，将 list 数据写入文件
    with open(path, "a+", newline='',encoding="utf-8") as f:     #创建 utf-8 编码文件
        csv_write = csv.writer(f)                   #创建写入对象
        csv_write.writerows(item)                   #一次性写入多行
def parse(js_text):   #解析函数
    json_text= js_text[8:-17]                       #使用切片截取 JSON 字符串
    txt = json.loads(json_text, encoding="utf-16")         #转为字典
    out_list = []
    c_time=str(txt["result"]["end"])                #下次请求参数，时间戳
    for row in txt["result"]["data"]:               #循环提取关注数据
        row_list=[
            row["title"],                           #标题
            row["author"],                          #作者
            row["summary"] ]                        #摘要
        out_list.append(row_list)
    result={"c_time":c_time,"out_list":out_list}       #返回数据
    return result
def run(ctime=''):                                  #流程控制，整合以上 3 个函数
```

```
        url = "http://www.bspider.top/blogsina/api/roll/get?callback=a2" \
              "&ctime={0}&_=78216091".format(ctime)
        html = get_html(url)                          #发送请求
        result = parse(html)                          #解析数据
        out_list=result.get("out_list")               #需要保存的数据
        c_time=result.get("c_time")                   #上次请求最大时间
        if len(out_list)>0:                           #判断是否能正常解析出数据
            save_csv(out_list, "blog.csv")            #保存文本数据
            time.sleep(5)                             #每次请求后等待 5 秒
            run(c_time)                               #再次发送请求
if __name__ == "__main__":
        run()
```

新浪博客案例使用了逆向分析法，难点在于分析新浪博客请求 URL 地址以及分页规律。由此案例中读者可以发现，逆向分析法虽然执行效率高，但是分析难度较大。有些时候还会涉及 JS 脚本的逆向分析，分析实现难度更大。

6.3　案例 2　重庆名医榜爬取

6.3.1　任务描述

重庆名医榜案例爬取的是医事通预约挂号平台的医生信息。爬取数据包括医生姓名、职称、简介、擅长领域、就职医院以及医院等级，要求爬取后的数据保存在 MySQL 数据库中。目标地址为 http://www.bspider.top/jkwin/，参考页面如图 6-17 所示。

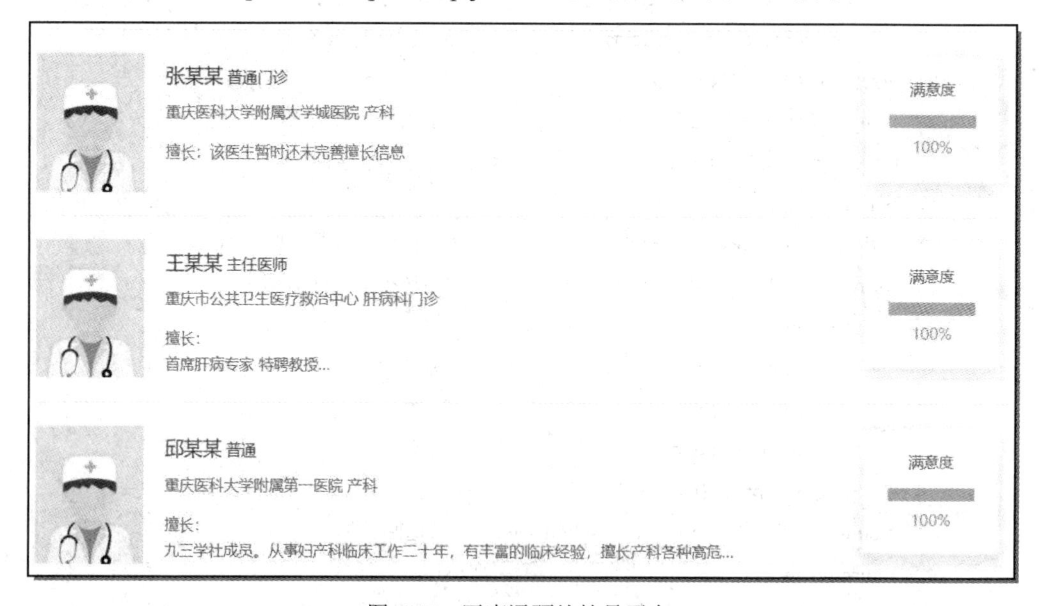

图 6-17　医事通预约挂号平台

6.3.2　任务分析

使用逆向分析法爬取动态网页的首要任务是分析出请求地址。而请求地址的分析离不开浏览器开发者工具的使用。读者需要熟练掌握浏览器开发者工具的使用方法，包括页面元素选取、请求拦截、本地 Cookies 查看、断点调式等。

在浏览器地址栏输入“医事通”网址后，使用 F12 快捷键打开浏览器开发者工具并切换到“Network”选项卡后，再使用 F5 快捷键刷新页面，分别点击“XHR”“JS”“Doc”3 个按钮查看请求，观察拦截到的请求中的响应数据是否与显示数据匹配。通过观察发现网站使用的是 Ajax 请求，数据格式为 JSON 格式，参考页面如 6-18 所示。

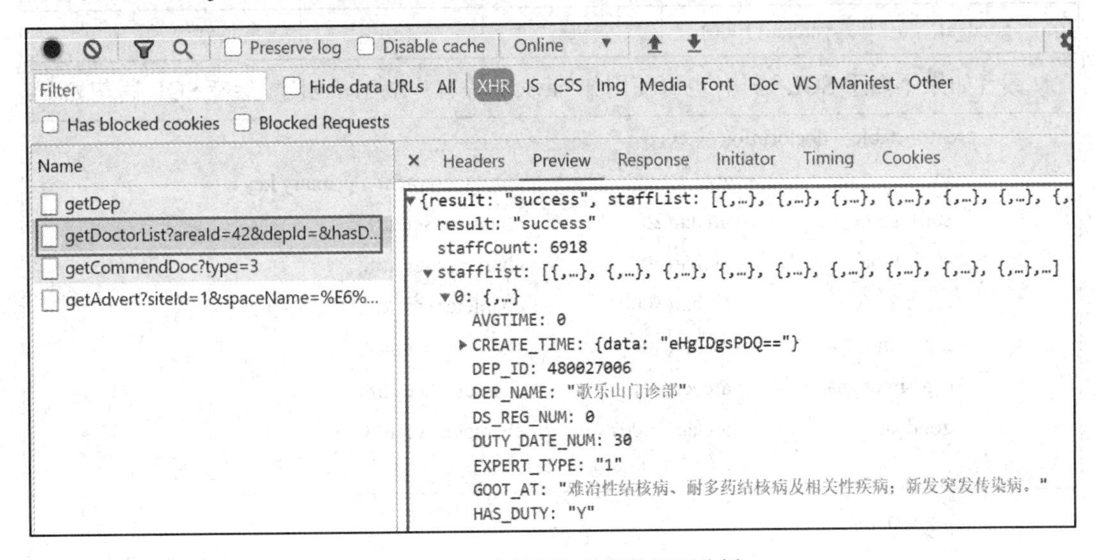

图 6-18　医事通预约挂号数据源分析

观察返回的 JSON 格式数据，会发现我们关注的数据在 staffList 属性下，staffCount 属性为数据总行数。请求地址为 www.bspider.top/jkwin/getDoctorList?areaId=42&depId=&hasDuty=&pageSize=10&pageNo=2，参数 pageNo 为当前页码，pageSize 为每页数据行数。

通过以上分析形成基本思路，使用通用函数 get_html 发送请求获取 JSON 数据，JSON 数据通过 json.loads 函数转换为字典类型，解析数据就是读取字典属性。

关于分页的实现，最简单的方式是根据每页显示的行数和返回的记录总行数计算总的数据页，但通用性不强。既然可以获取 staffCount 的属性值，就可以通过代码实现总页数计算，从而实现分页功能。

6.3.3　任务实现

1. 创建表结构

在 MySQL 数据库中按照表 6-1 所示创建医生信息表 doctorinfo。

表 6-1　医生信息表 doctorinfo

列 名	类 型	是否为空	是否为主键	备 注
id	int	no	yes	流水号自增长主键
staff_name	varchar(20)	no	no	医生姓名
staff_type	varchar(20)	yes	no	职称
remark	varchar(3000)	yes	no	简介
org_name	varchar(50)	yes	no	医院名称
org_grade_name	varchar(10)	yes	no	医院等级
good_at	varchar(1000)	yes	no	擅长领域

读者如果不熟悉 SQL 语句，也可使用如 navicat 等客户端工具创建，参考 SQL 语句如下：

```
create   table   doctorinfo(
    id                  int                 auto_increment   primary key,
    staff_name          varchar(20)         character set utf8,
    staff_type          varchar(20          character set utf8,
    remark              varchar(3000)       character set utf8,
    org_name            varchar(50)         character set utf8,
    org_grade_name      varchar(10)         character set utf8,
    good_at             varchar(1000)       character set utf8
)
```

2. 初步实现

理清基本思路后就可以着手编写初级代码，一边编写一边调试，通过多次的迭代使代码逐步完善。以下代码中省略了通用函数 get_html，读者主要关注 parser 函数和 main 函数。parser 函数的参数为 get_html 函数返回的 JSON 字符串，使用 json.loads 函数将 JSON 字符串转为字典类型后，提取属性 staffList。由于 staffList 为列表类型，需要使用循环遍历此属性下的其他相关属性。

细心的读者会发现，代码中出现 row["STAFF_NAME"]和 row.get("STAFF_TYPE")两种方式获取字典属性。这是由于返回的 JSON 数据不规范，有些字典属性缺失。使用 get 函数获取字典中的数据，如果属性不存在不会抛出异常，只会返回 None，便于进一步判断处理。这也是编写爬虫的时候必须要注意的问题。除此之外保存前数据做了简单的数据清洗，如使用 replace 函数替换简介中存在的 HTML 标签。使用 re.sub 函数，通过正则表达式替换出现的空格等。参考代码如下：

```
import requests
import json
import re
import pymysql
import time
```

```
def get_html(url,time=30):              #GET 请求通用函数
    #3.2.8 Request 库发送 GET 请求的通用代码，省略
def parser(json_txt):
    txt = json.loads(json_txt)                          #转为字典类型
    out_list=[]
    for row in txt["doctors"]:                          #医生信息列表
        staff_name=row["STAFF_NAME"]                    #医生姓名
        staff_type=row.get("STAFF_TYPE")                #职称
        if staff_type is None:
            staff_type=""
        remark=row.get("STAFF_REMARK")                  #简介
        if remark is None:
            remark=""
        #简单清洗，去除掉简介中的 HTML 标签
        remark=remark.replace("<p>","").replace("</p>","")
        remark=remark.replace("<br />","")
        #去除空白字符
        remark=re.sub("\\s+", "", remark)
        org_name=row["ORG_NAME"]                        #所属医院
        org_name=org_name if org_name is not None else ""
        org_grade_name=row["ORG_GRADE_NAME"]   #医院等级
        org_grade_name = org_grade_name if org_grade_name is not None else ""
        goot_at=row.get("GOOT_AT")                      #擅长领域
        goot_at= goot_at if goot_at is not   None else ""
        row_list=[
            staff_name,
            staff_type,
            remark,
            org_name,
            org_grade_name,
            goot_at
        ]
        out_list.append(row_list)
    return   out_list
if __name__ =="__main__":
    url="http://www.bspider.top/jkwin/getDoctorList" \
        "?areaId=42&depId=&hasDuty=&pageNo=1&pageSize=10"
    json_txt=get_html(url)
    print(parser(json_txt))
```

3. 分页实现

根据页面显示的记录总行数 10290 除以每页显示数据的行数 10，需要循环遍历 1029 次。可以简单地通过 for 循环控制循环次数，也可以通过 JSON 数据中的属性 doctorCount 计算实际循环次数。这里使用 for 循环实现分页，参考代码如下：

```
if __name__ == "__main__":
    for i in range(1,10291):
        url="http://www.bspider.top/jkwin/getDoctorList?areaId=42&depId=" \
            "&hasDuty=&pageSize=10&pageNo={0}".format(i)
        json_txt=get_html(url)          #发送请求，获取数据
        out_list=parser(json_txt)       #解析
        #中间省略数据保存相关代码
        time.sleep(5)
```

4. 完整代码

完整代码中增加了通用请求函数 get_html、通用 MySQL 存储函数 save_mysql。参考代码如下：

```
import requests
import json
import re
import pymysql
import time
def get_html(url,time=30):          #GET 请求通用函数
    try:
        headers = {
            "User-Agent": "Mozilla/5.0 (Windows NT 10.0; Win64; x64) "
                          "AppleWebKit/537.36 (KHTML, like Gecko) "
                          "Chrome/80.0.3987.132 Safari/537.36"}
        r = requests.get(url, timeout=time,headers=headers)    #发送请求
        r.encoding = r.apparent_encoding        #设置返回内容的字符集编码
        r.raise_for_status()                    #返回的状态码不等于 200 抛出异常
        return r.text                           #返回网页的文本内容
    except Exception as error:
      print(error)
def parser(json_txt):                           #数据解析
    txt = json.loads(json_txt)                  #转换为字典
    out_list=[]
    for row in txt["doctors"]:                  #医生信息列表
        staff_name=row["STAFF_NAME"]     #医生姓名
        staff_type=row.get("STAFF_TYPE")  #职称
```

```
        if staff_type is None:
            staff_type=""
        remark=row.get("STAFF_REMARK") #简介
        if remark is None:
            remark=""
        #简单清洗，去除掉简介中的 HTML 标签
        remark=remark.replace("<p>","").replace("</p>","")
        remark=remark.replace("<br />","")
        #去除空白字符
        remark=re.sub("\\s+","",remark)
        org_name=row["ORG_NAME"] #所属医院
        org_name=org_name if org_name is not None else ""
        org_grade_name=row["ORG_GRADE_NAME"] #医院等级
        org_grade_name = org_grade_name if org_grade_name is not None else ""
        goot_at=row.get("GOOT_AT") #擅长领域
        goot_at= goot_at if goot_at is not  None else ""
        row_list=[
            staff_name,
            staff_type,
            remark,
            org_name,
            org_grade_name,
            goot_at
        ]
        out_list.append(row_list)
    return  out_list
def save_mysql(sql, val, **dbinfo):                    #数据保存至 MySQL
    try:
        connect = pymysql.connect(**dbinfo)       #创建数据库链接
        cursor = connect.cursor()                 #获取游标对象
        cursor.executemany(sql, val)              #执行多条 SQL
        connect.commit()                          #事务提交
    except Exception as err:
        connect.rollback()                        #事务回滚
        print(err)
    finally:
        cursor.close()
        connect.close()
```

```
if __name__ == "__main__":
    for i in range(1,10291):          #循环遍历，实现分页
        url="http://www.bspider.top/jkwin/getDoctorList?areaId=42&depId=" \
            "&hasDuty=&pageSize=10&pageNo={0}".format(i)
        json_txt=get_html(url)
        out_list=parser(json_txt)
        parms = {
                "host": "127.0.0.1",
                "user": "用户名",
                "password": "你的密码",
                "db": "数据库名称",
                "charset": "utf8",
                "cursorclass": pymysql.cursors.DictCursor}
        sql = "INSERT into doctorinfo(staff_name,staff_type,remark," \
        "org_name,org_grade_name,good_at)  values(%s,%s,%s,%s,%s,%s)"
        save_mysql(sql, out_list, **parms)
        time.sleep(5)
```

6.4　使用 Selenium 爬取动态网页

对于一些比较简单的动态网页，使用逆向分析法，结合浏览器开发者工具可以很快找到请求的 URL。但是有一些网站非常复杂，如天猫产品评论，使用逆向分析法很难找到请求的 URL 地址。除此之外，有些网站对爬虫非常不友好，会对地址和数据进行加密，分析起来异常困难，如 QQ 邮箱、百度登录等。

对于使用逆向分析法难以分析的动态网页，可以使用 Selenium 等第三方库解决动态网页的加载和渲染问题。使用 Selenium 库的爬虫程序，运行时会自动打开目标网站，模拟用户的各种操作，返回动态网页渲染后的 HTML 内容。简单地说，就是使用浏览器渲染引擎将动态网页转换成静态网页。

Selenium 库是一个测试 Web 应用程序的工具，也广泛应用于爬虫。通过指定的浏览器驱动程序，控制浏览器按照脚本代码做出单击、输入、打开、验证等操作，就像真正的用户在操作一样。

6.4.1　Selenium 的安装

Selenium 的安装包括 Selenium 模块安装以及浏览器驱动的下载和安装。Selenium 通过浏览器驱动程序，实现对浏览器的控制。支持各种浏览器，包括 Chrome、Safari、Firefox 等主流界面式浏览器，也支持无界面浏览器。这里推荐使用谷歌的 Chrome 浏览器。

1. Selenium 模块安装

Selenium 版本众多，由于 2.X 和 3.X 以上版本使用上的差别，作者推荐使用 3.X 版本。

读者既可从 Selenium 的官方网站 http://www.selenium.dev 下载后进行离线安装，也可使用 pip 命令进行安装。pip 镜像多为国外镜像，网速较慢。建议安装时使用 i 参数，切换为国内镜像源进行下载。这里推荐使用清华镜像 https://pypi.tuna.tsinghua.edu.cn/simple。在 cmd 命令行下输入命令如下：

```
pip install selenium -i https://pypi.tuna.tsinghua.edu.cn/simple
```

2. 浏览器驱动的下载安装

浏览器驱动也是一个独立的程序，是由浏览器厂商提供的，不同的浏览器需要不同的浏览器驱动。比如 Chrome 浏览器和火狐浏览器有各自不同的驱动程序。

浏览器驱动在接收到自动化程序发送的界面操作请求后，会转发请求给浏览器，让浏览器去执行对应的自动化操作。浏览器执行完操作后，会将自动化操作的结果返回给浏览器驱动，浏览器驱动再通过 HTTP 响应消息返回给自动化程序的客户端库。自动化程序的客户端库接收到响应后，将结果转化为数据对象返回给程序代码。

在下载 Chrome 浏览器驱动前，首先确定 Chrome 浏览器的版本。点击 Chrome 浏览器“自定义及控制 Google Chrome”按钮，选择“帮助”菜单下的“关于 Google Chrome(G)”，查看浏览器的实际版本号，如图 6-19 所示。

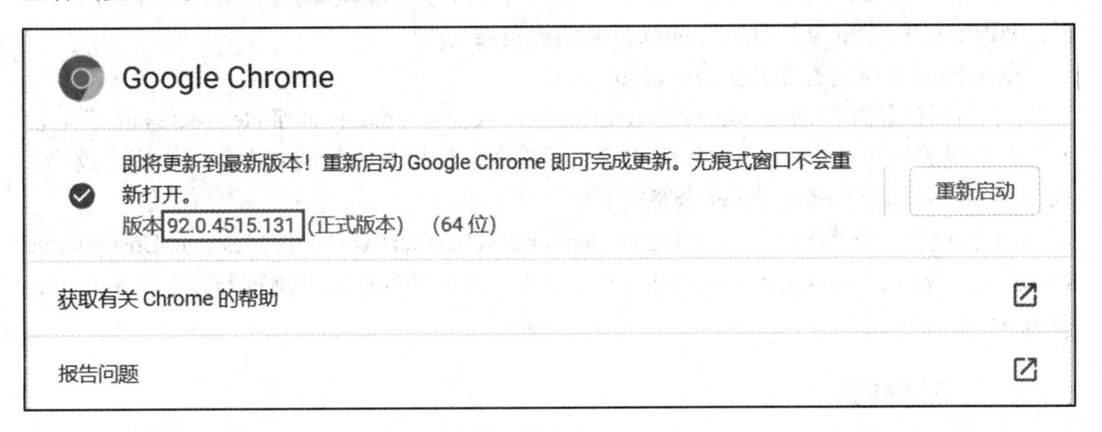

图 6-19　查看浏览器驱动版本

Chrome 浏览器驱动的下载地址为 http://npm.taobao.org/mirrors/chromedriver，也可百度搜索“ChromeDriver”关键字进行下载。Chrome 的版本号必须和 Selenium 驱动版本保持一致，这里选择“LATEST_RELEASE_92.0.4515”，如图 6-20 所示。

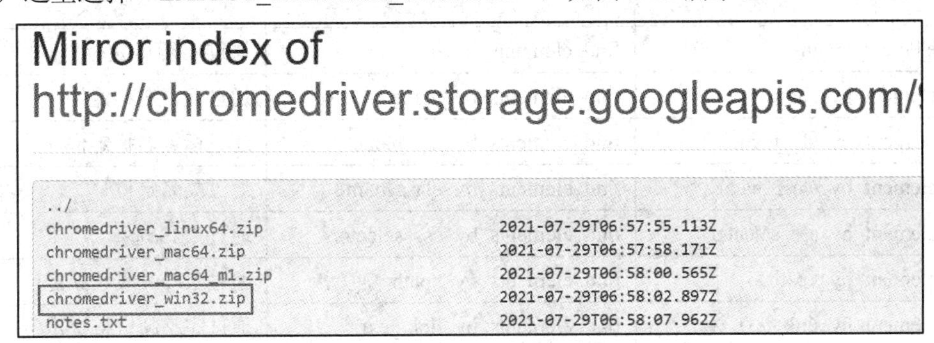

图 6-20　Chrome 浏览器驱动下载

下载完成后解压缩，将 ChromeDriver.exe 文件拷贝到爬虫程序所在的目录或将驱动程序目录配置为环境变量，为后续编写爬虫程序做好准备工作。

6.4.2 Selenium 的基本使用方法

下面以百度首页为例，讲解 Selenium 库的基本使用方法。参考代码如下：

```
from selenium import   webdriver   #导入 webdriver
import   time
wd=webdriver.Chrome("ChromeDriver.exe")   #获取 Chrome 驱动实例
wd.get("https://www.baidu.com")   #打开百度
time.sleep(3)   #睡眠 3 秒
wd.close()      #关闭浏览器
```

webdriver.Chrome()为实例化 Chrome 浏览器驱动，webdriver 后的方法名是浏览器的名称。其中参数 ChromeDriver.exe 为驱动所在的路径以及驱动名称，由于驱动和爬虫程序在同一目录下，因此路径省略。也可以直接使用 webdriver.Chrome()语句实例化，但是需要将 ChromeDriver.exe 的路径放入到系统的环境变量中。语句 wd.get(url)的作用为打开指定的网页。wd.close()的作用为关闭 Selenium 打开的浏览器。

在 Selenium 模块的常见安装错误如下：

(1) 错误信息为“Exception AttributeError:Service object has no attribute process in...”，以上错误出现的原因是 webdriver 环境变量配置错误，请检查确认或者在代码中指定路径：webdriver.Chrome('ChromeDriver 全路径')。

(2) 错误信息为“selenium.common.exceptions.WebDriverException: Message: Unsupported Marionette protocol version 2，required 3，”，以上错误出现的原因是浏览器版本和 Selenium 驱动版本不兼容。

6.4.3 元素选择器

要想对页面进行操作，首先要做的是定位页面元素。Selenium 定位元素的常用方法如表 6-2 所示。

表 6-2　Selenium 定位元素的常用方法

定位一个元素	定位多个元素	含 义
find_element_by_id	find_elements_by_id	通过元素 id 定位
find_element_by_name	find_elements_by_name	通过元素名称定位
find_element_by_tag_name	find_elements_by_tag_name	通过标签名称定位
find_element_by_class_name	find_elements_by_class_name	通过类名定位
find_element_by_css_selector	find_elements_by_css_selector	通过 CSS 选择器定位
find_element_by_xpath	find_elements_by_xpath	通过 XPath 表达式定位
find_element_by_link_text	find_elements_by_link_text	通过完整超链接文本定位
find_element_by_partial_link_text	find_elements_by_partial_link_text	通过部分超链接文本定位

从命名上讲，定位一个元素函数名中会包含单词 element，定位多个元素函数名中会包含单词 elements。从使用的角度讲，定位一个元素的函数，返回值类型为元素对象，如匹配的元素有多个只返回第一个，如查找不到匹配的元素，将会抛出异常，程序代码不会继续执行；定位多个元素的函数返回值数据类型为列表，可循环遍历、可使用列表切片操作，如果查找不到匹配元素也不会出现异常，适合于复杂情况下的判断。

表 6-2 中的前 5 个方法 find_element_by_id、find_element_by_name、find_element_by_tag_name、find_element_by_class_name、find_element_by_css_selector 都是和 CSS 选择器相关的元素定位方法。只需掌握 find_element_by_css_selector 方法即可，可以实现前 4 个方法的所有功能，由于其参数为 CSS 选择器，所以 CSS 选择器的基本使用方法要务必掌握。

下面以百度首页为例介绍 Selenium 元素选择器的使用方法。尝试输出百度首页左上角导航条的 HTML 文本，导航条通过 div 布局，id 属性值为 s-top-left，页面结构如图 6-21 所示。

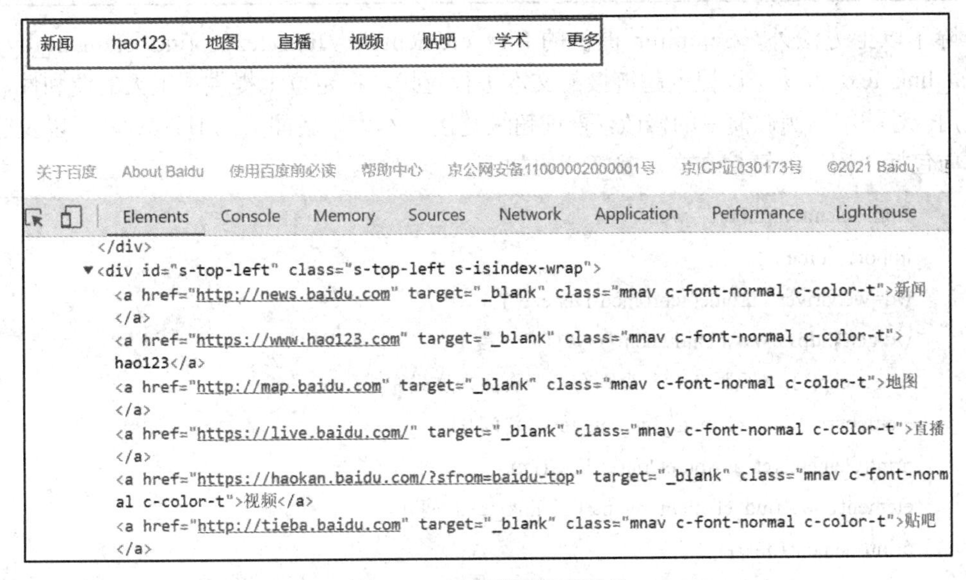

图 6-21　百度首页页面结构

分别使用 find_element_by_css_selector 和 find_element_by_id 定位导航条，对比语句上的差异，然后输出选中元素的 HTML 文本。参考代码如下：

```
from selenium import webdriver
import   time
wd=webdriver.Chrome("chromedriver.exe")
wd.get("https://www.baidu.com")   #打开百度
time.sleep(3)   #睡眠 3 秒，否则有可能页面未加载完成
element=wd.find_element_by_css_selector("#s-top-left")
print(element.get_attribute("outerHTML"))
element_u1=wd.find_element_by_id("s-top-left")
print(element_u1.text)
wd.close()   #关闭浏览器
```

find_element_by_css_selector 方法支持几乎所有 CSS 选择器，通用性强。find_element_by_id 方法只支持按照 id 进行查找。使用 get_attribute 函数可以获取元素的属性，参数可以是合法的 HTML 标签属性，如 class 或 name、outerHTML，代码中的 outerHTML 表示获取定位元素的 HTML 并且包括元素本身。使用 element_u1.text 可以获取选中元素的文本，并包括下级文本。find_element_by_css_selector 方法和其他元素定位方法使用对比如表 6-3 所示。

表 6-3　find_element_by_css_selector 方法和其他元素定位方法使用对比

CSS 选择器	其他选择器
wd.find_element_by_css_selector("#u1")	wd.find_element_by_id("u1")
wd.find_element_by_css_selector("[name='tj_trmap']")	wd.find_element_by_name("tj_trmap")
wd.find_element_by_css_selector(".bri")	wd.find_element_by_class_name("bri")
wd.find_element_by_css_selector("ul")	wd.find_element_by_tag_name("ul")

除了以上方法外，Selenium 提供的 find_element_by_link_text、find_element_by_partial_link_text 方法可以根据超链接的文本进行查找，在定位上提供了很大的便利性，推荐使用。对基本案例做简单的修改，查询超级链接文本为“新闻”的 HTML 片段以及链接文本中包括“闻”的链接文本。参考代码如下：

```
from selenium import webdriver
import time
wd=webdriver.Chrome("chromedriver.exe")
wd.get("https://www.baidu.com")  #打开百度
time.sleep(3)  #睡眠 3 秒，否则有可能页面未加载完成
element=wd.find_element_by_link_text("新闻")
print(element.get_attribute("outerHTML"))
element1=wd.find_element_by_partial_link_text("闻")
print(element1.text)
wd.close()  #关闭浏览器
```

编码中，会经常出现无法定位元素的错误：“selenium.common.exceptions.NoSuchElementException: Message: no such element: Unable to locate element: {"method":"XXX","selector":"XXX"}”，可通过调整元素的定位方法来修正。

6.4.4　操纵元素的方法

操控元素通常包括点击元素、在输入框中输入文本、获取元素包含的信息。其中获取元素包含的信息，主要使用 element.get_attribute 函数和 element.text 属性。element.get_attribute 函数用于获取标签间文本或当前标签的 HTML 片段。element.text 只用于获取标签文本属性值。

点击元素是模拟用户鼠标点击操作，如点击新闻链接。可以使用表 6-2 中的函数选中元素后通过 click 函数实现单击操作。参考代码如下：

```
from selenium import webdriver
import time
wd=webdriver.Chrome("chromedriver.exe")
wd.get("https://www.baidu.com")  #打开百度
time.sleep(3)
wd.find_element_by_link_text("新闻").click()  #点击新闻链接
wd.close()  #关闭浏览器
```

如果想要在标签中输入数据，就需要使用 send_keys 函数。先使用元素选择器定位元素，然后使用 send_keys 函数发送数据。中间不可忽略的步骤为设置等待时间，这里使用 time.sleep 函数设置等待时间。设置等待时间是为了避免出现由于元素未加载完成而导致操纵元素失败的问题。

以下案例，实现在百度首页中输入任意字符并获取搜索结果的功能。该案例是元素选择与元素操纵的综合应用。实现思路为：首先使用 find_element_by_id 方法定位元素，其次使用 send_keys 函数发送字符，再次使用 click 函数实现按钮点击动作，最后通过 page_source 属性获取搜索结果页面的 HTML 文本。参考代码如下：

```
from selenium import webdriver
import time
wd=webdriver.Chrome("chromedriver.exe")
wd.get("https://www.baidu.com")  #打开百度
time.sleep(3)
wd.find_element_by_id("kw").send_keys("python") #发送数据
time.sleep(3)
wd.find_element_by_id("su").click()  #点击检索按钮
time.sleep(3)
print(wd.page_source)  #获取页面 HTML 文本
wd.close() #关闭浏览器
```

6.4.5　frame 切换/窗口切换

经过以上内容的学习后，这里尝试实现 QQ 邮箱的模拟登录功能。由于实现步骤比较多，先实现 QQ 号码的输入功能。通过页面分析发现用户名 id 属性为 u，可使用 find_element_by_id 方法进行元素定位后，再使用 send_keys 函数输入 QQ 号码。参考代码如下：

```
from selenium import webdriver
import time
wd=webdriver.Chrome("chromedriver.exe")
wd.get("http://mail.qq.com") #打开 QQ 邮箱
time.sleep(3)
wd.find_element_by_id("u").send_keys("405935098")
```

运行后出现“selenium.common.exceptions.NoSuchElementException: Message: no such element: Unable to locate element: {"method":"css selector","selector":"[id="u"]"}”的错误，这个常见错误表示无法定位元素。

这是由于页面中使用了 frame 或者 iframe 标签。在 HTML 语法中，frame 或 iframe 标签具有 src 属性，src 属性值为某个 URL 地址。HTML 页面在渲染后，会在 frame 标签内部嵌入指定 URL 地址的 HTML 文档，Selenium 无法直接获取 frame 或 iframe 中的内容，需要进行切换操作，如图 6-22 所示。

```
▼<iframe id="login_frame" name="login_frame" height="100%" scrolling="no"
 width="100%" frameborder="0" test="jostinsu1" src="https://
xui.ptlogin2.qq.com/cgi-bin/xlogin?
target=self&appid=522005705….mail.qq.com/zh_CN/htmledition/style/
ptlogin_input_for_xmail440503.css"> == $0
  ▼#document
     <!doctype html PUBLIC "-//W3C//DTD XHTML 1.0 Transitional//EN"
      "http://www.w3.org/TR/xhtml1/DTD/xhtml1-transitional.dtd">
   ▼<html xmlns="http://www.w3.org/1999/xhtml">
     ▶<head>…</head>
     ▼<body>
       ▼<div class="login" id="login">
         ▶<div id="header" class="header">…</div>
         ▶<div class="loginTips">…</div>
         ▶<div class="qlogin" id="qlogin">…</div>
         ▼<div class="web_qr_login" id="web_qr_login" style="height:
         330px;">
           ▼<div class="web_qr_login_show" id="web_qr_login_show">
             ▼<div class="web_login" id="web_login">
```

图 6-22　QQ 邮箱页面结构

上述代码中出现的元素定位问题，可以使用 elemen.switch_to.frame(ref)函数来解决。其中参数 ref 可以是 frame 或 iframe 标签的 id 或者 name 属性值，也可以是查找到的 frame 对象。观察图 6-22，发现用户名和密码的 HTML 标签是嵌套在 id 为 login_frame 的 iframe 中。

如果修正以上错误，在定位元素前使用 wd.switch_to.frame 函数进行 iframe 切换即可。需要注意的是在运行代码前请确保退出客户端的 QQ 程序。参考代码如下：

```
from selenium import    webdriver
import    time
wd=webdriver.Chrome("chromedriver.exe")
wd.get("http://mail.qq.com")              #打开 qq 邮箱
time.sleep(3)
wd.switch_to.frame("login_frame")         #切换 iframe
wd.find_element_by_id("u").send_keys("405935098")
```

需要注意的是将窗口切换到 frame 或 iframe 标签内部后，如果想要移动到 frame 或 iframe 标签外需要使用 wd.switch_to.default_content 函数。

除了切换 frame 和 iframe 标签外，弹出式窗口的切换也经常遇到。如果需要获取新窗口的内容，需要 wd.window_handles 对象和 wd.switch_to.window 函数结合使用，才能实现窗口切换。参考代码如下：

```
for handle in wd.window_handles:
    #先切换到该窗口
    wd.switch_to.window(handle)
    #得到该窗口的标题栏字符串，判断是不是要操作的窗口，其中 Bing 为窗口标题
    if 'Bing' in wd.title:
        #如果是，那么这时候 WebDriver 对象就是对应的该窗口，正好跳出循环
        break
```

6.4.6　等待

在使用 Selenium 时，一般要等待页面元素加载完成后才能执行操作，否则会出现找不到元素的错误，Selenium 使用过程中必须要考虑等待时间的设置问题。常用的设置等待时间的方式有三种，分别为强制等待、隐式等待和显示等待。其中强制等待就是使用 time.sleep 函数，无论页面是否加载完成，都必须等待到指定的时间后才能进行下一步操作。

隐式等待需要设置最长等待时间，如果在这个等待时间内网页加载完成，则执行下一步，否则直到超时后再执行下一步。隐式等待的弊端是程序会一直等待整个页面加载完成，直到超时，但有时候代码中需要定位的元素早就加载完成了，只是页面上个别其他元素加载特别慢，仍要等待页面全部加载完成才能执行下一步。隐式等待使用 wd.implicitly_wait 函数实现，参数为最长等待时间，单位为秒，入门案例代码改写如下：

```
from selenium import   webdriver                    #导入 webdriver
import   time
wd=webdriver.Chrome("ChromeDriver.exe")    #获取 Chrome 驱动实例
wd.get("https://www.baidu.com")             #打开百度
wd.implicitly_wait(3)                        #等待 3 秒
wd.close()                                   #关闭浏览器
```

如果想等需要的元素一加载出来就执行下一步，就要用到显示等待。显示等待要用到 WebDriverWait 类，需要通过语句“from selenium.webdriver.support.wait import WebDriverWait”导包，配合该类的 until 和 until_not 方法，就能够根据判断条件而灵活地控制等待时间了。实现原理为程序每隔 x 秒检查一次页面加载情况，如果条件成立了则执行下一步，否则继续等待，直到超过设置的最长时间后抛出 TimeoutException 异常。WebDriverWait 的参数分别为 driver、等待时间以及检测的间隔时长。until()和 until_not()的参数为选取的元素对象。之前百度案例代码改写如下：

```
from selenium import   webdriver
from selenium.webdriver.support.wait import WebDriverWait
import   time
wd=webdriver.Chrome("chromedriver.exe")
wd.get("https://www.baidu.com")         #打开百度
```

```
#等待百度一下按钮出现
WebDriverWait(wd,3,0.2).until(lambda x:x.find_element_by_id("su"))
wd.find_element_by_id("kw").send_keys("python")
wd.find_element_by_id("su").click()
WebDriverWait(wd,3,0.2).until(lambda  x:
    x.find_element_by_class_name("c-gap-bottom-small"))    #等待检索返回
print(wd.page_source)
wd.close()
```

6.4.7 无界面浏览器模式

缺省情况下使用 Selenium 时每次都出现浏览器界面，要等待页面所有元素都加载完成后才能进行后续操作。如果页面中的图片资源较多，那么加载时间就较长，执行效率也较低。可通过参数调整启动无界面浏览器模式，即 headless 模式。参考代码如下：

```
from selenium.webdriver import Chrome
from selenium.webdriver.chrome.options import Options
opt = Options()
opt.add_argument('--no-sandbox')                 #解决 DevToolsActivePort 文件不存在的报错
opt.add_argument('window-size=1920x3000')        #设置浏览器分辨率
opt.add_argument('--disable-gpu')                #谷歌文档提到需要加上这个属性来规避 bug
opt.add_argument('--hide-scrollbars')            #隐藏滚动条，应对一些特殊页面
opt.add_argument('blink-settings=imagesEnabled=false')    #不加载图片提升运行速度
#浏览器不提供可视化界面。Linux 下如果系统不支持可视化，不加这条语句会导致启动失败
opt.add_argument('--headless')
driver = Chrome(options=opt)                     #创建无界面对象
driver.get('http://www.baidu.com')
print(driver.current_window_handle)
print(driver.page_source)
driver.close()
```

如果觉得用法比较烦琐，也可以使用以下精简模式，参考代码如下：

```
from selenium.webdriver import Chrome,ChromeOptions
opt = ChromeOptions()            #创建 Chrome 参数对象
opt.headless = True              #把 Chrome 设置成无界面模式，Windows/Linux 皆可
#创建 Chrome 无界面对象，executable_path 为浏览器驱动的路径
wd = Chrome(options=opt，executable_path='chromedriver.exe')
wd.get('http://www.baidu.com')
print(wd.page_source)            #打印输出页面 HTML
wd.close()                       #关闭浏览器
```

6.5　案例 3　百度首页模拟登录

6.5.1　任务描述

使用 Selenium 实现百度首页模拟登录，打印输出个人中心 HTML 文本。百度首页在没有登录前，不会显示个人中心，所以必须先实现模拟登录。如果用户没有百度的用户名和密码，需要先注册。参考页面如图 6-23 所示。

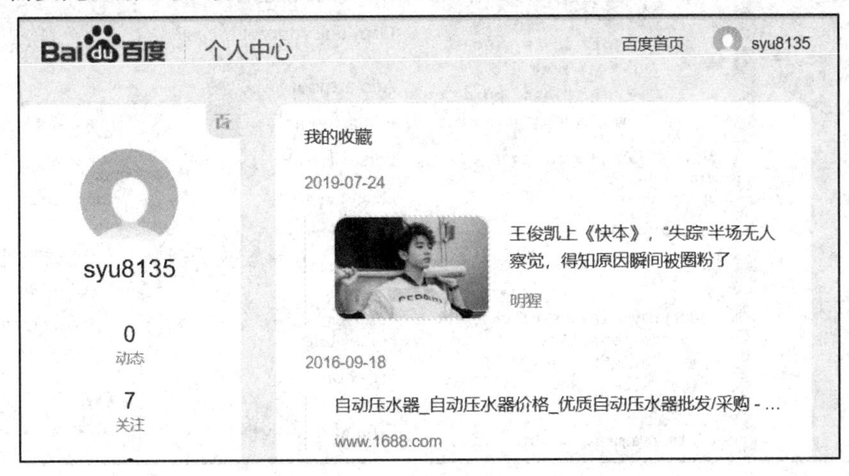

图 6-23　百度首页模拟登录

6.5.2　任务分析

百度登录设计安全性较高，如果使用逆向分析法实现模拟登录难度较大。使用 Selenium 可以很好地实现模拟登录的任务。模拟登录的核心是确定需要操纵元素的 CSS 选择器，然后通过 click 和 send_keys 函数操纵元素，进而实现模拟登录功能。登录完成后通过 XPath 表达式获取今日天气情况并打印输出。

6.5.3　任务实现

按照操作步骤依次点击登录链接、点击用户名登录、输入用户名和密码、点击登录按钮操作。使用 Selenium 实现模拟登录，核心是确定选择器。选择器的使用一般是考虑标签类型和标签属性，对于超级链接优先选择 find_element_by_link_text 方法，通过链接文本进行定位。对于非超级链接优先使用 find_element_by_id 方法，根据 id 属性值进行定位，如果没有 id 属性建议直接使用 find_element_by_css_selector 方法。为了保证元素能够加载完成，中间需要设置等待时长。

对于比较复杂的页面，读者可使用浏览器的开发者工具生成 CSS 选择器。具体操作步骤为地址栏输入 www.baidu.com 后，使用 F12 快捷键打开浏览器的开发者工具，然后使用快捷键“Ctrl + Shift + C”切换到元素选择功能，用鼠标选择目标元素，在“Elements”选项卡下会出现被选中元素的 HTML，单击鼠标右键选择“Copy”菜单后选择“Copy selector”，即可生成对应元素的 CSS 选择器，如图 6-24 所示。需要注意的是频繁使用 Selenium 登录百度会出现滑动验证码，这个是处理起来比较棘手的事情，最简单的处理方式是增加等待时间，手工滑动通过验证。

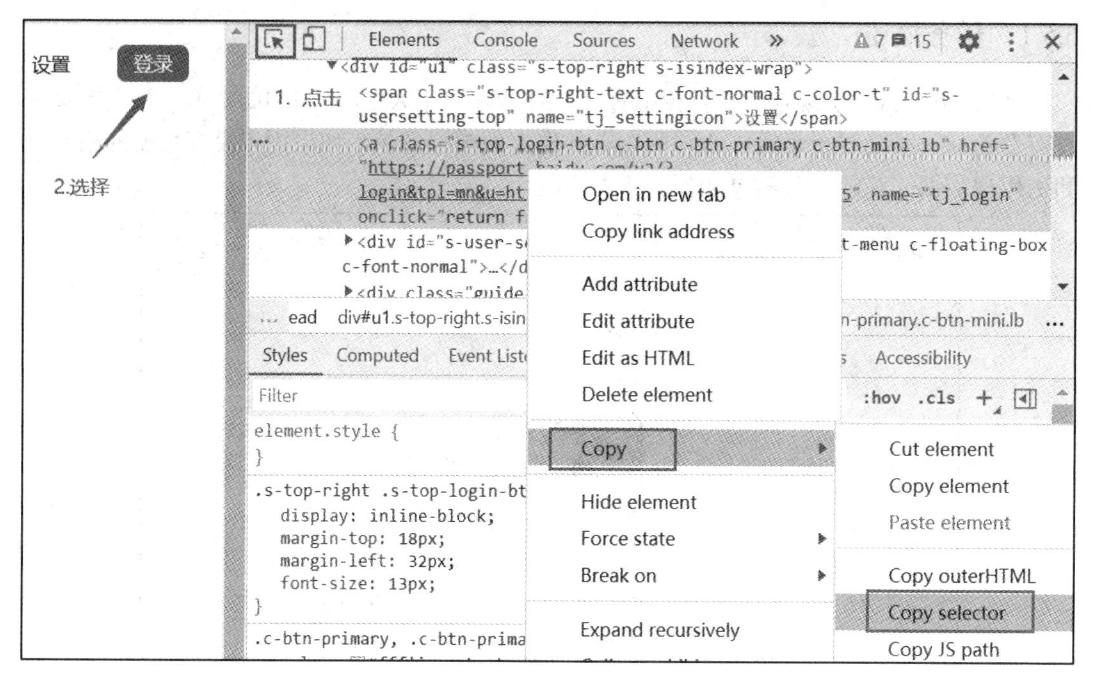

图 6-24　使用浏览器开发者工具生成 CSS 选择器

依次确定 CSS 选择器后，就可按照操作步骤编写代码了。参考代码如下：

```
from  selenium import webdriver
import time
from lxml import etree
wd=webdriver.Chrome("chromedriver.exe")
wd.get("http://www.baidu.com")          #点击首页
time.sleep(3)
#点击百度首页登录链接
wd.find_element_by_link_text("登录").click()
time.sleep(3)
#输入用户名和密码
wd.find_element_by_id("TANGRAM__PSP_11__userName").send_keys("你的用户名")
wd.find_element_by_id("TANGRAM__PSP_11__password").send_keys("你的密码")
#点击登录按钮
wd.find_element_by_id("TANGRAM__PSP_11__submit").click()
time.sleep(10)
wd.find_element_by_partial_link_text("你的用户名").click()
```

```
time.sleep(2)
for handle in wd.window_handles:            #循环遍历所有窗口
    wd.switch_to.window(handle)
    #得到该窗口的标题栏字符串，判断是不是要操作的窗口
    if '个人中心' in wd.title:               #wd.title 获取当前窗口的标题
        print(wd.page_source)               #获取个人中心页面 HTML
        wd.close()
        break
```

以上代码中需要注意的是使用 wd.switch_to.window(handle)语句进行个人中心窗口切换操作。简单概况总结使用 Selenium 的基本步骤，首先加载浏览器驱动，浏览器驱动必须与浏览器名称和版本匹配。其次向指定 URL 地址发送请求。再次通过元素定位操作，确定选中元素后使用元素操纵方法向选中元素输入数据或点击等操作。最后关闭浏览器。

6.6　案例 4　QQ 邮箱爬取

6.6.1　任务描述

爬取 QQ 邮箱中收件信息，爬取一页数据即可。爬取数据包括发件人、发件人邮箱、邮件标题、收件日期。爬取的目标网址为 https://mail.qq.com，参考页面如图 6-25 所示。

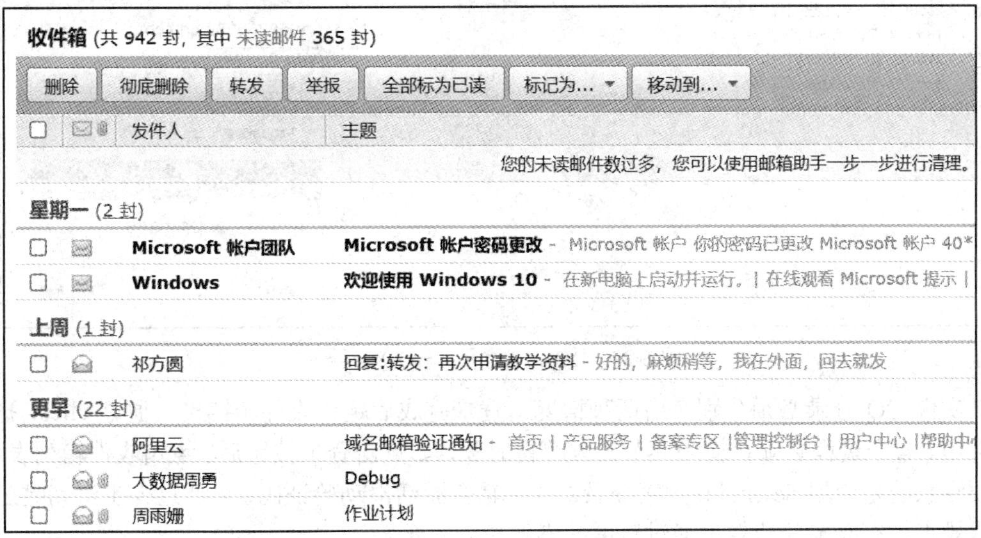

图 6-25　QQ 邮箱——收件箱

6.6.2　任务分析

整个任务分为数据获取、数据解析、数据存储三个步骤。数据获取使用 Selenium 库完成，包括 QQ 邮箱模拟登录、打开收件箱等操作。数据解析可以使用 Selenium 库定位

元素后进行提取，也可使用 XPath 表达式解析。爬取的数据使用 CSV 文件进行存储。

使用 Selenium 实现 QQ 邮箱登录是需要重点关注的问题。从操作上来看，QQ 邮箱登录分为 QQ 登录和 QQ 未登录两种状态。

QQ 登录时，只需要点击 QQ 邮箱登录图标就可实现邮箱登录，如图 6-26 所示。

图 6-26　QQ 邮箱登录——QQ 已经登录

QQ 未登录时，登录 QQ 邮箱必须输入 QQ 邮箱的用户名和密码，如图 6-27 所示。

图 6-27　QQ 邮箱登录——QQ 未登录

实现 QQ 登录必须分别考虑两种情况。登录完成后定位收件箱链接，通过 click()打开收件箱。整个过程必须在适当环节设置等待时长，如点击登录按钮后、点击收件箱列表后。需要注意的是使用 Selenium 频繁登录 QQ 邮箱会激活滑动验证码，可通过人工滑动跳过此技术难点，有兴趣的读者可通过百度搜索解决此问题。

6.6.3　任务实现

1. 模拟登录

QQ 登录需要用到的用户名和密码等页面元素包裹在 frame 标签下，必须考虑 frame 标签的切换问题，否则无法找到指定的用户名和密码输入框，页面结构如图 6-28 所示。

```
Elements   Console   Memory   Sources   Network   Application   Performance   Lighthouse
▼<div class="xm_login_card_qq" id="qqLoginCard" style="left: 0px;">
  ▼<iframe id="login_frame" name="login_frame" height="100%" scrolling="no" width="100%
  "0" test="jostinsu1" src="https://xui.ptlogin2.qq.com/cgi-bin/xlogin?target=self&appic
  il.qq.com/zh_CN/htmledition/style/ptlogin_input_for_xmail56dc25.css">
    ▼#document
      <!DOCTYPE html PUBLIC "-//W3C//DTD XHTML 1.0 Transitional//EN"
      "http://www.w3.org/TR/xhtml1/DTD/xhtml1-transitional.dtd">
    ▼<html xmlns="http://www.w3.org/1999/xhtml">
      ▶<head>…</head>
      ▼<body>
        ▼<div class="login" id="login">
          ▶<div id="header" class="header">…</div>
          ▶<div class="loginTips">…</div>
          ▼<div class="qlogin" id="qlogin" style="display: block;">
```

图 6-28　QQ 邮箱——QQ 未登录页面结构

可以初步编写代码，实现 QQ 未登录时的 QQ 邮箱登录。参考代码如下：

```
from selenium import webdriver
import time
def login(user,pwd):   #邮箱登录
    try:
        driver = webdriver.Chrome("chromedriver.exe")
        driver.get("https://mail.qq.com/")   #发送请求
        time.sleep(2)
        driver.switch_to.frame("login_frame")   #切换 Iframe
        driver.find_element_by_css_selector("#u").send_keys(user)   #输入 QQ 邮箱账号
        driver.find_element_by_id("p").send_keys(pwd)   #输入邮箱密码
        driver.find_element_by_css_selector(".login_button").click()   #点击登录按钮
    except Exception as error:
        print("login",error)
if __name__=="__main__":
    sobj=login("QQ 号","QQ 密码")
```

接下来考虑 QQ 已经登录时，登录 QQ 邮箱的处理，页面结构如图 6-29 所示。

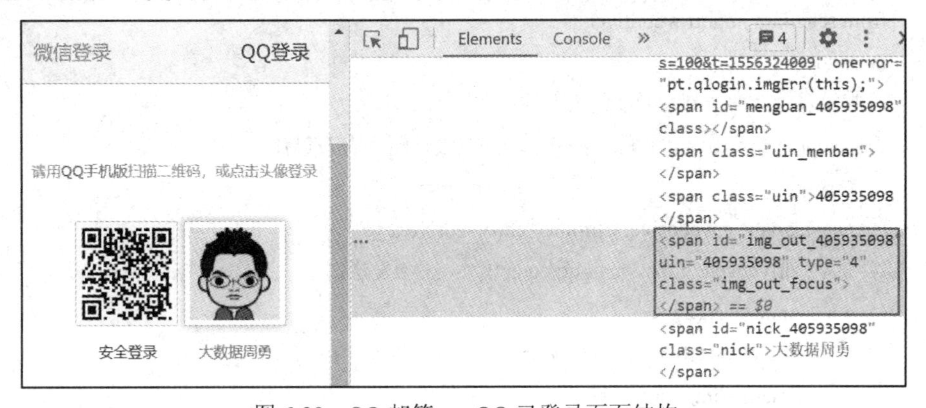

图 6-29　QQ 邮箱——QQ 已登录页面结构

通过增加判断条件融合两种情况。通过 find_elements_by_id 方法判断图标是否存在，如果存在则通过 driver.find_element_by_id(imags).click()语句实现元素查找和单击登录操作。参考代码如下：

```
from selenium import webdriver
import time
#邮箱登录，判断 QQ 是否登录
def login(user,pwd):
try:
        driver = webdriver.Chrome("chromedriver.exe")
        driver.get("https://mail.qq.com/")          #发送请求
        time.sleep(2)
        driver.switch_to.frame("login_frame")    #切换 Iframe
        imags="img_out_"+user
        #QQ 已经登录
        if driver.find_elements_by_id(imags) :
            driver.find_element_by_id(imags).click()
        else:   #QQ 没登录，需要输入用户名和密码
            driver.find_element_by_css_selector("#u").send_keys(user)
            driver.find_element_by_id("p").send_keys(pwd)
            driver.find_element_by_css_selector(".login_button").click()   #点击登录按钮
  except Exception as error:
        print("login",error)
if __name__=="__main__":
    sobj=login("你的 QQ 号","QQ 密码")
```

接下来实现登录过后的收件箱列表点击以及获取收件箱页面 HTML 的功能。需要注意的是收件箱链接包裹在名为 mainFrame 的 iframe 中，所以需要使用 switch_to.frame 函数进行切换。由于使用 Selenium 相关方法进行页面解析，所以返回的是 Selenium 对象，读者也可以使用 driver.page_source 函数返回 HTML 文本。参考代码如下：

```
from selenium import webdriver
import time
# 邮箱登录，增加判断 QQ 是否登录
def login(user,pwd):  #完成邮箱登录，获取收件箱列表 HTML
    try:
        driver = webdriver.Chrome("chromedriver.exe")
        driver.get("https://mail.qq.com/")          #发送请求
        time.sleep(2)
        driver.switch_to.frame("login_frame")    #切换 Iframe
        imags="img_out_"+user
```

```
            #QQ 已经登录
            if driver.find_elements_by_id(imags) :
                driver.find_element_by_id(imags).click()
            else:                                    #QQ 没登录，需要输入用户名和密码
                driver.find_element_by_css_selector("#u").send_keys(user)
                driver.find_element_by_id("p").send_keys(pwd)
                driver.find_element_by_css_selector(".login_button").click()    #点击登录按钮
            time.sleep(6)                            #延迟加载，避免主页面没加载导致获取获取信息
            driver.find_element_by_id("folder_1").click()              #点击收件箱
            driver.switch_to.frame("mainFrame")                        #切换到主页面
            return driver.find_elements_by_css_selector("table")[1::2]    #获取第一页邮件信息
        except Exception as error:
            print("login",error)
    if __name__=="__main__":
        sobj=login("你的 QQ 邮箱账号","@@邮箱密码")
```

2. 数据解析

由于登录后返回的是 Selenium 对象，在数据解析环节首先使用 Selenium 的 find_elements_by_css_selector 方法进行元素查找，然后使用 get_attribute 函数和 text 属性实现数据的获取。如果读者感觉页面结构复杂，可考虑将收件箱列表另存为 HTML 文本后进行元素定位选取。页面分析在这里不做讨论。参考代码如下：

```
    def parse(sobj):   #解析
        try:
            out_list = []
            for i in sobj:
                sendInfo = i.find_elements_by_css_selector("td .tf span")[0]
                #发件人
                source = sendInfo.text
                #发件人 Email
                sendmail = sendInfo.get_attribute("e")
                #邮件标题
                title = i.find_element_by_css_selector(".gt u").text
                #收件日期
                dt = i.find_element_by_css_selector(".dt div").text
                out_list.append([source,sendmail,title,dt])
            return out_list
        except Exception as error:
            print("parse",error)
    if __name__=="__main__":
```

```
sobj=login("你的 QQ 邮箱账号","qq 邮箱密码")
out_list=parse(sobj)
```

3. 完整代码

由于 QQ 登录需要用到用户名和密码等敏感信息，因此最好将敏感信息保存在配置文件中。从配置文件 config.ini 中读取 QQ 号和密码，使敏感信息和爬虫代码分离。配置文件 config.ini 放在和程序文件同级目录中。配置文件的内容如下：

```
[userinfo]
user=QQ 号
pwd=QQ 密码
```

为了便于读取 QQ 号和密码，这里使用 configparser 模块。该模块可以实现文件的增、删、改、查操作。具体步骤为：首先通过 configparser.ConfigParser 方法进行实例化，其次通过 read 方法读取指定的配置文件，最后通过 get 方法读取指定配置节下的配置项信息。

使用 Selenium 频繁登录有可能会激活登录的滑动验证码。建议读者在分析页面时，将页面保存在本地，调试完解析代码后再正式运行。对于滑动验证码处理在这里不做讨论，有兴趣的读者可以参考相关资料。完整参考代码如下：

```
from selenium import webdriver
import time
import csv
import configparser
#改进用户名和密码读取
#增加判断 QQ 是否登录
def login(user,pwd):          #完成邮箱登录，获取收件箱列表 HTML
    try:
        driver = webdriver.Chrome()
        driver.get("https://mail.qq.com/")          #发送请求
        time.sleep(2)
        driver.switch_to.frame("login_frame")       #切换 Iframe
        imags="img_out_"+user
        #QQ 登录情况
        if driver.find_elements_by_id(imags) :
            driver.find_element_by_id(imags).click()
        else:              #QQ 没登录，需要输入用户名和密码
            driver.find_element_by_css_selector("#u").send_keys(user)
            driver.find_element_by_id("p").send_keys(pwd)
            driver.find_element_by_css_selector(".login_button").click()      #点击登录按钮
        time.sleep(6)    #延迟加载，避免主页面没加载导致获取获取信息
        driver.find_element_by_id("folder_1").click()          #点击收件箱
        driver.switch_to.frame("mainFrame")                    #切换到主页面
```

```
            return driver.find_elements_by_css_selector("table")[1::2]     #获取第一页邮件信息
        except Exception as error:
            print("login",error)
def parse(sobj):            #解析
    try:
        out_list = []
        for i in sobj:
            sendInfo = i.find_elements_by_css_selector("td .tf span")[0]
            #发件人
            source = sendInfo.text
            #发件人 Email
            sendmail = sendInfo.get_attribute("e")
            #邮件标题
            title = i.find_element_by_css_selector(".gt u").text
            #收件日期
            dt = i.find_element_by_css_selector(".dt div").text
            out_list.append([source,sendmail,title,dt])
        return out_list
    except Exception as error:
        print("parse",error)
def save(data,path): #输出 CSV 公共函数
    with open(path,"w+",newline='') as f:
        writer=csv.writer(f)
        writer.writerows(data)
if __name__=="__main__":
    #读取配置文件的用户名和密码
    cp=configparser.ConfigParser()      #实例化 configparser 模块
    cp.read("config.ini")               #读取指定配置文件
    user=cp.get("userinfo","user")      #用户名
    pwd=cp.get("userinfo","pwd")        #密码
    sobj=login(user,pwd)
    out_list=parse(sobj)
    save(out_list,"d:\\mailqq.csv")
```

本 章 小 结

本章内容包括动态网页概述以及使用 Selenium 爬取动态网页两部分，主要介绍了动态网页采用的常用技术、动态网页和静态网页的判别方法以及逆向分析法和模拟法两种爬取

动态网页的方法。

逆向分析法主要介绍使用浏览器开发者工具拦截网络请求，找到动态网页的数据源。通过新浪博客和重庆名医榜两个案例介绍了逆向分析法实现动态网页爬取的整个过程，重点是分析过程。模拟法爬取动态网页主要介绍了 Selenium 第三方库的使用，内容包括 Selenium 安装、元素选择器的使用方法、元素操纵方法、等待处理方法、窗口切换方法以及无界面浏览器模式。通过百度首页登录和 QQ 邮箱爬取两个案例介绍了 Selenium 的应用。

逆向分析法在理论上可以解决所有的动态网页爬取的问题，但分析难度过高、代价太大，读者可以选择使用 Selenium 实现动态网页的爬取。

本章习题

1. 简述动态网页的判别方法。
2. 简述动态网页的爬取方法。
3. 简述使用 Selenium 爬取动态网页的基本步骤。
4. 举例说明 Selenium 的元素选择器方法以及操纵元素的方法。
5. 爬取新浪微博“文史频道”的文章。爬取数据包括标题、作者、内容、发布日期。不限定爬取方法。网址为 http://blog.sina.com.cn/lm/history/。
6. 爬取医事通网站的医院信息。爬取数据包括医院名称、地址、电话。不限定爬取方法。网址为 https://www.jkwin.com.cn/yst_web/hospital/findHospital。
7. 爬取虎扑网 NBA 球员的信息。爬取数据包括球员姓名、所在球队、薪资。网址为 https://m.hupu.com/nba/players/salaries。

第 7 章　Scrapy 框架初探

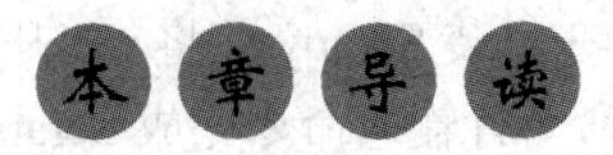

使用第三方库编写爬虫程序，需要解决发送请求、解析数据、存储数据、突破网络反爬虫限制、去重等一系列问题，如果对爬取效率要求高还需要考虑支持多线程。在商业项目中，为了提高开发效率，经常使用 Scrapy、Crawley 等框架编写爬虫程序。使用爬虫框架后可以让开发者专注解析环节，减少代码编写。本章主要包括 Scrapy 快速入门、Scrapy 架构原理以及 Scrapy 请求发送等三个方面的内容，掌握 Scrapy 相关知识可大大提高爬虫程序的开发和执行效率。

通过本章内容的学习，读者应了解或掌握以下知识技能：

- 掌握 Scrapy 框架的安装。
- 熟练掌握 Scrapy 框架常用命令行工具的使用。
- 理解 Scrapy 框架架构原理。
- 熟练使用 scrapy.Request 方法发送 GET 请求。
- 熟练使用 scrapy.FormRequest 方法发送 POST 请求。

使用爬虫框架可以减少代码编写，提高爬取效率。在商业项目中，经常使用 Scrapy、Crawley、Crawley、Grab、Cola 等爬虫框架。本书只介绍 Scrapy 框架。本章将从 Scrapy 快速入门、Scrapy 架构原理、GET 和 POST 请求发送几个方面介绍 Scrapy 框架的基本使用方法。

7.1　Scrapy 快速入门

无论是静态网页爬虫还是动态网页爬虫，实现的思路基本上都是获取页面 HTML、页面数据解析、数据保存或输出。虽然获取页面 HTML 以及数据保存都已经封装为通用函数，但程序的编写依然烦琐。使用爬虫框架可以很好地解决这些问题，在编写爬虫的过程中专注于页面解析，可大大简化编写爬虫的工作量，并能提高爬虫程序的开发和执行效率。

所谓爬虫框架，是一个半成品的爬虫，它已经实现了工作队列、下载器、保存处理数据的逻辑以及日志、异常处理、反爬虫应对方法等通用功能。对于使用者来说，更多的工作是调整配置开启需要的功能，更专注于分析页面和编写网站的爬取规则。

Scrapy 爬虫框架是 Python 中最著名、最受欢迎、社区最活跃的爬虫框架，是人们为了爬取网站数据、提取结构性数据而编写的，可以应用在包括数据挖掘、信息处理或存储历史数据等一系列的程序中。本章着重介绍 Scrapy 框架的基本使用方法。

7.1.1　Scrapy 的安装

由于 Scrapy 为第三方库，所以必须先解决 Scrapy 的安装问题。我们以 Windows 平台下 Scrapy 的安装为例进行介绍。在安装 Scrapy 前将 pip 升级为最新版本，可以减少错误的发生。pip 升级完成后，在 cmd 命令行输入命令完成 Scrapy 库的安装。命令如下：

```
>>>pip install scrapy
```

由于 pip 会自动安装 Scrapy 爬虫框架依赖的各种包，安装速度较慢，出错概率较大，建议增加-i 参数，使用清华镜像安装。命令如下：

```
>>>pip install scrapy -i https://pypi.tuna.tsinghua.edu.cn/simple
```

安装成功后在命令行下输入“scrapy”，出现如图 7-1 所示的提示，表示 Scrapy 安装成功。

```
C:\Users\Dragon>scrapy
Scrapy 1.8.0 - no active project

Usage:
  scrapy <command> [options] [args]

Available commands:
  bench         Run quick benchmark test
  fetch         Fetch a URL using the Scrapy downloader
  genspider     Generate new spider using pre-defined templates
  runspider     Run a self-contained spider (without creating a project)

  settings      Get settings values
  shell         Interactive scraping console
  startproject  Create new project
  version       Print Scrapy version
  view          Open URL in browser, as seen by Scrapy

  [ more ]      More commands available when run from project directory

Use "scrapy <command> -h" to see more info about a command
```

图 7-1　Scrapy 安装验证

在命令行下安装 Scrapy 需要将 Python 的安装路径加入到环境变量中，才能正常使用 pip 命令进行安装。如果出现“pip 不是内部或外部命令，也不是可运行的程序或批处理文件”的提示，则表示未将 Python 的路径加入到环境变量中。

设置环境变量的步骤为选择“我的电脑”后点击鼠标右键选择属性，选择“高级系统设置”选项卡，点击“环境变量”按钮后出现如图 7-2 所示界面，选择“系统变量(S)”中的 Path。

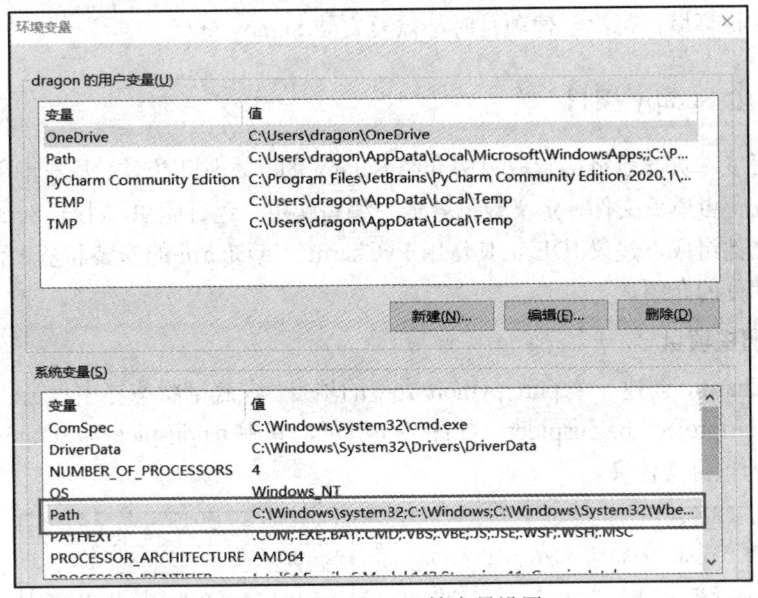

图 7-2 Windows 环境变量设置

在“编辑环境变量”中加入 Python 的安装路径，需要注意的是路径中要包括 Scripts 文件夹，如图 7-3 中“C:\Python\Python37\Scripts”为 Python 的路径。读者可结合实际情况自行调整。

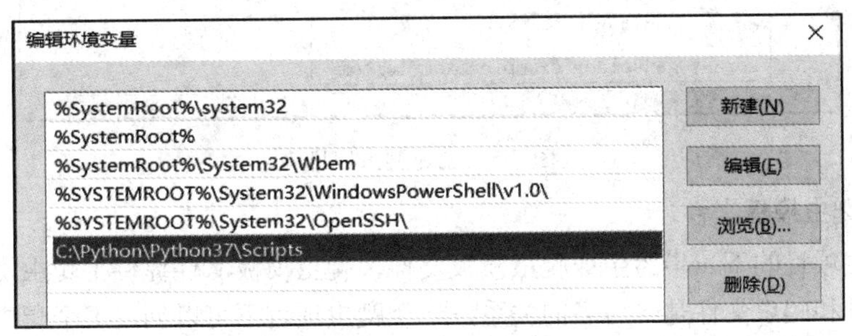

图 7-3 设置 Python 环境变量

在命令行下安装完成后，使用 IDE 工具 PyCharm 创建项目时必须要继承公共包，需要勾选“Inherit global site-packages”选项，如图 7-4 所示。

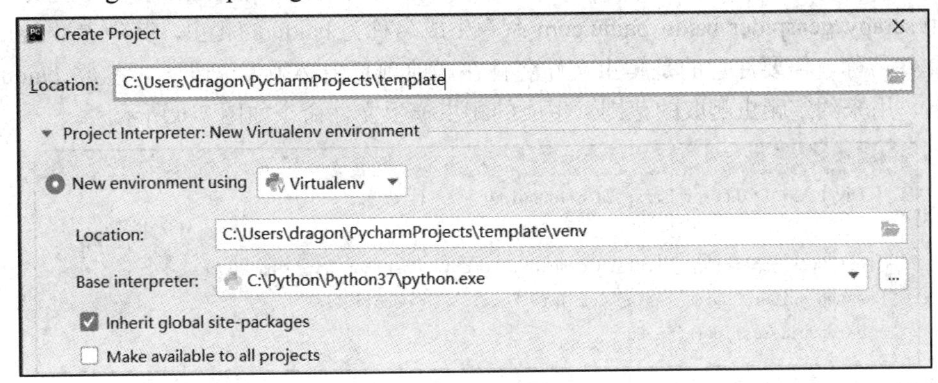

图 7-4 PyCharm 继承公共包

这样在创建多个 Scrapy 相关的项目时就不需要每次都安装。如不勾选，PyCharm 默认使用独立的虚拟环境，每次创建项目时都需要安装 Scrapy 框架。

7.1.2　第一个 Scrapy 项目

本节以百度首页导航链接爬取为例介绍 Scrapy 的基本使用方法，基本步骤包括创建爬虫项目、生成爬虫模板文件、定义数据容器、编写爬虫、运行爬虫。由于 Scrapy 框架由若干文件夹和文件组成，建议 IDE 工具使用 PyCharm。PyCharm 的安装和基本使用参见第 2 章环境搭建部分的介绍。

1. 创建爬虫项目

打开 PyCharm，创建一个 pure python 类型的项目。在底部状态栏中点击“Terminal”，输入 scrapy startproject baiduspider，如图 7-5 所示，其中 baiduspier 为 Scrapy 项目名称，Scrapy_First 为项目文件夹。

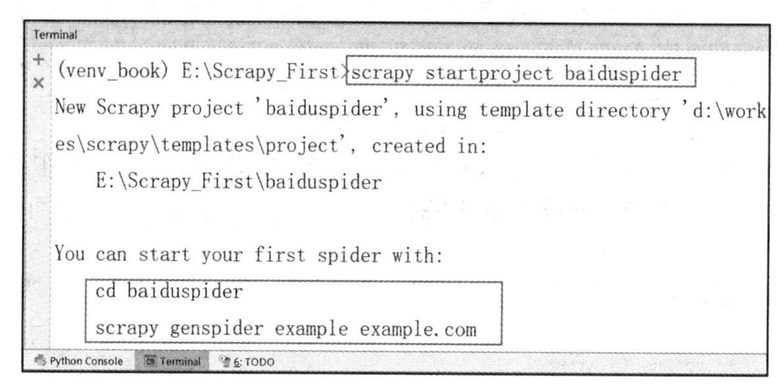

图 7-5　创建爬虫项目

2. 生成爬虫模板文件

创建爬虫项目的下一步为生成爬虫模板文件，爬虫模板文件提供了爬虫文件的基本结构。爬虫项目和爬虫文件是一对多的关系，一个爬虫项目下可以创建多个爬虫文件。如创建一个新闻类的爬虫项目，可能会爬取百度新闻、腾讯新闻等多个网站的新闻。

如何生成爬虫模板文件？图 7-5 的提示中已经指引了此步骤的操作方法。首先使用 cd baiduspider 命令进入目录 baiduspider，此目录是在创建爬虫项目时通过模板自动生成的。然后使用 scrapy genspider baidu baidu.com 命令生成名称为 baidu 的爬虫，其中参数 baidu 为爬虫文件名称，需要注意的是爬虫文件名称在当前项目中必须保证唯一，参数 baidu.com 为域名，用来约定爬虫爬取的范围。生成的爬虫模板文件命令如图 7-6 所示。

```
Terminal
(venv_book) E:\Scrapy_First>cd baiduspider


(venv_book) E:\Scrapy_First\baiduspider>scrapy genspider baidu baidu.com
Created spider 'baidu' using template 'basic' in module:
  baiduspider.spiders.baidu
```

图 7-6　生成的爬虫模板文件

正常执行命令后，可以查看 genspider 命令生成的爬虫模板文件，文件位置为 baiduspider/

baiduspider/spiders/baidu.py。生成的爬虫模板文件内容如下：

```
import scrapy
class BaiduSpider(scrapy.Spider):
    name = 'baidu'    #爬虫的名字
    allowed_domains = ['baidu.com']        #域名，约定爬取的范围
    start_urls = ['http://baidu.com/']        #爬虫启动时默认爬取的地址
    def parse(self, response):               #解析爬取到页面的方法
        pass
```

Scrapy 爬虫框架使用面向对象的方式进行封装，继承自 scrapy.Spider 类。name 属性为爬虫名称，是使用 scrapy genspider baidu baidu.com 命令时定义的，在同一个爬虫项目中可以定义多个爬虫，但必须保证爬虫名称唯一。allowed_domains 属性定义允许爬取的域名，不在约定范围内的域名将不会进行爬取，类型为列表，表示可以包含多个域名。start_urls 属性定义爬虫启动时的默认地址，在通常情况下，爬虫默认从此地址开始爬取。

parse 方法是解析网页数据的核心方法。parse 方法以 response 作为参数，表示响应对象，可以直接从响应对象中获取文本。爬虫框架中不包括请求发送环节，这是由于 Scrapy 框架会通过内置的下载器帮我们完成该环节。

3. 定义数据容器

定义数据容器的目的是约定爬取数据项名称，为后续数据输出做准备，此步骤也可以省略。百度首页导航链接爬虫比较简单，需要爬取的数据只有导航标签名称以及 URL 地址。

在 baiduspider/baiduspider 目录下找到 items.py 文件。缺省模板代码如下：

```
import scrapy
class BaiduspiderItem(scrapy.Item):
    # define the fields for your item here like:
    # name = scrapy.Field()
    pass
```

类 BaiduspiderItem 继承自 scrapy.Item 类，注释的内容约定了定义数据项的使用方式，数据项的值都是 scrapy.Field()。删除 pass，修改后的模板代码如下：

```
import scrapy
class BaiduspiderItem(scrapy.Item):
    title=scrapy.Field()        #导航 A 标签的中文名称
    url=scrapy.Field()          #导航链接地址
```

4. 编写爬虫

在编写爬虫前，需要考虑选择器的使用问题。Scrapy 爬虫框架在 lxml 库基础上构建了一套提取数据的机制，通过特定的 XPath 或 CSS 选择器来定位 HTML 页面中的元素。Scrpay 的 XPath 选择器在运行速度和解析准确性上与 lxml 库非常相似。Scrapy 官方推荐使用 XPath 选择器来进行页面解析，实际上 Scrapy 的 CSS 选择器最终在运行时也是转换为 XPath 选

择器的语法。

Scrapy 爬虫框架提供了 response.xpath 方法和 response.css 方法，让用户不需要实例化就可以快速定位页面元素。在入门案例中使用 response.xpath 方法进行页面解析。

在正式编写代码前，需要使用浏览器的开发者工具来分析百度首页的导航链接，从而确定 XPath 选择器。由于此案例较为简单，分析过程省略。打印输出百度首页，会发现导航链接 a 标签包裹在属性 id 为“u1”的 div 下。

在 baiduspider/baiduspider/spiders 目录下找到 baidu.py 文件，根据页面布局，修改解析方法 parse。参考代码如下：

```
#导入定义数据项的 BaiduspiderItem 类
from baiduspider.items import  BaiduspiderItem
class BaiduSpider(scrapy.Spider):
    name = 'baidu'
    allowed_domains = ['baidu.com']
    start_urls = ['http://baidu.com/']
    def parse(self, response):                          #解析函数
        for row in response.xpath("//div[@id='u1']/a"):
            item=BaiduspiderItem()                      #实例化
            item["title"]=row.xpath("text()").get()     #提取 a 标签的文本
            item["url"]=row.xpath("@href").get()        #提取 a 标签的 href 属性
            yield item
```

由于解析过程中需要使用上一步骤中定义的数据项 BaiduspiderItem，所以首先使用 import 进行导入。为了提高稳定性，解析过程使用二次查找的方式。程序运行后 Scrapy 框架会将响应对象写入 response 变量中。response.xpath("//div[@id='u1']/a")可以直接获取所有的导航链接。通过 for 循环逐行从列表中获取每个链接。在 items 文件中定义的 BaiduspiderItem 类初始化后，分别提取标签文本和 href 属性，并对 Baiduspider 中的 Item 数据项进行赋值。最后通过“yield item”生成器将步骤传递下去。

细心的读者会发现上述代码中出现了 get 方法，这个 get 方法又有什么作用呢？这里简单说明一下，response.xpath("表达式")返回的结果为选择器对象列表，如果需要提取元素属性或文本，就需要使用 get 或 getall 方法。其中 get 方法可以提取序列化后的单个 Unicode 字符串中匹配的节点，如果存在多个节点，则返回第一个，查找不到则返回 None。get 方法对应 Scrapy 框架旧版本中 extract_first 方法，但 extract_first 方法匹配不到元素会抛出异常。getall 方法提取序列化后的 Unicode 字符串的元素列表，匹配不到则返回 None，getall 方法对应 Scrapy 旧版本中的 extract 方法，但 extract 方法匹配不到元素会抛出异常。建议读者使用新版本的 get 方法和 getall 方法。

5. 运行爬虫

运行爬虫程序，需要使用“scrapy crawl 爬虫名”命令。在“Terminal”下执行“Scrapy crawl baidu”命令前，必须进入爬虫项目所在的目录，否则爬虫无法正常运行。当前项目名为 baiduspider，所以首先使用 cd baiduspider 命令进入爬虫项目目录。爬虫运行命令如图 7-7 所示。

```
Terminal
(venv_book) E:\Scrapy_First\baiduspider>scrapy crawl baidu
2020-11-09 09:47:25 [scrapy.utils.log] INFO: Scrapy 2.3.0 started (b
2020-11-09 09:47:25 [scrapy.utils.log] INFO: Versions: lxml 4.5.2.0,
sted 20.3.0, Python 3.7.0 (v3.7.0:1bf9cc5093, Jun 27 2018, 04:59:51)
21 Apr 2020), cryptography 3.0, Platform Windows-10-10.0.16299-SP0
```

图 7-7　运行爬虫

爬虫运行后会打印输出非常多的日志信息，是因为缺省情况下日志等级为 info。可在配置文件 baiduspider/baiduspider/settings.py 中进行调整。参考代码如下：

```
ROBOTSTXT_OBEY = False       #关闭 robots 协议，否则很多页面都无法爬取
LOG_LEVEL="WARNING"          #日志为警告以上才显示
```

调整后重新运行程序，发现没有任何提示，是因为 parse 方法中没有任何输出。增加-o 参数，将爬取的结果输出为文件，命令为 scrapy crawl baidu -o baidu.csv。运行后在 baiduspider 目录下查看 baidu.csv 文件。

7.1.3　Scrapy 目录结构简介

使用 scrapy startproject 命令创建项目后，会在当前文件夹下生成 Scrapy 框架的基本项目结构。这些文件都有什么作用？这里以爬虫项目 baiduspider 为例进行说明。项目结构如表 7-1 所示。

表 7-1　Scrapy 项目目录结构

目录结构	说　明
baiduspider/	爬虫项目根目录
scrapy.cfg	项目配置文件
baiduspider/	爬虫文件包
__init__.py	初始化文件
items.py	定义爬取数据项 item 容器
middlewares.py	中间件，主要用来对所有发出的请求、收到的响应或者 spider 做全局性自定义设置
pipelines.py	数据管道，处理已经爬取到的数据。如想要将爬取的数据去重或者保存到数据库，就需要在这个文件中进行定义
settings.py	Scrapy 爬虫项目的配置文件
spiders/	存放爬虫文件的目录，可以创建多个爬虫文件。如入门案例中的 baidu.py 就是放到此目录下

注：表中的目录结构是按照层级关系列出的。

7.1.4 Scrapy 常用命令行工具

Scrapy 框架是通过 Scrapy 命令行工具进行控制的，包括创建项目、生成爬虫模板、启动爬虫、相关的设置等。使用 PyCharm 只是简化了 Scrapy 爬虫的编写，并没有改变其本质。Scrapy 提供了两种内置的命令，分别是全局命令和项目命令。顾名思义，全局命令就是在任意位置都可以执行的命令，而项目命令是只在项目目录中才可以执行的命令。全局命令包括 startproject、runspider、shell、fetch、view、version。项目命令包括 genspider、crawl、check、list 等。下面简单介绍这些常用的命令。

1. startproject

创建爬虫项目命令。其基本语法格式为“scrapy startproject 项目名称”。

2. runspider

独立运行爬虫命令。在未创建 Scrapy 项目的情况下，也可以单独运行 Scrapy 爬虫文件。其基本语法格式为“scrapy runspider python 文件名.py”。百度首页导航的入门案例也可在不创建 Scrapy 项目的情况下编写并启动运行。新建独立的 Python 文件 baidu.py，参考代码如下：

```
import scrapy
class BaiduSpider(scrapy.Spider):   #原来的爬虫
    name = 'baidu'
    allowed_domains = ['baidu.com']   #约定域名
    start_urls = ['http://baidu.com/']      #爬取的 URL 地址
    def parse(self, response):              #解析函数
            for row in response.xpath("//div[@id='u1']/a"):
                item=BaiduspiderItem()   #实例化
                item["title"]=row.xpath("text()").get()   #提取 a 标签的 title 属性
                item["url"]=row.xpath("@href").get()   #提取 a 标签的文本
                yield item
class BaiduspiderItem(scrapy.Item):
    title=scrapy.Field()
    url=scrapy.Field()
```

运行爬虫 baidu.py，参考代码如下：

```
scrapy runspider baidu.py -o baidu.csv
```

3. shell

shell 命令用来在交互模式下调试目标网站。执行命令后会启动 Python 的交互模式，如果安装了 IPython，默认进入 IPython 交互页面。基本语法格式为“scrapy shell [url]”，其中 URL 地址可为空。以入门案例百度首页导航为例，在命令行下输入“scrapy shell www.baidu.com”。参考代码如图 7-8 所示。

```
Terminal
(venv) E:\SpiderSimple>scrapy shell www.baidu.com
2020-04-25 10:42:06 [scrapy.utils.log] INFO: Scrapy 1.8.0 started (b
2020-04-25 10:42:06 [scrapy.utils.log] INFO: Versions: lxml 4.5.0.0,
, Python 3.7.0 (v3.7.0:1bf9cc5093, Jun 27 2018, 04:59:51) [MSC v.191
```

图 7-8　全局命令 shell

在输出日志下方会显示可以使用的 Scrapy 对象，如图 7-9 所示。

```
[s]   scrapy      scrapy module (contains scrapy.Request, scrapy.Selector,
[s]   crawler     <scrapy.crawler.Crawler object at 0x0000025CA6040048>
[s]   item        {}
[s]   request     <GET http://www.baidu.com>
[s]   response    <200 http://www.baidu.com>
[s]   settings    <scrapy.settings.Settings object at 0x0000025CA6040208>
[s]   spider      <DefaultSpider 'default' at 0x25ca6357fd0>
```

图 7-9　shell 命令下的 Scrapy 对象

使用 response.xpath 方法验证百度首页导航案例中 a 标签的 XPath 选择器。参考代码如图 7-10 所示。

```
Terminal
In [1]: response.xpath("//div[@id='u1']/a")
Out[1]:
[<Selector xpath="//div[@id='u1']/a" data='<a href="http://news.baidu.com" name=...'>,
 <Selector xpath="//div[@id='u1']/a" data='<a href="http://www.hao123.com" name=...'>,
 <Selector xpath="//div[@id='u1']/a" data='<a href="http://map.baidu.com" name="...'>,
 <Selector xpath="//div[@id='u1']/a" data='<a href="http://v.baidu.com" name="tj...'>,
```

图 7-10　在 shell 命令下调试 XPath 选择器

也可以编写 CSS 选择器语法进行提取方法验证。Scrapy 的 response.css 方法使用类似于伪类选择器的语法可以直接提取文本或属性。如“::text”可以获取到标签文本，“::attr(属性名)”可以一次性地获取属性值。参考代码如图 7-11 所示。

```
Terminal
In [6]: response.css("#u1 a::text").get()
Out[6]: '新闻'

In [7]: response.css("#u1 a::attr(href)").get()
Out[7]: 'http://news.baidu.com'

6: TODO   Terminal   Python Console
```

图 7-11　shell 命令下调试 CSS 选择器

4. fetch

命令 fetch(url[, redirect=True])类似于 Requests 请求，默认支持重定向。接下来以 QQ 邮箱为例演示请求发送(http://mail.qq.com)、获取响应状态(response.status)、获取响应头信息(response.headers)以及获取响应文本(response.text)。由于响应文本内容过多，只截取前 200 个字符。参考代码如图 7-12 所示。

```
>>> fetch("http://mail.qq.com")
2020-11-10 18:46:41 [scrapy.downloadermiddlewares.redirect] DEBUG: Redirecting (302)
e> from <GET http://mail.qq.com>
2020-11-10 18:46:42 [scrapy.core.engine] DEBUG: Crawled (200) <GET https://en.mail.qq.
>>> response.status
200
>>> response.headers
{b'Server': [b'nginx'], b'Date': [b'Tue, 10 Nov 2020 10:46:44 GMT'], b'Content-Type':
ept-Encoding'], b'Cache-Control': [b'max-age=0'], b'Referrer-Policy': [b'origin']}
>>> response.text[:200]
'<!DOCTYPE html>  <script>(function(){if(Math.min(screen.height,screen.width) <= 480)
;</script><script>(function(){if(location.protocol=="http:"){document'
```

图 7-12　fetch 命令的使用

5. view

在浏览器中打开给定的 URL，并以 scrapy spider 获取的形式展现，但有时候 spider 获取的页面和普通用户看到的并不相同。基本语法格式为“scrapy view url”，可以用来检查 spider 获取的页面，并确认其是否为用户所期望的页面。如 scrapy view www.baidu.com。

6. version

输出 Scrapy 版本。配合-v 运行时，该命令同时输出 Python、Twisted 以及平台的信息。如 scrapy verison。

7. genspider

在当前项目中生成爬虫模板文件。该命令可以使用提前定义好的模板来生成 spider，也可以自己创建 spider 的源码文件。基本语法格式为“scrapy genspider 爬虫名域名”。缺省使用 basic 模板生成爬虫模板文件。

8. crawl

启动爬虫。需要注意的是必须在项目根目录下运行。基本语法格式为“scrapy crawl 爬虫名”。经常与-o 参数一起使用，实现数据文件的输出，如 scrapy crawl baidu -o b.csv，启动名为 baidu 的爬虫，并将结果输出为 b.csv 文件。

9. list

罗列当前项目中所有可用的 spider 只能在项目根目录下运行。运行 scrapy list 可以帮助用户检查错误，如程序出现问题会出现错误提示。也可使用 scrapy check 检查错误。scrapy list 命令如图 7-13 所示。

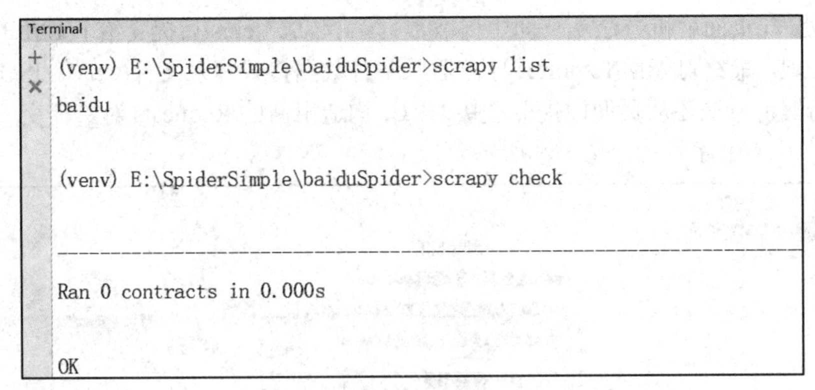

图 7-13　scrapy list 命令

7.2　Scrapy 架构原理

从 Scrapy 入门案例中，读者可以感受到使用框架编写爬虫程序的便捷，但是框架生成的目录结构却让人感到迷茫。Scrapy 框架组件之间到底是如何协同工作的？本节重点介绍其实现原理。

Scrapy 框架原理图从数据流的角度揭示 Scrapy 的工作原理，如图 7-14 所示。从图中可以看出，Scrapy 框架由 ENGINE、SCHEDULER、DOWNLOADER、SPIDERS、MIDDLEWARE、ITEM PIPELINE 等组件组成。组件作用如表 7-2 所示。

表 7-2　Scrapy 核心组件及其作用

组　件	描　　述	类　型
ENGINE	引擎，框架的核心，其他所有组件在其控制下协同工作	内部组件
SCHEDULER	调度器，负责对 SPIDER 提交的下载请求进行调度	内部组件
DOWNLOADER	下载器，负责下载页面(发送 HTTP 请求/接收 HTTP 响应)	内部组件
SPIDERS	爬虫，负责提取页面中的数据，并产生对新页面的下载请求	用户实现
MIDDLEWARE	中间件，负责对 Requests 对象和 Response 对象进行处理	可选组件
ITEM PIPELINE	数据管道，负责对爬取到的数据进行处理	可选组件

下面简单介绍 Scrapy 的工作流程。

首先，当 SPIDERS 要爬取某 URL 地址的页面时，需使用该 URL 构造一个 Requests 对象，并将其提交给 ENGINE，如图 7-14 中序号①所示。

其次，引擎将 Requests 对象放入 SCHEDULER 调度器中按某种算法进行排队，之后的某个时刻 SCHEDULER 调度器将其出队，送往 DOWNLOADER 下载器组件，如图 7-14 中序号②、③、④所示。

再次，DOWNLOADER 下载器根据 Requests 对象中的 URL 地址发送 HTTP 请求到网站服务端，网站服务端返回 HTTP 响应构造出一个 Response 对象，其中包含页面的 HTML 文本、图片等相关资源，如图 7-14 中序号⑤所示。

最后，Response 对象最终会被递送给 SPIDERS 的页面解析方法(构造 Requests 对象时指定)进行处理，页面解析方法从页面中提取数据，封装成 Items 后提交给 ITEM PIPELINES 组件进行处理，最终可能由 Exporter 导出器以某种数据格式写入文件(CSV、JSON 等)。另一方面页面解析方法还从页面中提取链接 URL，构造出新的 Requests 对象提交给 ENGINE 引擎，如图 7-14 中序号⑥、⑦、⑧所示。

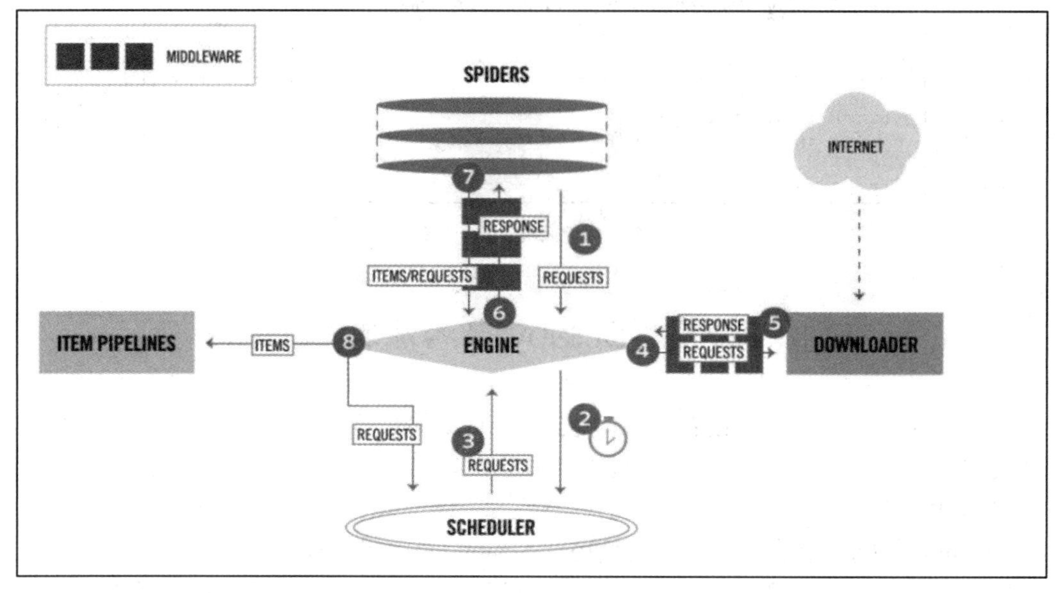

图 7-14　Scrapy 框架原理图

以上是 Scrapy 框架的基本原理，组件较多，组件间协同工作，需要读者先了解每个组件的基本作用，然后重点关注框架中的数据流。理解了框架中的数据流，也就理解了 Scrapy 爬虫的工作原理。如果把框架中的组件比作人体的各个器官，Requests 和 Response 对象便是血液，Items 则是代谢产物的概念。

7.3　Scrapy 请求发送

善于思考的读者会发现，使用 Scrapy 框架编写的入门案例中，只是对 start_urls 变量赋值后就实现了请求的发送。Scrapy 框架内部是如何实现请求发送的？本节着重说明 Scrapy 框架内部请求发送的基本原理以及 GET 请求和 POST 请求发送的方法。

7.3.1　Scrapy 请求发送原理

爬虫文件中请求发送并没有手动实现，但在 parse 方法中却获取了响应数据，这是因为爬虫文件中的爬虫类继承了 Spider 父类中的 start_requests(self)方法，该方法就可以对 start_urls 列表中的 URL 地址发起请求。

可以通过查看 Scrapy 源码来进行验证。在 PyCharm 中打开 spiders 文件夹中的任意爬虫文件，按住“Ctrl”键，同时鼠标点击类名 scrapy.Spider，页面会跳转到 Scrapy 框架的源代码中，如图 7-15 所示。

```
import scrapy
from house.items imp  class Spider(object_ref)
import re
class Cq58Spider(scrapy.Spider):
    name = 'cq58'
    allowed_domains = ['58.com']
    start_urls = ['https://cq.58.com/ershoufang/']

    def parse(self, response):
        for row in response.xpath("//*[@class='house-list-wrap']/li"):
```

图 7-15 PyCharm 中切换到源代码的方法

scrapy.Spider 源文件打开后，在第 58 行可以看到以下源码：

```
def start_requests(self):
    cls = self.__class__
    if not self.start_urls and hasattr(self, 'start_url'):
        raise AttributeError(
            "Crawling could not start: 'start_urls' not found "
            "or empty (but found 'start_url' attribute instead, "
            "did you miss an 's'?)")
    if method_is_overridden(cls, Spider, 'make_requests_from_url'):
        warnings.warn(
            "Spider.make_requests_from_url method is deprecated; it "
            "won't be called in future Scrapy releases. Please "
            "override Spider.start_requests method instead (see %s.%s)." % (
                cls.__module__, cls.__name__
            ),
        )
        for url in self.start_urls:
            #发送 GET 请求
            yield self.make_requests_from_url(url)
    else:
        for url in self.start_urls:
            #发送 GET 请求，dont_filter=True 不加入到去重队列中
            yield Request(url, dont_filter=True)
```

在底部可以看到 for 循环遍历了 start_urls 列表，然后使用 Request 方法发送 GET 请求。那为什么 Scrapy 框架要将 start_urls 设计为列表类型？Scrapy 框架是个异步高并发的框架，可以同时发送多个请求，并发请求的数量可以使用 Settings.py 文件的“CONCURRENT_REQUESTS”参数进行配置，缺省情况下可开启 32 个请求，具体开启的请求数量和电脑硬件有关。也可以使用列表推导式为参数 start_urls 赋值，这样就可以实现简单分页功能了。如果有特殊要求(如需要发送请求时携带 cookies)，可以通过重写 start_requests(self)方法来

实现请求发送。

7.3.2　GET 请求

上节中的 Request 方法只是指定了 URL 地址、未将请求加入到去重队列中(可以重复发送相同的请求)。其实 Request 方法有很多参数来应对各种复杂情况。Request 方法的语法格式如下：

```
class scrapy.Request(url, [callback, method='GET', headers, body, cookies, meta, encoding='utf-8',
          priority=0, dont_filter=False, errback, flags])
参数说明：
1. url：请求 URL 地址，必选，其余参数为可选项。
2. callback：回调函数，用于接收请求后的返回信息，若没指定，则默认为 parse 方法。
3. method：HTTP 请求的方式 GET、POST、PUT 等，必须为大写，默认为 GET 请求。
4. headers：请求头信息，一般在 settings 中设置即可。
5. body：请求体，str 类型，一般不需要设置。
6. cookies：请求的 cookie，dict 或 list 类型。
          字典类型如 cookies = {'name1' : 'value1' , 'name2' : 'value2'}
          列表类型如 cookies = [{'name': 'Zarten', 'value': 'my name is Zarten'}]
7. meta：元数据，用于页面之间传递数据，字典类型，可使用 response.meta 接收数据。
8. encoding：编码方式，默认为 utf-8。
9. priority：指定请求的优先级，int 类型，数字越大优先级越高，可以为负数，默认为 0。
10. dont_filter：强制不过滤。默认为 False，若设置为 True，请求将不会过滤(不会加入到去重
          队列中)，可以多次执行相同的请求。
11. errback：抛出错误的回调函数，错误包括 404，超时，DNS 错误等。
```

scrapy.Request 方法常用于分页以及网站详情页爬取。常用参数有 url、callback、method、cookies、meta。

下面我们以 Scrapy 官方推荐网站 quotes.toscrape.com 为例介绍 scrapy.Request 的基本使用方法，参考页面如图 7-16 所示。

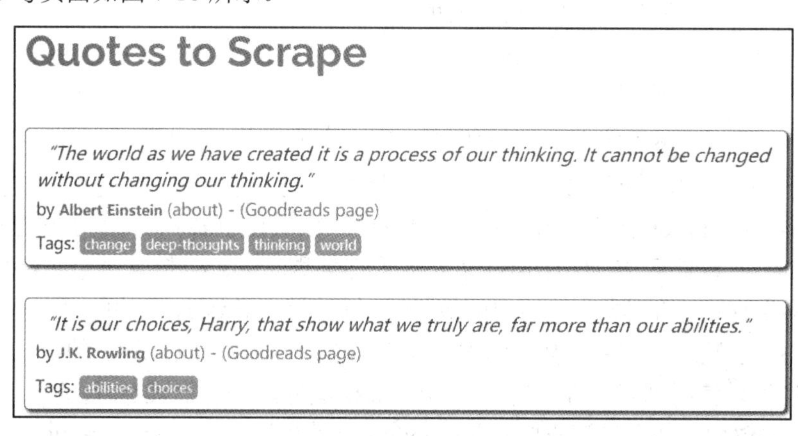

图 7-16　quotes.toscrape.com 网站

目标任务是爬取网站的所有名人名言和作者。使用浏览器开发者工具分析页面的HTML 结构，如图 7-17 所示。每句名人名言包裹在 class 为“quote”的 div 中。根据 class 一次获取所有的数据行后逐行提取名人名言和作者信息。

```
▼<div class="quote" itemscope itemtype="http://schema.org/CreativeWork">
  ▼<span class="text" itemprop="text">
      "“The world as we have created it is a process of our thinking. It cannot be
      changed without changing our thinking.”" == $0
    </span>
  ▼<span>
      "by "
      <small class="author" itemprop="author">Albert Einstein</small>
      <a href="/author/Albert-Einstein">(about)</a>
      " - "
      <a href="http://goodreads.com/author/show/9810.Albert_Einstein">(Goodreads page)
      </a>
    </span>
  ▶<div class="tags">…</div>
  </div>
```

图 7-17　quotes.toscrape.com 网站的页面结构

案例的难点在于分页功能。分析分页规律一般通过模拟点击分页按钮观察浏览器地址栏的变化。观察后发现地址栏增加“/page/”页码参数。但是数据有多少页不清楚，无法使用列表推导式为 start_urls 赋值来实现分页。这种情况只能查看分页按钮“Next”的 HTML 结构，“Next”按钮的页面结构如图 7-18 所示。

```
▶<div class="quote" itemscope itemtype="http://schema.org/CreativeWork">…</div>
▼<nav>
  ▼<ul class="pager">
      ::before
    ▶<li class="previous">…</li>
    ▼<li class="next">
      ▶<a href="/page/3/">…</a> == $0
      </li>
      ::after
    </ul>
  </nav>
</div>
```

图 7-18　“Next”按钮的页面结构

观察图 7-18 的 HTML 结构，会发现“Next”按钮下 a 标签的 href 属性就是分页时需要传递的参数。点击“Next”按钮直到最后一页时，“Next”按钮不再显示。由此形成分页的基本思路，参考代码如下：

```
def parse(self, response):
        #查找 Next 按钮下 a 标签的 href 属性
        next_page=response.xpath("//*[@class='next']/a/@href")
        if next_page: #如果存在
            #形成完整的 URL 地址，next_page 为相对路径
            url=response.urljoin(next_page)
```

```
            #再次发送请求，实现分页
            yield scrapy.Request(url)
```

下面开始编写案例代码。

首先，创建爬虫项目 scrapydemo。参考代码如下：

```
scrapy startproject scrapydemo
```

其次，生成爬虫模板，爬虫名为“quote”，域名“quotes.toscrape.com”。参考代码如下：

```
cd scrapydemo
scrapy genspider quote quotes.toscrape.com
```

再次，创建数据容器，在 spiders 同级目录中找到 items.py 文件。参考代码如下：

```
import scrapy
class ScrapydemoItem(scrapy.Item):
    content = scrapy.Field()   #名人名言
    author = scrapy.Field()    #作者
```

最后，在 spiders 文件夹中找到 quote.py 爬虫文件，编写解析方法。参考代码如下：

```
import scrapy
from scrapydemo.items import ScrapydemoItem   #导入数据容器
class QuoteSpider(scrapy.Spider):
    name = 'quote'
    allowed_domains = ['quotes.toscrape.com']
    start_urls = ['http://quotes.toscrape.com/']
    def parse(self, response):
        #按照 class 属性提取所有数据行
        for row in response.xpath("//*[@class='quote']"):
            item=ScrapydemoItem() #实例化容器
            item["content"]=row.xpath("./*[@class='text']/text()").get()      #名人名言
            item["author"]=row.xpath(".//*[@class='author']/text()").get()   #作者
            yield item
        #分页代码，查找 Next，如果存在继续发送请求
        next_page=response.xpath("//*[@class='next']/a/@href").get()
        if next_page: #Next 存在
            url=response.urljoin(next_page)   #连接形成完整 URL 地址
            yield scrapy.Request(url)   #向下一页地址发送新的请求
```

在爬虫运行前，需要将 settings.py 中的参数 ROBOTSTXT_OBEY 设置为 False。否则爬虫必须遵守网站的 Robots 协议，有可能无法进行数据爬取。

7.3.3　POST 请求

Scrapy 除了可以发送 GET 请求外，同样也可以发送 POST 请求。POST 请求使用频率

并不高，典型应用为模拟登录，有些网站对爬虫不友好，用户必须登录后才能进行数据爬取。

scrapy.FormRequest 主要用于发送 POST 请求。其基本语法格式如下：

```
scrapy.FormRequest(url,method,formdata,callback)
参数说明：
1. url：目标网站 URL 地址，必输项。
2. method：GET 或 POST 请求，缺省为 POST 请求。
3. formdata：POST 请求参数，字典类型。
4. callback：回调函数，用于接收请求后的返回信息，若没指定，则默认为 parse 方法。
```

依然以 quotes.toscrape.com 网站的登录为例进行介绍，登录 URL 地址为 http://quotes.toscrape.com/login。只需要输入用户名和密码即可实现登录，此模拟网站登录名和密码可以任意输入。结合浏览器开发者工具，拦截网站请求后发现，点击"login"按钮 POST 请求 URL 地址和 GET 请求获取的页面地址一致。如图 7-19 所示。

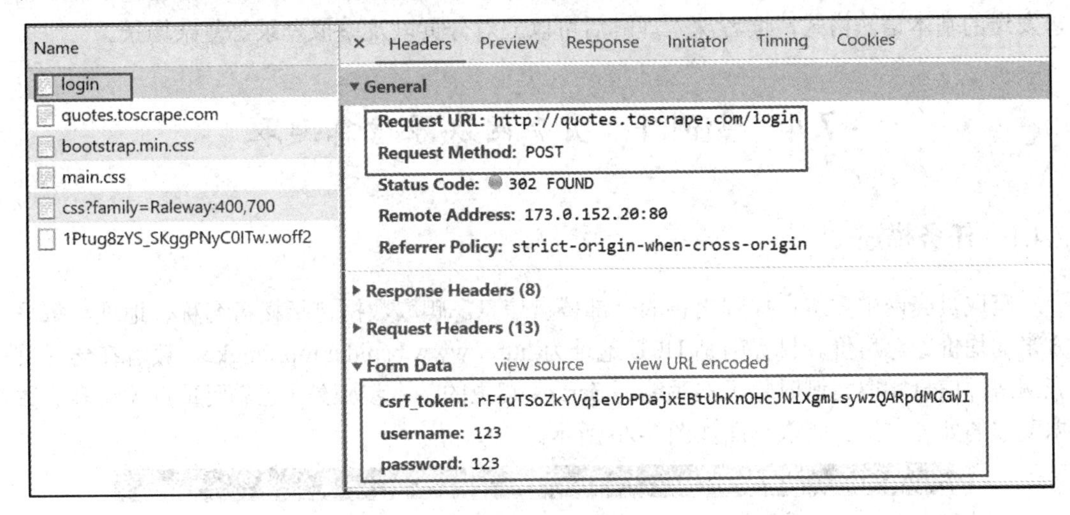

图 7-19　登录请求地址及参数

分析出目标地址和参数后，下一步的实现思路是使用 FormRequest 方法发送 POST 请求模拟登录，请求发送完成后使用 XPath 选择器验证页面中是否出现 logout 链接，如果出现则表示登录成功。为了简化流程，创建爬虫项目以及生成爬虫模板的步骤省略，直接拷贝任何一个爬虫模板文件进行修改。参考代码如下：

```
import scrapy
class LoginSpider(scrapy.Spider):
    name = 'login'
    allowed_domains = ['quotes.toscrape.com']
    start_urls = ['http://quotes.toscrape.com/login']
    #根据 7.3.1 节的基本原理，重写请求发送
    def start_requests(self):
        for url in self.start_urls:
            data={
```

```
            "username":"123",  #用户名和密码可以是任意字符
            "password":"123"
        }
        #发送 POST 请求，formdata 为提交的数据，callback 回调函数使用默认 parse
        yield scrapy.FormRequest(url,formdata=data)
#登录后，解析页面是否出现 logout 链接
def parse(self, response):
    print("start------------------")
    #查找是否出现 logout 标签文本
    status=response.xpath("//*[@class='col-md-4']//a/text()").get()
    print(status)
```

以上介绍了 Scrapy 框架请求发送的基本原理，通过案例介绍了 GET 请求和 POST 请求发送的基本语法格式，读者深入理解后可以应对分页以及模拟登录等复杂场景。

7.4 案例 1 贝壳网房源信息爬取

7.4.1 任务描述

爬取贝壳网中重庆市挂牌出售的全部楼盘信息。爬取数据包括楼盘名称、地址、每平方米的均价、总房价。目标网站 URL 地址为 http://www.bspider.top/fangke。读者在学习贝壳网房源信息爬取案例时除了熟悉编写 Scrapy 爬虫的基本步骤外，还需要重点关注多页数据爬取的处理方法。爬取页面如图 7-20 所示。

图 7-20　贝壳网房源信息

7.4.2　任务分析

前面的入门案例中已经介绍了使用 Scrapy 框架编写爬虫的五个基本步骤，包括创建爬虫项目、生成爬虫模板文件、定义数据容器、编写爬虫、运行爬虫。由于多个同类型的爬虫可以放在一个爬虫项目中，所以创建爬虫项目不是每次都必须执行的步骤。使用 Scrapy 框架写爬虫程序的重点依然在解析环节，任务分析还是从页面分析开始。

使用浏览器开发者工具分析页面 HTML 结构，页面的 HTML 结构稍显复杂，但使用的标签依然是 ul 和 li，如图 7-21 所示。这里选择使用 XPath 选择器结合二次查找法进行数据提取。可以确定每行数据的 XPath 选择器为//ul[@class='resblock-list-wrapper']/li。由于标签属性较多，页面结构较为复杂，可以使用浏览器的开发者工具生成 XPath 选择器后做局部调整。

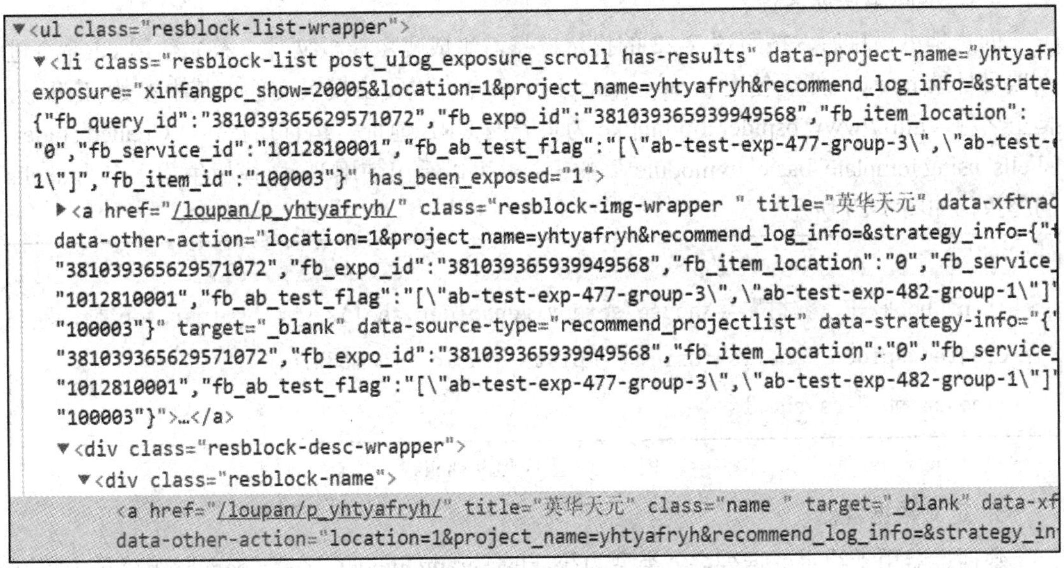

```
▼<ul class="resblock-list-wrapper">
  ▼<li class="resblock-list post_ulog_exposure_scroll has-results" data-project-name="yhtyafr
  exposure="xinfangpc_show=20005&location=1&project_name=yhtyafryh&recommend_log_info=&strateg
  {"fb_query_id":"381039365629571072","fb_expo_id":"381039365939949568","fb_item_location":
  "0","fb_service_id":"1012810001","fb_ab_test_flag":"[\"ab-test-exp-477-group-3\",\"ab-test-
  1\"]","fb_item_id":"100003"}" has_been_exposed="1">
    ▶<a href="/loupan/p_yhtyafryh/" class="resblock-img-wrapper " title="英华天元" data-xftrac
    data-other-action="location=1&project_name=yhtyafryh&recommend_log_info=&strategy_info={"f
    "381039365629571072","fb_expo_id":"381039365939949568","fb_item_location":"0","fb_service_
    "1012810001","fb_ab_test_flag":"[\"ab-test-exp-477-group-3\",\"ab-test-exp-482-group-1\"]"
    "100003"}" target="_blank" data-source-type="recommend_projectlist" data-strategy-info="{"
    "381039365629571072","fb_expo_id":"381039365939949568","fb_item_location":"0","fb_service_
    "1012810001","fb_ab_test_flag":"[\"ab-test-exp-477-group-3\",\"ab-test-exp-482-group-1\"]"
    "100003"}">…</a>
    ▼<div class="resblock-desc-wrapper">
      ▼<div class="resblock-name">
          <a href="/loupan/p_yhtyafryh/" title="英华天元" class="name " target="_blank" data-xf
          data-other-action="location=1&project_name=yhtyafryh&recommend_log_info=&strategy_in
```

图 7-21　网站的页面结构

除了页面结构外，分页也是必须要考虑的问题。切换分页按钮观察 URL 地址的变化，可以找出分页的规律为增加了 pg 参数，格式为“http://www.bspider.top/fangke/pg页码”。同时必须要关注第一页的规则，验证“http://www.bspider.top/fangke/pg1”是否能够正常显示信息，通过验证发现首页适合此规律。如果不能正常显示，首页需要单独处理。

至此任务分析已经完成，按照 Scrapy 框架的五个基本步骤开始编写代码。

7.4.3　任务实现

1. 创建爬虫项目

当前目录下创建名称为 house 的爬虫项目，在 cmd 命令行或 PyCharm 的 Terminal 下输入 scrapy startproject house，如图 7-22 所示。

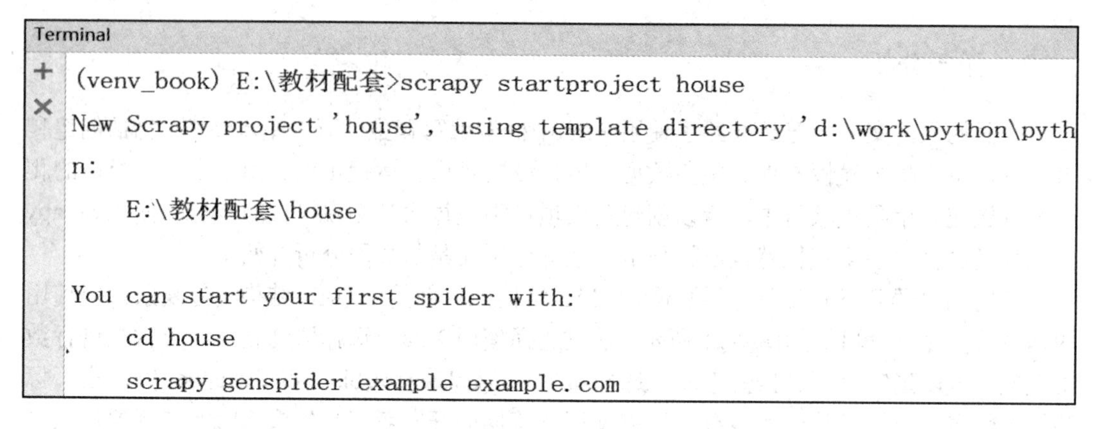

图 7-22　创建 Scrapy 项目

2. 生成爬虫模板文件

创建爬虫项目后，按照图 7-22 的提示信息，生成爬虫模板文件。首先使用 cd 命令进入项目目录 house，然后使用 scrapy genspider 命令生成爬虫模板文件。其中参数 shells 为爬虫名称，http://www.bspider.top/fangke 为贝壳网 URL 地址。运行后提示“Created spider 'shells' using template 'basic' in module:”的信息，可以看出使用 basic 模板生成了名为 shells 的爬虫，如图 7-23 所示。

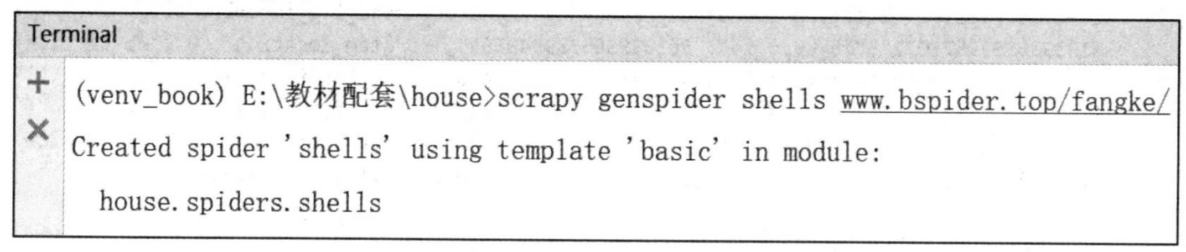

图 7-23　生成爬虫 shells

3. 定义数据容器

数据容器用于约定数据列名，类型为统一的 Scrapy.Field()。在 spiders 同级目录中找到 items.py 文件，定义一个继承 scrapy.Item 的 class，列名自定义。参考代码如下：

```
import scrapy
class ShellsItem(scrapy.Item):    #必须继承 scrapy.item
    house = scrapy.Field()        #楼盘名称
    address = scrapy.Field()      #地址
    price = scrapy.Field()        #均价
    total= scrapy.Field()         #总价
```

4. 编写爬虫

在 spiders 目录中找到生成的模板文件 shells.py，核心关注点就是 parse 方法，使用二次查找法结合 XPath 选择器实现数据提取。读者结合浏览器开发者工具生成 XPath 选择器，然后做简化，可以快速编写出 XPath 选择器。这里暂时只爬取一页数据，修改 start_url 的起始 URL 为['www.bspider.top/fangke/']，参考代码如下：

```
import scrapy
from house.items import ShellsItem    #导入定义的数据容器
import re
class ShellsSpider(scrapy.Spider):
    name = 'shells'
    allowed_domains = ['www.bspider.top/fangke']   #爬取的范围，域名不在此范围将不会爬取
    start_urls = ['http://www.bspider.top/fangke/pg1']   #起始 URL
    #核心的解析方法
    def parse(self, response):
        #提取所有的 li
        for row in response.xpath("//ul[@class='resblock-list-wrapper']/li"):
            item = ShellsItem()   #初始化容器必须放在循环内
            #使用索引进行快速定位
            item["house"] = row.xpath("div/div[1]/a/text()").get().strip()   #楼盘
            item["address"] = row.xpath("div/a[1]/@title").get().strip()   #地址
            price = row.xpath("string(./div/div[4]/div[1])").get()   #均价
            item["price"] = re.sub("\\s+", "", price)   #去掉空白字符
            total = row.xpath("div/div[4]/div[2]/text()").get()   #总价
            #简单清洗数据，去掉总价两个字
            total = total.replace("总价", "") if total is not None else ""
            item["total"] = total
            yield item
```

5. 运行调试爬虫

很多初学者容易在运行爬虫时犯错，即直接在 PyCharm 下右键选择“Run shells”运行单个爬虫文件。Scrapy 框架编写的爬虫程序是多个程序协同工作，需要通过命令“scrapy crawl 爬虫名”来运行。运行 shells 爬虫的命令需要在爬虫项目根目录即 house 目录下输入，参考代码如图 7-24 所示。

```
Terminal
(venv_book) E:\教材配套\house>scrapy crawl shells -o house.csv
2020-11-17 16:16:51 [scrapy.utils.log] INFO: Scrapy 2.3.0 started (bot: house)
2020-11-17 16:16:51 [scrapy.utils.log] INFO: Versions: lxml 4.5.2.0, libxml2 
sted 20.3.0, Python 3.7.0 (v3.7.0:1bf9cc5093, Jun 27 2018, 04:59:51) [MSC v.1
21 Apr 2020), cryptography 3.0, Platform Windows-10-10.0.16299-SP0
```

图 7-24　运行 shells 爬虫

其中参数“-o house.csv”表示将爬取结果输出为 house.csv 文件，输出的文件保存在爬虫项目根目录中。

编写爬虫的过程中，出现代码异常是很正常的事情。出现问题应该如何调试呢？可以通过 scrapy shell 调试或在代码中通过 print 函数打印输出中间结果，但这些都不是最直接

有效的方式，最有效的方式是让 scrapy 项目在 Pycharm 环境中支持断点调试。断点调试需要在 scrapy 项目根目录中新建 main.py 文件，然后通过 cmdline.execute 函数执行 scrapy crawl 命令，参考代码如下：

```
from scrapy import    cmdline
#通过 scrapy 命令行执行 scrapy crawl shells -o b2.csv，
#由于参数为列表类型，所以使用 split 函数进行拆分
cmdline.execute("scrapy crawl shells -o b2.csv".split())
```

在执行 DEBUG 前，需要在有疑惑的代码处单击鼠标来添加断点，再次单击可取消断点，如图 7-25 所示。

```
shells.py
4   class ShellsSpider(scrapy.Spider):
5       name = 'shells'
6       allowed_domains = ['www.bspider.top/fangke']  # 爬取的范围，域名不在此范围将不会爬取
7       start_urls = ['http://www.bspider.top/fangke/pg1']  # 起始url
8       # 核心的解析函数
9       def parse(self, response):
10          # 提取所有的li
11          for row in response.xpath("//ul[@class='resblock-list-wrapper']/li"):
12              item = ShellsItem()  # 初始化容器必须放在循环内
13              # 使用索引进行快速定位
14              item["house"] = row.xpath("div/div[1]/a/text()").get().strip()  # 楼盘
15              item["address"] = row.xpath("div/a[1]/@title").get().strip()  # 地址
```

图 7-25　程序调试——添加断点

切换到 main.py 文件，使用单击鼠标右键选择 Debug main 命令，程序启动后会直接跳转到断点处。使用 F8 快捷键一步步调试，可以随时观察变量的输出结果，如图 7-26 所示。以上为基本的调试技巧，读者也可在切换到 main.py 文件后，单击鼠标右键选择 Run main 直接运行程序，这样也解决了每次都输入执行命令的麻烦。

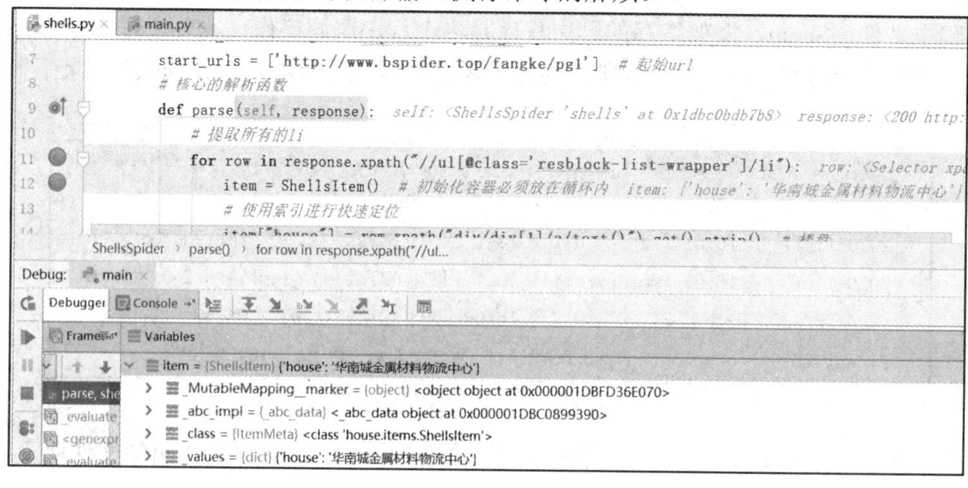

图 7-26　断点调试

6. 多页数据爬取

以上五个步骤只是实现了单页数据的爬取，如果要爬取所有数据就必须增加分页逻辑。

分页实现的基本原理就是多次请求多次解析。start_urls 作为请求的入口地址，类型为列表，可以在列表中追加想要爬取页面的 URL 地址。由于网站的分页一般有其固定的规律，所以读者很容易想到使用列表推导式来进行处理。任务分析中已经找到了分页实现的 URL 地址格式为 ttp://www.bspider.top/fangke/pg 页码，按此规律在爬虫文件 shells.py 文件中修改 start_urls 的初始值。至此使用 Scrapy 框架完成了贝壳网房源信息爬虫的编写，参考代码如下：

```
import scrapy
from house.items import ShellsItem
import re
class ShellsSpider(scrapy.Spider):
    name = 'shells'
    allowed_domains=['www.bspider.top/fangke'] #爬取的范围，域名不在此范围将不会爬取
    start_urls = ['http://www.bspider.top/fangke/pg' + str(i) for i in range(1, 197)]
    def parse(self, response):              #核心的解析方法
        #提取所有的 li
        for row in response.xpath("//ul[@class='resblock-list-wrapper']/li"):
            item = ShellsItem()   # 初始化容器必须放在循环内
            #使用索引进行快速定位
            item["house"] = row.xpath("div/div[1]/a/text()").get().strip()   #楼盘
            item["address"] = row.xpath("div/a[1]/@title").get().strip()   #地址
            price = row.xpath("string(./div/div[4]/div[1])").get()   #均价
            item["price"] = re.sub("\\s+", "", price)   #去掉空白字符
            total = row.xpath("div/div[4]/div[2]/text()").get()   #总价
            #简单清洗数据，去掉总价两个字
            total = total.replace("总价", "") if total is not None else ""
            item["total"] = total
            yield item
```

修改完成后切换到 main.py，单击鼠标右键选择 Run main 或使用“Shift + F10”快捷键运行爬虫，查看爬虫运行结果。爬取结果如图 7-27 所示。

	A	B	C	D
79	龙兴（绕城高速下道口）	桥达天蓬樾府	14000元/m²(均	165万/套
80	龙兴（绕城高速下道口）	桥达天蓬樾府	16000元/m²(均	154万/套
81	七公里学府大道69号(重庆交通大学对面)	28阙	35500元/m²(均	760万/套
82	铜元局轻轨站菜园坝长江大桥南桥头堡上	英华天元	16000元/m²(均	400万/套
83	龙洲湾隧道入口旁	华南城金属材料物	8500元/m²(均	60万/套
84	富洲路（南方苹果派旁）	蓝光公园华府	15000元/m²(均	160万/套
85	华福大道轻轨5号线跳蹬站旁	金地自在城	12000元/m²(均	78万/套
86	渝北区普福大道第一沟旁	龙兴国际生态新城	10000元/m²(均	218万/套
87	光照路附近 （金通大道与金海大道交界处步行	金科美的碧桂园金	17000元/m²(均	177万/套
88	鸥鹏大道巴川旁（巴南新鸥鹏教育城旁边）	新城金樾府	8600元/m²(均	120万/套
89	龙兴（绕城高速下道口）	桥达天蓬樾府	14000元/m²(均	165万/套
90	龙兴（绕城高速下道口）	桥达天蓬樾府	16000元/m²(均	154万/套
91	七公里学府大道69号(重庆交通大学对面)	28阙	35500元/m²(均	760万/套

图 7-27　爬取的贝壳新房数据

使用列表推导式实现多页数据爬取的方法简单，但需要预先计算爬取页面数，爬取页面数=总记录行数/每页数据行，这样的处理方式通用性不强，需要人为干预，稍显麻烦。较好的处理方式为在 prase 方法中编写页面逻辑判断是否存在下一页，如果存在则发送新的请求。

7.5　案例 2　古诗文网唐诗三百首爬取

7.5.1　任务描述

爬取古诗文网唐诗三百首。爬取数据包括诗词名称、作者、诗词正文。网站 URL 地址为 http://www.bspider.top/gushiwen/ts。读者在学习此案例时重点关注 Scrapy 多页面爬取的处理方法。参考页面如图 7-28 和图 7-29 所示。

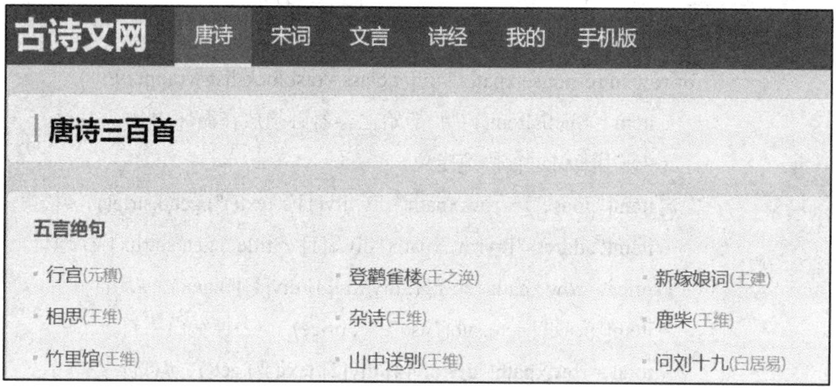

图 7-28　古诗文网唐诗三百首列表页

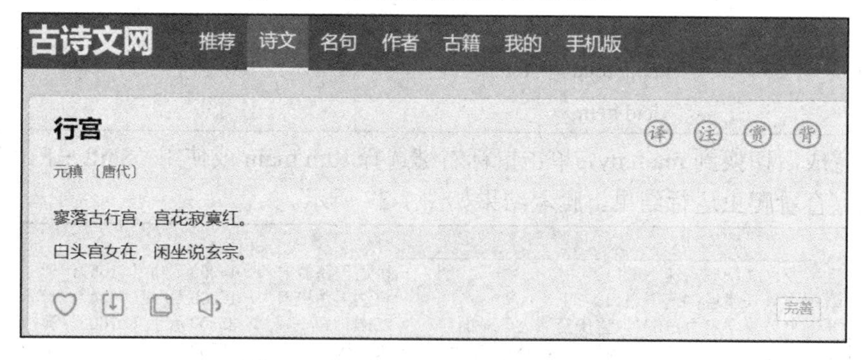

图 7-29　古诗文网唐诗三百首详情页

7.5.2　任务分析

从爬取的参考页面可以发现，需要爬取的诗词名称、作者数据项在列表页中，而诗词正文在详情页中。在当前案例中不能一次性提取所有数据项，在爬取每行诗词名称和作者后都需要再次发送请求以获取详情页的信息。可以考虑使用 scrapy.Request 方法发送 GET 请求，从而实现详情页的爬取。

数据解析部分依然从网页结构入手，先查找包括所有诗词名和作者的标签，然后循环遍历，获取诗词正文部分的 href 地址，使用 scrapy.Request 向诗词正文的 href 地址再次发送请求，从而获取详情页的 HTML 并进行解析。从实现思路上看，需要进行两次解析，分别是列表页和详情页的解析，也就意味着需要有两个解析方法。由于最终爬取的数据格式为二维表格，所以要考虑参数传递，数据需要从列表页的解析方法传递到详情页的解析方法中。关于参数传递在 7.3.2 小节 GET 请求中已经介绍过，在使用 scrapy.Request 方法时，通过 meta 参数传递数据。

下面使用浏览器开发者工具分析唐诗三百首列表页。通过分析发现，列表页中使用 div 进行布局，每个 div 对应一个诗词分类，如五言绝句、七言绝句等。每个 div 的 class 属性都是 typecont，页面结构如图 7-30 所示。列表页中需要爬取的数据都放在 class 属性为 typecont 下 span 标签下的 a 标签中。了解了 HTML 结构后，很容易确定外层包含所有诗词名和作者的 XPath 选择器为//div[@class='typecont']/span。代码编写遵循从粗到细的原则，不需要一次确定所有细节，有了明确的思路和外层的 XPath 选择器，就可以开始代码的编写。

```
▼<div class="sons">
  ▼<div class="typecont">
    ▼<div class="bookMl">
        <strong>五言绝句</strong>
      </div>
    ▼<span>
        <a href="https://so.gushiwen.org/shiwenv_45c396367f59.aspx" target="_blank">行宫</a>
        "(元稹)"
      </span>
    ▶<span>…</span>
    ▶<span>…</span>
    </div>
  ▶<div class="typecont">…</div>
  ▶<div class="typecont">…</div>
```

图 7-30　唐诗三百首页面结构

7.5.3　任务实现

1. 创建爬虫项目

在 cmd 命令行或 PyCharm 的 Terninal 下输入 scrapy startproject shici 命令，如图 7-31 所示。

```
Terminal
(venv_book) E:\教材配套>scrapy startproject shici
New Scrapy project 'shici', using template directory 'd:\work\python\python37\lib\site-pac
t', created in:
    E:\教材配套\shici

You can start your first spider with:
    cd shici
    scrapy genspider example example.com
```

图 7-31　创建古诗文网爬虫项目

2. 生成爬虫模板

按照图 7-31 的提示信息生成爬虫模板。首先使用 cd 命令进入项目目录 shici，然后使用 scrapy genspider tangshi www.bspider.top/gushiwen 命令生成爬虫模板。其中参数 tangshi 为爬虫名称，www.bspider.top/gushiwen 为古诗文网的域名，如图 7-32 所示。

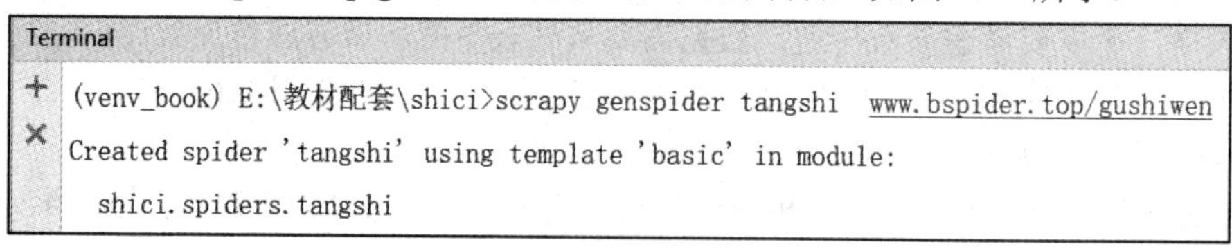

图 7-32　生成爬虫模板

3. 定义数据容器

在编写正式的爬虫前需要先定义存储数据的容器，用来约定数据的列名。打开 items.py 文件，在类 ShiciItem 下分别定义诗词名称 name、作者 author、诗词正文 content 三个属性，属性值为 scrapy.Field。参考代码如下：

```
import scrapy
class ShiciItem(scrapy.Item):        #必须继承 scrapy.Item
    name = scrapy.Field()            #诗词名称
    author = scrapy.Field()          #作者
    content = scrapy.Field()         #诗词正文
```

4. 编写爬虫

在生成的爬虫模板上结合任务分析就可以初步编写代码了。首先需要通过语句“from shicispider.items import ShiciItem”进行导包，然后创建 parse_detail 详情页解析方法。在列表页解析方法 parse 中，根据任务分析确定的外层 XPath 选择器进行循环遍历，并将解析后的数据项赋值给数据容器 item。解析完诗词名称、作者后，通过 scrapy.Request 方法将已经解析的数据通过 meta 字典传递给解析方法 parse_detail。parse_detail 解析方法通过语句“response.meta["item"]”接收 parse 方法传递的数据项。至此爬虫部分的主体内容已经完成。参考代码如下：

```
import scrapy
from shici.items import ShiciItem        #导入数据容器
class TangshiSpider(scrapy.Spider):
    name = 'tangshi'
    allowed_domains = ['www.bspider.top/gushiwen']
    start_urls = ['http://www.bspider.top/gushiwen/ts']
    #列表页解析方法，解析诗词名称、作者
    def parse(self, response):
        for row in response.xpath("//div[@class='typecont']/span"):
            item=ShiciItem();
            #诗词名称、作者的 XPath 选择器待定
```

```
            #url="详情页的 XPath 选择器待定"
            #发送详情页请求
            yield scrapy.Request(url,meta={"item":item},callback=self.parse_detail)
    #详情页解析
    def parse_detail(self, response):
        item=response.meta["item"]
        #诗词正文的 XPath 选择器待定
        yield item
```

观察图 7-30 唐诗三百首页面结构，span 标签的文本内容为作者信息，可以确定作者的 XPath 选择器为 text()。诗词名称包含在 span 标签下的 a 标签的文本内容中，所以 XPath 选择器为 a/text()。可以从 span 标签下 a 标签的 href 属性中提取详情页的 URL，XPath 选择器为 a/@href，用于向详情页发送请求。诗词名称和作者也可放在详情页中一起解析。

下面使用浏览器开发者工具，进一步确定详情页的 HTML 结构，提取诗词正文内容。详情页的 HTML 结构如图 7-33 所示。诗词正文包裹在 class 属性为 contson 的 div 中，一般会将 XPath 选择器写为//div[@class='contson']，此种写法语法上没有任何错误，但由于诗词正文中使用 br 标签进行换行，所以只能提取诗词的一部分。应该使用 string 函数提取 div 下所有文本内容，最终确定 XPath 选择器为 string(//div[@class='contson'])。但诗词正文部分包括大量的换行符和空白字符，可以考虑使用字符串的 replace 函数进行替换。也可使用正则表达式 re 模块中的 sub 函数进行数据清洗。部分诗词的正文部分包括有全角括号和半角括号，清洗时一并处理。

```
▼<p class="source">
   <a href="/authorv_201a0677dee4.aspx">元稹</a>
   <a href="https://so.gushiwen.org/shiwens/default.aspx?cstr=%e5%94%90%e4%bb%a3">〔唐代〕</a>
 </p>
▼<div class="contson" id="contson45c396367f59">
   "
                        寥落古行宫，宫花寂寞红。"
   <br>
   "白头宫女在，闲坐说玄宗。
                 "
 </div>
```

图 7-33　诗词详情页 HTML 结构

TangshiSpider 的完整代码如下：

```
import scrapy
from shici.items import ShiciItem              #导入数据容器
import  re
class TangshiSpider(scrapy.Spider):
    name = 'tangshi'  #爬虫的名称
    allowed_domains = ['www.bspider.top']    #约定域名范围
    #起始 URL，因为不需要分页，不需要特殊处理
    start_urls = ['http://www.bspider.top/gushiwen/ts']
```

```
    #列表页解析函数，解析诗词名称、作者
    def parse(self, response):
        #提取包含诗词名称和作者的标签，进行循环遍历
        for row in response.xpath("//div[@class='typecont']/span"):
            item=ShiciItem();                       #实例化数据容器
            url = row.xpath("a/@href").get()        #提取详情页 URL 地址
            url="http://www.bspider.top"+url
            item["name"] =row.xpath("a/text()").get()      #提取诗词名称
            author=row.xpath("text()").get()               #获取作者信息
            #对作者信息进行清洗，去掉括号部分
            if author is not None:
                author=author.replace("(","").replace(")","")
            item["author"]=author
            #向详情页发送请求，并传递数据
            #请求完成，通过回调函数 self.parse_detail 完成详情页的解析
            yield scrapy.Request(url,meta={"item":item},callback=self.parse_detail)
    def parse_detail(self, response):
        item=response.meta["item"]              #接收列表页传递的诗词名称和作者
        content=response.xpath("string(//div[@class='contson'])").get()    #提取诗词正文
        #对诗词正文进行清洗，去掉换行符、空白字符
        if (content is not None):
            content=re.sub("\n|\s","",content)      #\s 为空白字符的正则表达式
            item["content"]=content
        yield item
```

5. 运行爬虫

使用 scrapy crawl tangshi -o ts.csv 命令运行爬虫，输出结果如图 7-34 所示，会发现列名没有按照定义顺序进行输出。

	A	B	C
1	author	content	name
2	王维	山中相送罢，日暮掩柴扉。春草明年绿，王孙归不归？	山中送别
3	王维	独坐幽篁里，弹琴复长啸。深林人不知，明月来相照。	竹里馆
4	白居易	绿蚁新醅酒，红泥小火炉。晚来天欲雪，能饮一杯无？	问刘十九
5	王维	君自故乡来，应知故乡事。来日绮窗前，寒梅著花未？	杂诗
6	李白	美人卷珠帘，深坐颦蛾眉。但见泪痕湿，不知心恨谁。	怨情
7	李白	床前明月光，疑是地上霜。举头望明月，低头思故乡。	静夜思
8	王维	空山不见人，但闻人语响。返景入深林，复照青苔上。	鹿柴
9	王维	红豆生南国，春来发几枝。愿君多采撷，此物最相思。	相思
10	西鄙人	北斗七星高，哥舒夜带刀。至今窥牧马，不敢过临洮。	哥舒歌
11	王建	三日入厨下，洗手作羹汤。未谙姑食性，先遣小姑尝。	新嫁娘词
12	李商隐	君问归期未有期，巴山夜雨涨秋池。何当共剪西窗烛，	夜雨寄北
13	卢纶	月黑雁飞高，单于夜遁逃。欲将轻骑逐，大雪满弓刀。	塞下曲•月黑雁飞高

图 7-34　唐诗三百首爬虫运行结果

如果需控制列的显示顺序，可在 settings.py 中增加如下代码：

```
#控制列的显示顺序，需要与 items.py 定义的列名称保持一致
FEED_EXPORT_FIELDS=["name","author","content"]
```

本章小结

本章主要介绍 Scrapy 框架入门的基础知识、Scrapy 架构原理、Scrapy 请求发送三部分的内容。Scrapy 快速入门部分让读者快速掌握 Scrapy 框架使用的常用命令和一般步骤，能够迅速进入 Scrapy 爬虫的开发工作中。Scrapy 架构原理部分介绍隐藏在源码中的实现原理，让读者对框架有清晰全面的理解。Scrapy 请求发送部分介绍 Scrapy 常用的 GET、POST 请求发送方法。最后通过贝壳房源信息爬取和古诗文网唐诗三百首爬取案例的学习让读者融会贯通、综合应用。通过本章的学习，读者能够使用 Scrapy 框架实现静态网页的数据爬取。

本章习题

1. 简要说明 Scrapy 框架架构原理。
2. 举例说明 Scrapy 框架发送 GET 请求的基本语法格式。
3. 举例说明 Scrapy 框架发送 POST 请求的基本语法格式。
4. 使用 Scrapy 框架爬取贝壳网二手房数据。爬取数据包括楼盘名称、地址、每平米均价、总房价。网址为 https://cq.ke.com/ershoufang。
5. 爬取古诗文网宋词三百首。爬取数据包括诗词名称、作者、诗词正文。网址为 https://so.gushiwen.cn/gushi/songsan.aspx。
6. 爬取房天下二手房信息。爬取数据包括楼盘名称、地址、户型、面积、总价。网址为 https://cq.esf.fang.com。

第 8 章　Scrpay 框架深入

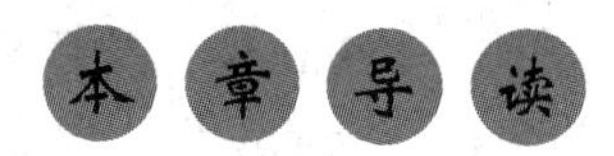

上一章主要介绍了 Scrapy 框架的基本原理和基本使用方法，从本章开始着重探讨 Scrapy 的深层次应用问题，主要包括通用网络爬虫、数据存储方法、常用应对反爬虫技巧以及使用 Scrapy 框架爬取动态网页数据的内容。通过古诗文网全站爬取和豆瓣网电影排行榜案例，提高读者的综合应用能力。

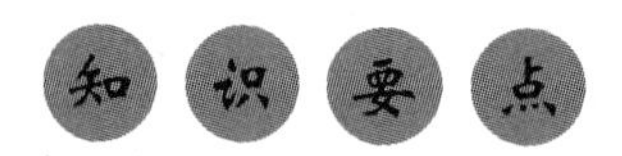

通过本章内容的学习，读者应理解或掌握以下知识技能：

- 掌握通用网络爬虫链接提取器和提取规则的编写方法。
- 理解 CrawlSpider 基本工作原理。
- 掌握 Scrapy 框架文本存储以及 MySQL 数据库存储方法。
- 理解并掌握突破反爬虫限制方法。
- 掌握编写下载器中间件的方法。
- 掌握随机用户代理的编写方法。
- 掌握随机 IP 代理的编写方法。
- 掌握动态网页爬取的基本方法。

学完上一章的内容后，读者已经对 Scrapy 框架有了初步的认识。Scrapy 框架作为企业级爬虫框架，又是如何处理全站爬取、数据存储、突破网站反爬虫限制、动态网页爬取等诸多常见问题的呢？

8.1　通用网络爬虫

在上一章中使用 scrapy genspider 命令创建的 BasicSpider 能够实现很多功能，但是如果想爬取知乎或者是简书全站数据，就需要一个更强大的武器。通用网络爬虫基于 CrawlSpider 类创建，可以定制链接提取规则，简化爬虫编写，适用于全站数据爬取。

8.1.1　CrawlSpider 模板

通用网络爬虫继承于 CrawlSpider，同样使用 scrapy genspider 命令生成模板文件，与生成 BasicSpider 模板文件不同的是创建时需要增加-t crawl 参数。下面以名人名言网站为例介绍。在任意爬虫项目下，使用 CrawlSpider 模板创建 quotes 爬虫。参考代码如下：

```
scrapy genspider -t crawl quotes quotes.toscrape.com
```

运行结果如图 8-1 所示，Creat spider 'quotes' using template 'crawl' in module 表示爬虫文件是基于 CrawlSpider 模板创建的。

```
Terminal
(venv_book) E:\教材配套\house>scrapy genspider -t crawl quotes quotes.toscrape.com
Created spider 'quotes' using template 'crawl' in module:
  house.spiders.quotes
```

图 8-1　生成 CrawlSpider 模板文件

在 spiders 文件夹中找到 quotes .py 文件，浏览生成的模板文件。参考模板代码如下：

```
import scrapy
from scrapy.linkextractors import LinkExtractor   #链接提取器
from scrapy.spiders import CrawlSpider, Rule #导包
class QuotesSpider(CrawlSpider):   #继承 CrawlSpider
    name = 'quotes'
    allowed_domains = ['quotes.toscrape.com']
    start_urls = ['http://quotes.toscrape.com/']
        #链接提取规则
        rules = (
            Rule(LinkExtractor(allow=r'Items/'), callback='parse_item', follow=True),)
        def parse_item(self, response):
          item = {}
          #item['domain_id'] = response.xpath('//input[@id="sid"]/@value').get()
          #item['name'] = response.xpath('//div[@id="name"]').get()
          #item['description'] = response.xpath('//div[@id="description"]').get()
          return item
```

以上模板代码和 BasicSpider 模板有三点不同。首先爬虫类继承自 CrawlSpider 而不是 scrapy.Spider 类。其次是新增了链接提取器 LinkExtractor 和规则 Rule 的定义，通过定义可以提取匹配规则的所有 a 标签的链接。最后解析方法名称变更为 parse_item。下面详细介绍链接提取器 LinkExtractor 和提取规则 Rule 的编写方法。

8.1.2　链接提取器和提取规则

CrawlSpider 类内部通过定义链接提取器和提取规则来提取所有匹配规则的 a 标签链接。链接提取器是从 scrapy.http.Response 中获取链接的对象。Scrapy 框架内部已实现多个

不同类型的链接提取器，如 scrapy.linkextractors import LinkExtractor。链接提取器有多个，每个链接提取器都有一个名为 extract_links 的公共方法，该方法接收 Response 对象并返回一个 scrapy.link.Link 对象列表。链接提取器只能实例化一次，但 extract_links 方法可多次调用。

默认情况下，链接提取器对象为 LinkExtractor，其功能与 lxmlLinkExtractor 相同，是一个高度推荐的链接提取器，因为它具有方便的过滤选项，使用 lxml 库强大的 html.parser 解析器实现。链接提取器的基本语法格式如下：

```
class scrapy.linkextractors.lxmlhtml.LxmlLinkExtractor(
allow = (), deny = (),  #允许、拒绝 URL 地址，使用正则表达式进行匹配
    allow_domains = (), deny_domains = (), deny_extensions = None,  #允许或拒绝的域名
restrict_xpaths = (),restrict_css = (),  #使用 XPath、CSS 提取指定区域链接
tags = ('a', 'area'), attrs = ('href', ),  #HTML 标记或属性提取
    process_value = None)  #回调函数
```

Rule 对象的作用是定义提取链接的规则，多个 Rule 对象组成 rules 属性。基本语法格式如下：

```
rules={
     Rule(LinkExtractor 链接提取器，callback，follow) ，}
参数说明：
1. LinkExtractor 提取器：设定提取规则。
2. callback：回调方法。
3. follow：是否跟进。当 callback 为 None 时，默认 follow 为 True。当 callback 不为 None 时，
   follow 为 False。
```

以上介绍完了 CrawlSpider 的基本用法。下面以 quotes 网站分页功能为例来进行介绍。使用浏览器开发者工具，选取下一页按钮“Next”，分页按钮的页面结构如图 8-2 所示。

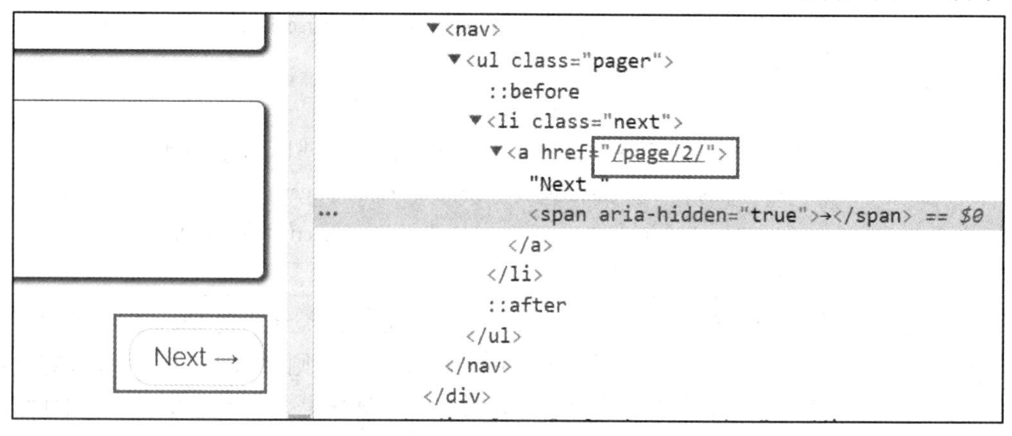

图 8-2　quotes 网站分页按钮的页面结构

从图 8-2 中很容易观察出分页功能是通过在域名后追加参数“/page/页码”实现的。在使用 BasicSpider 编写爬虫时，如果要实现此分页功能，需要在 parse 解析方法中使用 XPath 选择器或 CSS 选择器提取下一页按钮 a 标签的 href 属性，然后通过 scrapy.Request 再次发送请求，从而实现分页。参考代码如下：

```
import scrapy
class QuotSpider(scrapy.Spider):
    name = 'quot'
    allowed_domains = ['quotes.toscrape.com']
    start_urls = ['http://quotes.toscrape.com/']
    def parse(self, response):
        #循环获取名人名言
        for row in response.xpath("//*[@class='text']/text()"):
          item={}
          item["content"]=row.get()
          yield item
        #以下为分页实现，提取“Next”按钮下 a 标签的 href 属性
        url=response.xpath("//*[@class='next']/a/@href").get()
        url=response.urljoin(url)  #组合为绝对地址
        if url:
                yield scrapy.Request(url)  #重新发送请求分页
```

如果使用 CrawlSpider 实现，只需要设置提取规则和链接提取器。链接提取器使用 allow 参数，用正则表达式进行匹配，其中\d 表示 0～9 的数字用来匹配页码。缺省情况下，回调方法的默认名称为 parse_item。指定回调方法后，参数 follow 将会自动设置为 False，如需进行跟进，必须将参数 follow 设置为 True。参考代码如下：

```
import scrapy
from scrapy.linkextractors import LinkExtractor    #导包链接提取器
from scrapy.spiders import CrawlSpider, Rule       #导包 CrawlSpider 和规则

class QuotesSpider(CrawlSpider):   #继承 CrawlSpider
    name = 'quotes'
    allowed_domains = ['quotes.toscrape.com']
    start_urls = ['http://quotes.toscrape.com/']
    rules = (
        #链接提取器，使用正则表达式进行匹配，其中\d 代表 0-9 的数字
        Rule(LinkExtractor(allow=r" page/\d+"),
             callback='parse_item',follow=True),
             #跟进，循环提取，否则只提取第一页
    )
    def parse_item(self, response):
        for row in response.xpath("//*[@class='text']/text()"):
            item={}
            item["content"]=row.get()
            yield item
```

链接提取器中使用了正则表达式，正则表达式是对字符串操作的一种逻辑公式，就是用事先定义的一些特定字符以及这些特定字符的组合组成一个“规则字符串”，这个“规则字符串”用来表达对字符串的一种过滤逻辑。正则表达式和其他解析方式相比，虽然运行效率最高，但其可读性最差、入门难度较高。常用的正则表达式模式语法如表 8-1 所示。

表 8-1　常用的正则表达式模式语法

模　式	描　述
^	匹配字符串的开头
$	匹配字符串的末尾
.	匹配任意字符，除了换行符
[]	匹配[...]中的所有字符，如：[ab]匹配字符串 abcdab 中所有的 ab 字母
re*	匹配前面的子表达式零次或多次。如：zo*能匹配 z 以及 zoo
re+	匹配前面的子表达式一次或多次。如：zo+能匹配 zo、zoo，但不能匹配 z
re?	匹配前面的表达式零次或一次。如：do(es)？可匹配 do 或 does
\d	匹配任意数字，等价于[0～9]
\D	匹配任意非数字，等价于[^0～9]
\S	匹配任意非空白字符
\s	匹配任意空白字符
\w	匹配字母数字及下画线
\W	匹配非字母数字及下画线

8.1.3　CrawlSpider 工作原理

CrawlSpider 工作原理和 BasicSpider 相似。以 start_urls 作为请求入口参数，发送请求，从响应对象中，通过链接提取器 LinkExtractor 获取匹配链接，如果提取规则中配置了 follow=True 即跟进,则将提取的请求 URL 链接传递给调度器，然后循环发送请求。如果 follow=False，将不再发送请求。跟进的过程中有可能出现请求重复发送，Scrapy 框架默认会过滤重复请求。CrawlSpider 工作原理如图 8-3 所示。

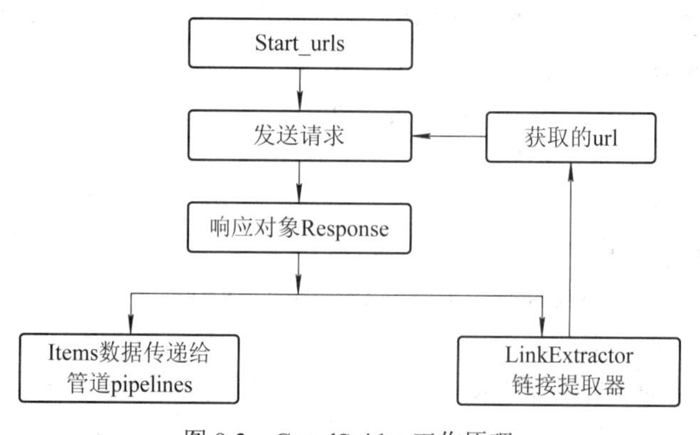

图 8-3　CrawlSpider 工作原理

8.2　数据存储

根据 Scrapy 架构原理，爬虫抓取的数据被发送到项目管道，通过 ITEM PIPELINE 组件进行数据输出。ITEM PIPELINE 又称之为管道，顾名思义就是对数据进行过滤处理，其主要的作用包括 HTML 数据清洗、爬取的数据验证(检查 Item 包含某些字段)、查重并丢弃、将数据保存到数据库或者文件中。支持的常用文本格式有 CSV、JSON、XML 等，默认情况下不支持直接输出为 Excel。Scrapy 框架既支持将数据存储至 MySQL、SQLServer 等关系型数据库，也支持存储至 Mangodb 等非关系型数据库，但需要安装与之相关的第三方库。

8.2.1　存储至 MySQL

爬取的数据如果想要直接存储至 MySQL 数据库，须提前安装 MySQL 数据库和第三方库 PyMySQL，具体安装方法参见第 5 章。Item Pipeline 组件以独立的 Python 类进行组织，存放在 pipelines.py 文件中。一般实现数据库存储分为建立连接、操纵数据、提交事务和释放资源三个步骤，需要分别实现 open_spider、process_item、close_spider 三个方法。基本的类结构如下：

```
class MySQLPipeline:
    #作用：读取配置文件，初始化连接以及游标
    #时机：开始爬取数据之前被调用
    def open_spider(self, spider):
      pass
    #作用：处理数据，数据库的增删改查操作
    def process_item(self, item, spider):
      pass
    #作用：释放资源
    #时机：process_item 执行完后被调用
    def close_spider(self, spider):
      pass
```

下面以贝壳房源信息爬取为例，介绍数据存储至 MySQL 数据库的实现方法。在介绍前需要根据爬取的数据项，在 MySQL 数据库中创建房源信息表 houseinfo，表结构如表 8-2 所示。

表 8-2　房源信息表 houseinfo

列　名	类　型	是否为空	是否为主键	备　注
id	int	no	yes	流水号，自增长主键
house	varchar(100)	no	no	楼盘名称
address	varchar(1000)	yes	no	楼盘地址
price	varchar(20)	yes	no	每平单价
total	varchar(100)	yes	no	总价

为提高代码的通用性，将数据库的连接配置存储在 settings.py 文件中。配置项包括主机名、端口、数据库名称、用户名、密码。配置项名称见名知意即可，配置项可放在 settings.py 文件中的任意位置。参考配置项如下：

```
MYSQL_DB_HOST="服务器 IP"
MYSQL_DB_PORT=3306          #端口，必须为数字
MYSQL_DB_NAME="数据库名称"
MYSQL_DB_USER="用户名"
MYSQL_DB_PASSWORD="密码"
```

配置好后，首先编写 open_spider。open_spider 负责读取连接配置、与数据库建立连接以及打开游标。使用 spider.settings.get 方法从 settings.py 文件中读取连接数据库需要的配置项，第一个参数为配置项的名称，第二个参数为缺省配置项，读者根据自己的环境情况自行调整。读取全部配置项后，使用 pymysql.connect 方法初始化数据库连接，并使用 db_conn.cursor 方法打开游标，为下一步操作数据做准备。参考代码如下：

```
class MySQLPipeline:
    def open_spider(self,spider):
        #读取 settings.py 中的配置项
        host=spider.settings.get("MYSQL_DB_HOST","缺省服务器 ip")
        port=spider.settings.get("MYSQL_DB_PORT",缺省端口号)
        dbname=spider.settings.get("MYSQL_DB_NAME","缺省数据库")
        user=spider.settings.get("MYSQL_DB_USER","缺省用户名")
        pwd=spider.settings.get("MYSQL_DB_PASSWORD","缺省密码")
        #创建数据库连接
        self.db_conn=pymysql.connect(host=host,port=port,db=dbname,user=user,password=pwd)
        #打开游标
        self.db_cur=self.db_conn.cursor()
```

其次编写 process_item 方法。此方法用于操纵数据，实现增删改查操作。将数据插入到数据库，只需要实现 insert into 语句。PyMySQL 库通过 db_cur.execute(sql,values)实现数据的增删改操作。其中参数 sql 为需要执行的 SQL 语句，数据部分使用占位符%s，需要注意任何数据类型都不能增加单引号或双引号；参数 values 为插入的数据，类型为元组或列表。

语句 self.db_conn.commit()的作用为事务提交，也可将其放在 close_spider 方法中。如果事务提交放在 close_spider 方法中，表示在所有数据爬取完成后进行事务提交，运行过程中，无法观察到表中数据的变化。参考代码如下：

```
def process_item(self, item, spider):
    values = (
            item["house"],
            item["address"],
            item["price"],
            item["total"],)          #与占位符%s 对应的数据
```

```
        #SQL 语句，数据部分使用占位符%s 代替
        sql = "insert into houseinfo(house,address,price,total) values(%s,%s,%s,%s)"
        self.db_cur.execute(sql, values)     #执行 SQL 语句
        self.db_conn.commit()                #提交事务
        return item
```

最后编写 close_spider 方法，作用为资源释放。参考代码如下：

```
    def close_spider(self,spider):
            self.db_cur.close()          #关闭游标
            self.db_conn.close()         #关闭数据库连接
```

完成 MySQLPipeline 的编写后，需要在 settings.py 文件中配置 MySQLPipeline。在 settings.py 文件中找到 ITEM_PIPELINES，修改配置项。参考配置如下：

```
    ITEM_PIPELINES = {
        #格式为"项目名.pipelines.pipeline 类名"
           'house.pipelines.MySQLPipeline': 300,      }
```

一个爬虫项目中可以编写多个 Item Pipeline,通过字典形式进行配置，参数 300 为权重值，数字越小优先级越高。

8.2.2　输出为文本

在 Scrapy 中，负责导出数据的组件被称为 Exporter(导出器)，Scrapy 导出器提供了对数据格式的扩展。Scrapy 内部实现了多个导出器，每个导出器实现一种数据格式的导出，支持的常用数据格式有 JSON、CSV、XML。在大多数情况下，使用 Scrapy 内部提供的导出器就足够了。

在运行 scrapy crawl 命令时，可以分别使用参数-o 和-t 指定导出文件名称以及导出数据格式。-t 参数也可省略，Scrapy 框架会根据文件的扩展名推断文件格式。参考代码如下：

```
scrapy crawl    cq58 -o 58.csv   #未增加-t 参数，根据扩展名 csv 推断输出格式
```

细心的读者会发现，导出的文件列名不是按照 items.py 文件定义的顺序进行输出的。如果需要控制列的输出顺序，可以在 settings.py 文件中通过参数 FEED_EXPORT_FIELDS 进行配置。参数 FEED_EXPORT_FIELDS 的类型为列表。参考配置如下：

```
#指定输出字段列表，会按先后顺序输出。注意列表未出现的列不会输出
FEED_EXPORT_FIELDS=["title","house","address"]
```

输出文本格式数据，除了使用 Exporter 组件输出外，也可编写 pipelines 实现对其他数据格式的支持，如输出为 Excel 格式，需要使用 openpyxl 模块来实现。openpyxl 模块是一个开源项目，是一个读写 Excel 2010 文档的 Python 库。不仅能够读取和修改 Excel 文档，而且可以对 Excel 文件内单元格进行详细设置，不但支持单元格样式设置，甚至还支持图表插入、打印设置等内容。openpyxl 安装命令如下：

```
pip   install   openpyxl
```

打开 pipelines.py 文件，编写 ExcelPipeline 类。其中 open_spider 方法实现 Excel 文件

的创建以及表头的设置，process_item 方法实现数据的写入操作。参考如下代码：

```
from openpyxl import Workbook
class ExcelPipeline:
    def open_spider(self, spider):
        self.wb = Workbook() #实例化
        #创建工作表和活动工作簿
        self.ws = self.wb.active
        self.ws.append(['楼盘', '地址', '单价','总价'])  #设置表头
    def process_item(self, item, spider):
        #转换输出数据格式为列表
        line = [item['house'], item['address'], item['price'],item["total"]]
        #将数据以行的形式添加到 xlsx 中
        self.ws.append(line)
        #保存 excel，文件名为爬虫名
        self.wb.save(spider.name+".xls")
        return item
```

8.3 突破反爬虫限制

目前热门应用普遍对爬虫不友好，如淘宝、京东、智联招聘、抖音 APP 等主流应用。为了减轻爬虫访问给服务端带来的压力，同时为了保护应用数据，越来越多的应用针对爬虫设计更加复杂的反爬策略。例如，在 58 同城网站进行正常数据爬取时 Web 服务端很快就会发现异常而出现滑动验证码，要通过滑动验证后才能继续爬取。爬虫与反爬虫的斗争从未停止，无论手写爬虫还是使用 Scrapy 框架，都是无法避免的。那么，Scrapy 框架可以采用哪些措施突破网站反爬虫限制呢？下面以 58 同城二手房爬虫为例，详细介绍 Scrapy 框架应对反爬虫的常见策略。

8.3.1 常用的突破反爬虫设置

1. 设置用户代理

在 Scrapy 项目中通过设置 User-Agent 用户代理模仿正常浏览器，是一个常用应对网站反爬虫的手段。打开爬虫项目，在 settings.py 文件中找到其默认的 User-Agent 设置。默认配置如下：

```
#USER_AGENT = 'house (+http://www.yourdomain.com) '
```

取消注释后，使用浏览器开发者工具拦截任意请求，拷贝当前浏览器的 User-Agent 属性值，并粘贴到配置文件中。参考配置如下：

```
USER_AGENT ='Mozilla/5.0 (Windows NT 10.0; Win64; x64) \
AppleWebKit/537.36 (KHTML, like Gecko) Chrome/86.0.4240.111 Safari/537.36'
```

这样就设置好了 Scrapy 默认使用的 User-Agent，无论是运行爬虫程序还是运行 shell 脚本，Scrapy 框架都会使用 settings.py 中的 User-Agent 作为默认的用户代理。

由于用户代理是请求头 headers 的一部分，所以也可通过修改缺省请求头的方式来实现。在 settings.py 文件中，找到默认的请求头 headers。默认配置如下：

```
# Override the default request headers:
#DEFAULT_REQUEST_HEADERS = {
#    'Accept': 'text/html,application/xhtml+xml,application/xml;q=0.9,*/*;q=0.8',
#    'Accept-Language': 'en',
#}
```

取消注释后，增加 User-Agent。参考配置如下：

```
DEFAULT_REQUEST_HEADERS = {
  'Accept': 'text/html,application/xhtml+xml,application/xml;q=0.9,*/*;q=0.8',
  'Accept-Language': 'en',
   'USER_AGENT': 'Mozilla/5.0 (Windows NT 10.0; Win64; x64)\
                AppleWebKit/537.36 (KHTML, like Gecko) \
                Chrome/86.0.4240.111 Safari/537.36'
}
```

除了上述两种方式外，也可在使用 scrapy.Request 方法发送请求时增加请求头。这种修改方式具有最高的优先级别，也就是说高于默认配置中的 User-Agent。

2. 设置下载延迟、Cookies

通过设置下载延时，限制爬虫访问速度，可以避免因频繁访问网页服务器导致爬虫程序被发现。设置下载延时是一种非常有效的应对反爬虫措施。应该尽量控制爬取的速度来避免占用过多的服务端资源，以免影响正常用户使用。在 settings.py 中找到 DOWNLOAD_DELAY 配置项，去掉注释，根据情况调整下载延时时间，单位为秒，设置支持小数。新浪博客爬取就是通过设置下载延迟应对反爬虫的。

Scrapy 框架在设置了 DOWNLOAD_DELAY 的情况下，默认会开启随机等待。这样从相同的网站获取数据时，实际的下载延迟时间为随机等待时间(0.5～1.5 的随机值)乘以下载延迟时间。这样就降低了爬虫被检测到的概率，因为某些网站会分析请求，查找请求间隔相似性。

默认情况下，Scrapy 框架还会自动处理 Cookies，也就是模仿浏览器去跟踪 Cookies。在爬取大量数据时，很容易被网页服务端发现，可以通过设置禁用 Cookies，即在 settings.py 文件中找到“#COOKIES_ENABLED = False”，去掉注释，开启 Cookies 禁用功能。

3. 自动限速扩展

DOWNLOAD_DELAY 选项设置了一个固定的下载延时，一般很难知道到底设置几秒合适。如果希望快速稳定地爬取，则可以通过使用自动限速扩展解决这个问题。该扩展能根据 Scrapy 服务端以及目标网站的负载，自动限制爬取速度。它可以自动调整 Scrapy 框架配置来优化下载速度，使用户不用调节下载延迟以及并发请求数来找到优化值，用户只需指定允许的最大并发数，剩下的交给扩展来完成即可。

自动限速扩展也在 settings.py 文件中设置，找到“#AUTOTHROTTLE_ENABLED = True”，去掉注释，开启自动限速扩展。

上面为 Scrapy 中常用的应对网站反爬虫的措施，在实际项目中可以尝试综合使用这些措施，从而降低被网站服务端程序侦测的概率。

8.3.2　下载器中间件

除了以上常用设置外，设置随机用户代理和随机 IP 代理是非常有效的应对网站反爬虫措施，但都需要编写下载器中间件。下载器中间件介于 Scrapy 引擎和 Scrapy 下载器之间。Scrapy 发出的请求 Requests 和响应 Response 对象都会经过下载器中间件，如果想全局地修改 Scrapy 的 Requests 和 Response 对象，就可以通过下载器中间件来完成。

在使用下载器中间件之前需要激活下载器中间件组件，在 setting.py 文件中将其加入到 DOWNLOADER_MIDDLEWARES 中。该设置是字典类型，键为用户编写的中间件类路径，值为中间件的执行顺序，数字越小优先级别越高。

打开项目 house 下的 settings.py 文件，默认情况下包含 DOWNLOADER_MIDDLEWARES 设置，只是配置已被注释。参考代码如下：

```
# Enable or disable downloader middlewares
# See https://docs.scrapy.org/en/latest/topics/downloader-middleware.html
#DOWNLOADER_MIDDLEWARES = {
#       'house.middlewares.HouseDownloaderMiddleware': 543,
#}
```

以上配置中，house.middlewares.HouseDownloaderMiddleware 是中间件类的路径，值“543”代表中间件的执行顺序。类文件保存在 middlewares.py 文件中，每个中间件类必须实现 process_request 方法。Scrapy 根据设置的执行顺序进行排序，从而得到启用下载器中间件的有序列表，第一个下载器中间件靠近 Scrapy 引擎，最后一个下载器中间件靠近下载器。Scrapy 内置了很多中间件，详情参见 Scrapy 官方文档。如果想禁止内置的下载器中间件，必须在 DOWNLOADER_MIDDLEWARES 中定义该中间件，并将其赋值为 None。例如，要设置随机用户代理 User-Agent，就需要关闭 Scrapy 默认的 User-Agent 中间件。参考配置如下：

```
DOWNLOADER_MIDDLEWARES = {
    'house.middlewares.HouseDownloaderMiddleware': 543,
    'scrapy.downloadermiddlewares.useragent.UserAgentMiddleware': None,
}
```

8.3.3　随机用户代理

设置随机用户代理 User-Agent，要先收集一批可用的 User-Agent，为了便于统一更改设置，将这些 User-Agent 以列表的形式添加到项目的 settings.py 文件中。参考用户代理配置如下：

```
USER_AGENTS=['Mozilla/5.0 (Macintosh; Intel Mac OS X 10_8_0) AppleWebKit/537.36 \
    (KHTML, like Gecko) Chrome/32.0.1664.3 Safari/537.36',
```

```
'Mozilla/5.0 (Windows NT 5.1; rv:21.0) Gecko/20100101 Firefox/21.0',
'Mozilla/5.0 (Windows NT 5.1) AppleWebKit/537.36 (KHTML, like Gecko)\
            Chrome/34.0.1866.237 Safari/537.36',
'Mozilla/5.0 (Windows NT 10.0) AppleWebKit/537.36 (KHTML, like Gecko) \
            Chrome/40.0.2214.93 Safari/537.36',
'Mozilla/5.0 (Macintosh; Intel Mac OS X 10_8_0) AppleWebKit/537.36 (KHTML, like Gecko)\
            Chrome/32.0.1664.3 Safari/537.36',
'Mozilla/5.0 (Windows NT 6.3; WOW64) AppleWebKit/537.36 (KHTML, like Gecko)\
            Chrome/41.0.2225.0 Safari/537.36',]
```

配置完成后，开始编写中间件。打开项目中的 middlewares.py 文件，缺省情况下文件中存在 HouseDownloaderMiddleware 中间件类，保留原样即可。由于随机用户代理中间件是在 UserAgentMiddleware 中间件基础上通过重写 process_request 方法实现的，因此随机代理中间件类 RandomUserAgent 必须继承 UserAgentMiddleware。实现逻辑是通过 random.Choice 方法从所配置的用户代理列表 USER_AGENTS 中随机取出一个用户代理赋值给请求头。参考代码如下：

```
#导入 UserAgentMiddleware 中间件
from scrapy.downloadermiddlewares.useragent import   UserAgentMiddleware
from house.settings import USER_AGENTS    #导入配置项
import random
class RandomUserAgent(UserAgentMiddleware):   #必须继承 UserAgentMiddleware
    def process_request(self, request, spider):
        ua=random.choice(USER_AGENTS)   #从列表中随机取出任意一个 User-Agent
        request.headers.setdefault('User-Agent',ua) #设置缺省的请求头
```

完成以上代码编写后，中间件类 RandomUserAgent 需要在 settings.py 中激活。参考配置如下：

```
# See https://docs.scrapy.org/en/latest/topics/downloader-middleware.html
DOWNLOADER_MIDDLEWARES = {
    'house.middlewares.RandomUserAgent': 543,   #自定义的用户代理中间件
     'scrapy.downloadermiddlewares.useragent.UserAgentMiddleware': None,   #禁用缺省中间件
}
```

启用中间件的配置为'house.middlewares.RandomUserAgent': 543。前边的键是类路径，也就是 house 文件夹下 middlewares.py 模块中的 RandomUserAgent 类；后边的值是中间件的执行顺序，必须是 0～1000 的整数值。

以上完整实现了随机切换用户代理中间件。比较麻烦的是 User-Agent 的收集，收集太少效果不明显，太多又很烦琐。其实也可以通过第三方库 fake_useragent 来生成随机 User-Agents 字符串，settings.py 中配置的 User-Agents 直接可以省略掉。fake_useragent 安装方法很简单，使用 pip 直接安装即可。用户代理通过 fake_useragent.UserAgent().random

属性提取，每次都会随机生成一个 User-Agents 字符串。参考代码如下：

```
from scrapy.downloadermiddlewares.useragent import   UserAgentMiddleware
import fake_useragent     #导包，用户代理第三方库
class RandomUserAgent(UserAgentMiddleware):
    def process_request(self, request, spider):
        #生成随机的用户代理
        ua=fake_useragent.UserAgent().random
        #重写缺省用户代理
        request.headers.setdefault('User-Agent',ua)
```

8.3.4　随机 IP 代理

设置随机 IP 代理是应对网站反爬虫最有效的措施，尤其对大型爬取任务。但是由于 IP 资源的有限性，免费而又稳定的代理 IP 很少，商业项目中一般会选择购买大量 IP，能够有效减少维护爬虫的工作量。

在编写随机 IP 代理程序前，需要从网上查找一些免费可用的代理 IP。读者练习时 IP 地址池中的 IP 需要重新查找。实现随机 IP 代理和设置随机用户代理的步骤相似。

首先，在 settings.py 中配置代理 IP 列表，列表中的元素依然是字典形式，字典的键读者可自行定义，value 值是选取的代理 IP。参考配置如下：

```
IPPOOL=[
    {"ipaddr":"http://223.214.204.126:4516"},
    {"ipaddr":"http://171.112.89.250:4578"},
    {"ipaddr":"http://124.112.215.17:4572"},
    {"ipaddr":"http://114.229.4.88:4503"},
    {"ipaddr":"http://223.215.186.126:4556"},
]
```

其次，打开 middlewares.py 编写一个继承 HttpProxyMiddleware 的类。这里将类命名为 IPProxiesMiddleware，并实现 process_request 方法。实现思路为使用 random.choice()方法从 IPPOOL 列表中随机选取一个字典，获取字典属性后赋值给 request.meta["proxy"]。参考代码如下：

```
from scrapy.downloadermiddlewares.httpproxy import   HttpProxyMiddleware   #导入代理包
from house.settings import IPPOOL   #导包，获取当前项目的配置项
import random
class IPProxiesMiddleware(HttpProxyMiddleware):          #必须使用继承
    def process_request(self, request, spider):
        current_ip=random.choice(IPPOOL)                   #随机获取一个 IP 字典
        ua = fake_useragent.UserAgent().random             #获取随机用户代理
        request.headers.setdefault('User-Agent', ua)       #设置请求头
        request.meta["proxy"]=current_ip.get("ipaddr")   #设置 IP 代理
```

读者会发现以上代码中也使用了随机用户代理，这是由于设置 IP 代理时，请求头被替换，需要重新设置，否则有可能出现如下错误提示：

```
Twisted.python.failure.Failure twisted.internet.error.ConnectionLost: Connection to the other side
was lost in a non-clean fashion:
```

最后需要在 settings.py 文件中激活中间件。参考配置如下：

```
# See https://docs.scrapy.org/en/latest/topics/downloader-middleware.html
DOWNLOADER_MIDDLEWARES = {
    'house.middlewares.IPProxiesMiddleware':100,
    'scrapy.downloadermiddlewares.httpproxy.HttpProxyMiddleware':None}   #禁用缺省中间件
```

以上介绍了随机 IP 代理的简单实现。在商业项目中，对 IP 的消耗较大，这时就需要购买商业 IP。提供商业 IP 服务方一般支持通过 API 接口获取 IP 地址，这样更加方便爬虫程序编写。下面以极光爬虫代理为例进行介绍。在极光爬虫代理网站注册后，登录获取免费的 IP 地址(需要联系客服进行测试)。参考页面如图 8-4 所示。

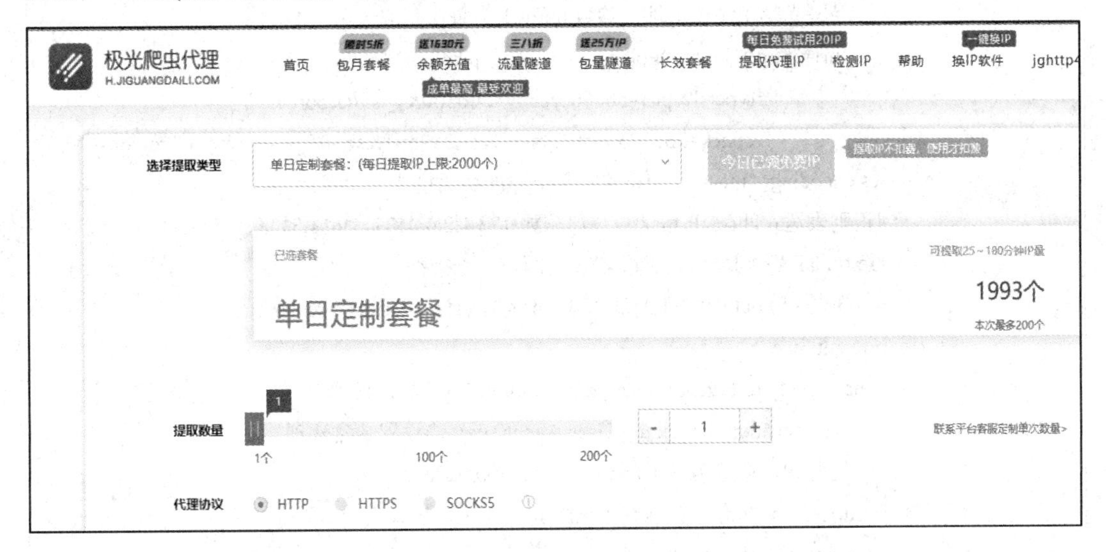

图 8-4　极光爬虫代理

选择提取数量、数据格式、端口位数、IP 去重等选项后，点击“生成 API 链接”按钮后生成 API 链接，如图 8-5 所示。

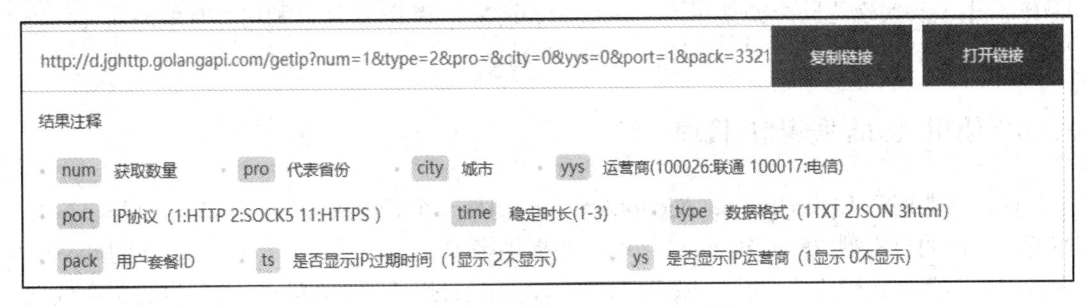

图 8-5　极光爬虫代理——HTTP 链接

点击“打开链接”按钮访问生成链接，返回可用的 IP。生成的链接如下：

```
#参数 num 为获取 ip 的数量
http://d.jghttp.golangapi.com/getip?num=1&type=1
&pro=&city=0&yys=0&port=1&pack=33212&ts=0&ys=0&cs=0&lb=1&sb=0&pb=4&mr=1&regions=
```

以上链接打开后会以文本格式返回 IP 地址和端口，数据格式“IP:端口号”，如 14.10.17.93:4537。初步实现思路是使用 Requests 库向生成的链接地址发送请求，使用正则表达式判断返回的数据是否为合法数据。如果合法将设置代理请求头信息，并将获取的 IP 地址赋值给 request.meta["proxy"]。参考代码如下：

```
from scrapy.downloadermiddlewares.httpproxy import    HttpProxyMiddleware
import requests
import re
import time
class IPProxiesMiddleware(HttpProxyMiddleware):
        def process_request(self, request, spider):
            #极光爬虫生成地址，参数 num=1 为每次获取一个
            url="http://d.jghttp.golangapi.com/getip?num=1" \
                 "&type=1&pro=500000&city=500300&yys=0&port=1" \
                  "&pack=33212&ts=0&ys=0&cs=0&lb=1&sb=0&pb=4&mr=1&regions="
        res.encoding="utf-8"    #设置响应文件的编码格式
        #正则表达式匹配 IP 地址和端口，如 123.1.2.4:4532。\d{1,3},表示 1～3 位的数字
        #re.findall('正则表达式','文本')，返回值列表类型
        result = re.findall("^\d{1,3}.\d{1,3}.\d{1,3}.\d{1,3}:\d{4}", res.text)
        if result:
          ua = fake_useragent.UserAgent().random      #随机代理
          request.headers.setdefault('User-Agent', ua)  #设置缺省代理
          #代理 IP，格式为 http://xxx.xxx.xxx.xxx:xxxx
          current_ip="http://"+res.text.strip()
          request.meta["proxy"]=current_ip
```

以上代码只是实现了与极光爬虫 API 的基本交互，由于 IP 地址付费使用，最好处理为定时更换 IP 地址。需要考虑切换的时间间隔，实现定时切换 IP 地址功能。要实现定时切换 IP 有很多种实现思路，如使用 Cookies、Redis 来存储 IP 地址，利用其有效期简化代码编写。这里选择使用 Redis 来实现定时切换 IP 功能。

8.3.5　使用 Redis 实现 IP 代理

远程字典服务 Redis(Remote Dictionary Server)是一个开源的使用 C 编写、可基于内存亦可持久化的日志型、Key-Value 数据库，并提供多种语言 API。由于 Redis 访问速度快、支持的数据类型比较丰富，所以 Redis 很适合用来存储热点数据。Redis 可以设置缓存数据的过期时间，可以利用过期时间实现定时器功能。

Redis 支持 Windows、Linux 操作系统。以 Windows 为例来简要说明安装和启动的过程。读者可从 https://github.com/tporadowski/redis/releases 网站下载适合自己的版本。安装包提供 ZIP 或 MSI 格式，解压或安装到指定的目录如 d:\work\redis。打开 cmd 窗口，输入相关命令，启动 Redis 服务端。命令如下：

```
cd d:\work\redis  #由于没有配置环境变量，必须进入安装目录
d:\
redis-server.exe redis.windows.conf  #redis.windows.conf 为启动配置文件
```

redis 服务端正常启动后，如图 8-6 所示。

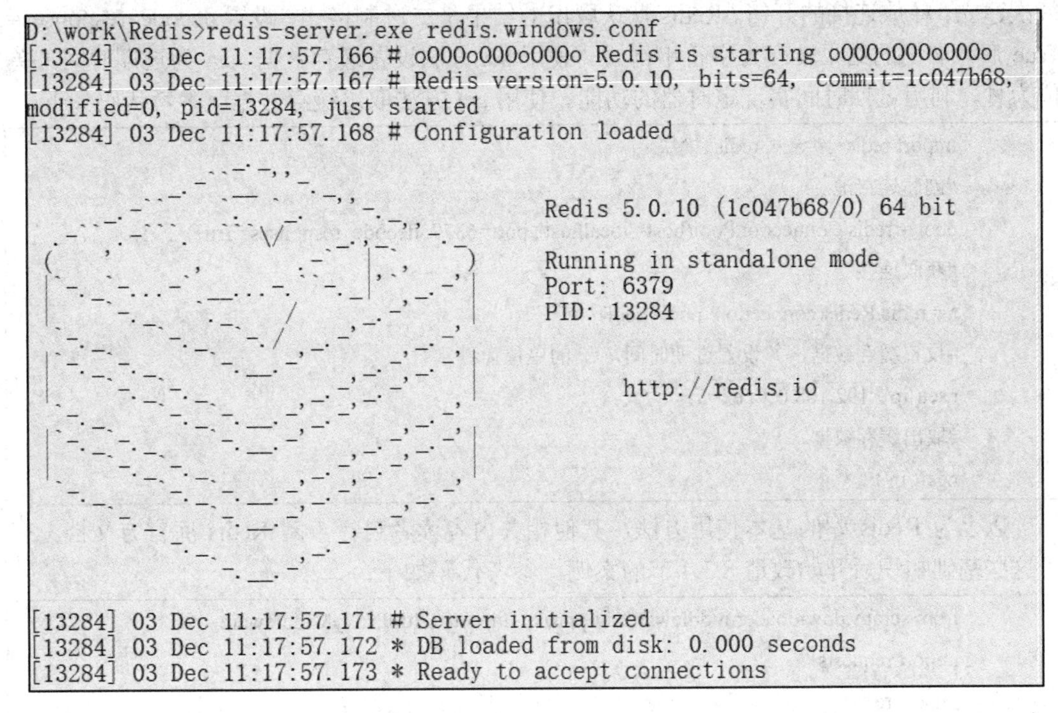

图 8-6　Redis 启动

Redis 启动后新开启一个 cmd 窗口，输入命令如下：

```
cd d:\work\redis
d:\
#启动客户端，-h 为主机 IP，-p 为端口号默认 6379
redis-cli.exe -h 127.0.0.1 -p 6379
```

客户端启动后简单验证安装是否存在问题，使用 set 命令缓存数据，然后使用 get 命令获取数据。参考代码如下：

```
#set 命令设置缓存的数据，格式为“set　键　值”
set  ip    192.168.0.1:8800
#get 命令取出缓存数据，格式为“get 键”
get  ip
```

执行结果如图 8-7 所示。

```
d:\work\Redis>redis-cli.exe -h 127.0.0.1 -p 6379
127.0.0.1:6379> set ip 192.168.0.1:8800
OK
127.0.0.1:6379> get ip
"192.168.0.1:8800"
127.0.0.1:6379>
```

图 8-7　Redis 安装验证

以上完成了 Redis 的安装，在 Scrapy 中操作 Redis，需要在 Scrapy 项目下使用 pip 安装第三方库 Redis。redis.ConnectionPool 使用连接池来管理 redis server 的所有连接，避免每次建立、释放连接的开销。Redis 默认取出的结果是二进制格式，设置 decode_responses=True 后，取出的结果转变为字符串格式。使用 set 方法设置缓存数据，ex 为过期时间，单位为秒，利用过期时间实现定时器的功能。使用 get 方法取出缓存数据。参考代码如下：

```
import redis   #导入 redis 模块
#创建连接池
pool = redis.ConnectionPool(host='localhost', port=6379, decode_responses=True)
#获取连接
r = redis.Redis(connection_pool=pool)
#设置缓存数据，并设置过期时间，ex 的单位为秒
r.set('ip', '192.168.0.1', ex=3)
#取出缓存数据
r.get('ip')
```

以上为 Redis 库的基本使用方法，其他相关内容读者自行查阅 Redis 库官方文档。有了这些基础知识后开始改造 8.3.4 节的案例。参考代码如下：

```
from scrapy.downloadermiddlewares.httpproxy import   HttpProxyMiddleware
import requests
import re
import time
import redis
class IPProxiesMiddleware(HttpProxyMiddleware):
    def __init__(self,spider):
        #中间件初始化时完成 Redis 连接池的创建
        pool = redis.ConnectionPool(host='localhost', port=6379, decode_responses=True)
        self.r = redis.Redis(connection_pool=pool)
        def process_request(self, request, spider):
        #直接获取 ip，如果没有缓存或缓存过期返回 None
        if self.r.get("ip") is None:
            url="http://d.jghttp.golangapi.com/getip?num=1" \
                "&type=1&pro=500000&city=500300&yys=0&port=1" \
                "&pack=33212&ts=0&ys=0&cs=0&lb=1&sb=0&pb=4&mr=1&regions="
```

```
res=requests.get(url) #向极光 ip 代理 API 接口发送请求
res.encoding="utf-8"
#通过正则表达式提取 ip
result = re.findall("^\d{1,3}.\d{1,3}.\d{1,3}.\d{1,3}:\d{4}",
                                        res.text.strip())
if result:
    ua = fake_useragent.UserAgent().random  #提取随机用户代理
    request.headers.setdefault('User-Agent', ua)  #设置请求头
    current_ip="http://"+res.text.strip()  #新的可用 ip
    request.meta["proxy"]=current_ip
    #缓存 ip 地址，设置过期时间为 4 秒，可在 settings.py 中配置
    self.r.set("ip",current_ip,4)
```

8.4　Scrapy 动态网页爬取

使用 Scrapy 框架如何爬取动态网站呢？解决动态网页爬取的方法依然是逆向分析法或模拟法。逆向分析法适用于较为简单的动态网页，对于分析难度较大的动态网页则采用模拟法，Scrapy 框架与 Selenium、Splash、PyV8、Ghost 等模拟浏览器的运行库相结合综合解决动态网页问题。由于第 6 章介绍过 Selenium 相关技术，本节主要介绍采用 Scrapy 结合 Selenium 来解决动态网页问题。

8.4.1　逆向分析法

以 http://quotes.toscrape.com/js 网站为例进行介绍。这个网站和之前爬取的名人名言网站不同的是网站是动态的。使用浏览器打开网站后，单击鼠标右键选择“查看网页源代码(V)”会发现显示的数据隐藏在 JavaScript 脚本中，并以对象的形式存储，如图 8-8 所示。

```
27 <script>
28     var data = [
29     {
30         "tags": [
31             "change",
32             "deep-thoughts",
33             "thinking",
34             "world"
35         ],
36         "author": {
37             "name": "Albert Einstein",
38             "goodreads_link": "/author/show/9810.Albert_Einstein",
39             "slug": "Albert-Einstein"
40         },
41         "text": "\u201cThe world as we have created it is a process of our thinking. 
   our thinking.\u201d"
42     },
```

图 8-8　名人名言网站 HTML 源码

通过 JavaScript 脚本动态生成 Dom 结构，如图 8-9 所示。

```
160        for (var i in data) {
161            var d = data[i];
162            var tags = $.map(d['tags'], function(t) {
163                return "<a class='tag'>" + t + "</a>";
164            }).join(" ");
165            document.write("<div class='quote'><span class='text'>" + d['text'] + "</
<small class='author'>" + d['author']['name'] + "</small></span><div class='tags'
tags + "</div></div>");
166        }
```

图 8-9　名人名言网站动态生成页面脚本

这样就确定了页面数据的来源，解析方法只需要从返回 HTML 中提取 JavaScript 中 data 变量值，按照字典的形式进行获取就可实现数据爬取。根据以上分析，采用的爬虫编写思路为使用通用网络爬虫 CrawlSpider 来实现分页功能，使用正则表达式提取脚本中的数据后进行解析，分别使用 startproject、genspider 命令创建项目 toscrape 并生成通用爬虫模板，爬虫名称为 quotes。解析方法参考代码如下：

```
from scrapy.linkextractors import LinkExtractor    #链接提取器
from scrapy.spiders import CrawlSpider, Rule       #通用网络爬虫、规则
import re            #正则表达式
import json          #json
class QuotesSpider(CrawlSpider):
    name = 'quotes'
    allowed_domains = ['quotes.toscrape.com']
    start_urls = ['http://quotes.toscrape.com/js']
    #使用链接提取器实现分页功能
    rules = (
        Rule(LinkExtractor(allow=r'/page/\d+/'), callback='parse_item', follow=True),
    )
    def parse_item(self, response):
        #使用正则表达式提取变量 data 的值。re.S 表示多行匹配
        resultstr = re.findall(r"var data =(.*?)];", response.text, re.S)[0] + "]"
        result = json.loads(resultstr)   #转换为 json 对象
        for row in result:
            item = {}
            #提取名人名言正文部分
            item["content"]=row["text"]
            yield item
```

对于分析难度不高的动态网页，建议采用逆向分析法，可有效提升爬取的效率。

8.4.2　模拟法

Selenium 主要负责发送请求，并将响应文本返回给 Response，作用于下载器中间件。

只需要编写下载器覆盖 init 和 process_request 方法即可。init 方法用于初始化浏览器驱动，配置无界面模式。process_request 方法用于发送请求，以 httpResponse 对象返回。基本实现思路如下：

```
class SeleniumMiddleware():
    def __init__(self):
        #1. 初始化浏览器驱动
        #2. 配置 Selenium 无界面模式，提高响应效率
    def process_request(self, request, spider):
        #1.发送请求，拟点击实现分页功能
        #2.将 page_souce 返回的 HTML 文本包装为 httpResponse 返回
```

细心的读者会发现，以上实现思路没有继承任何中间件基本类，似乎不符合逻辑。这是由于当 process_request 方法返回 Response 对象的时候，更低优先级 DownloaderMiddleWare 中的 process_request 和 process_exception 方法就不会被继续调用了，转而依次开始执行每个 Downloader Middleware 的 process_response 方法，调用完毕之后直接将 Response 对象发送给 Spider 来处理。HtmlResponse 对象是 Response 的子类，同样满足此条件，返回之后便会顺次调用每个 Downloader Middleware 的 process_response 方法，而在 process_response 中没有对其做特殊处理，接着它就会被发送给 Spider，传给 Request 的回调函数进行解析。

下面结合 quotes 网站来介绍 Scrapy 框架和 Selenium 的组合使用方法。

首先，打开文件 middlewares.py 编写下载器中间件，新建类 SeleniumMiddleware。参考代码如下：

```
from selenium import webdriver    #浏览器驱动
from selenium.common.exceptions import TimeoutException    #超时处理
from scrapy.http import HtmlResponse    #Scrapy 响应对象
import time
class SeleniumMiddleware():
    #初始化浏览器驱动，设置无界面模式
    def __init__(self):
        #配置无界面浏览器模式，使用 Chrom 浏览器
        chorme_options = Options() #实例化驱动选项
        #浏览器无界面模式。Linux 下如果系统不支持可视化，不加这条语句会启动失败
        chorme_options.add_argument("--headless")
        #禁用 gpu，谷歌文档提到需要加上这个属性来规避 bug
        chorme_options.add_argument("--disable-gpu")
        #实例化浏览器驱动
    self.browser = webdriver.Chrome(chrome_options=chorme_options)
        super().__init__()
    #发送请求，返回响应对象
    def process_request(self, request, spider):
```

```
            try:
                self.browser.get(request.url) #发送请求
                #设置等待时间，等待时间可在 settings.py 文件中配置
                time.sleep(4)
                #返回 Response 对象，其中参数 self.browser.page_source 为返回 HTML 文本
                return HtmlResponse(url=request.url, body=self.browser.page_source,
                        request=request,encoding='utf-8')
            except TimeoutException:
            return HtmlResponse(url=request.url, status=500, request=request)
```

其次，配置下载器中间件。编写完中间件后，在 settings.py 文件中配置下载器中间件。参考配置如下：

```
DOWNLOADER_MIDDLEWARES = {
        #类路径中的 toscrape 自行调整
        'toscrape.middlewares.SeleniumMiddleware': 543,}
```

最后，修改爬虫代码。解析函数可以使用与静态网页爬虫同样的解析方法。由于名人名言网站的分页功能没有采用 JavaScript 相关技术，在下载器中间件中没有编写模拟点击实现功能的代码。分页功能通过通用网络爬虫的链接提取器实现。参考代码如下：

```
from scrapy.linkextractors import LinkExtractor
from scrapy.spiders import CrawlSpider, Rule
class QuotesSpider(CrawlSpider):
    name = 'jsquotes'
    allowed_domains = ['quotes.toscrape.com']
    start_urls = ['http://quotes.toscrape.com/js']
    #链接提取器和规则实现分页功能
    rules = (
        Rule(LinkExtractor(allow=r'/page/\d+/'), callback='parse_item', follow=True),
    )
    def parse_item(self, response):
        for row in response.xpath("//*[@class='text']/text()"):
            item = {}
            #提取名言内容
            item["content"] = row.get()
            yield item
```

以上代码通过重写下载器中间件实现了 quotes 动态网站的爬取。

使用 Scrapy 框架爬取动态网站时，对于分析难度比较低的动态网站首选逆向分析法，对于分析难度较高的网站则优先考虑模拟法。使用 Selenium 库实现请求发送以及页面下载，在 Scrapy 框架中通过编写下载器中间件实现。

8.5　案例 1　古诗文网全站爬取

8.5.1　任务描述

爬取古诗文网站唐诗、宋词、文言、诗经 4 个频道的全部古诗词。爬取数据包括类型、诗词名称、作者、诗词正文 URL 地址。网站地址为 http://www.bspider.top/gushiwen。

参考页面如图 8-10、图 8-11 所示。

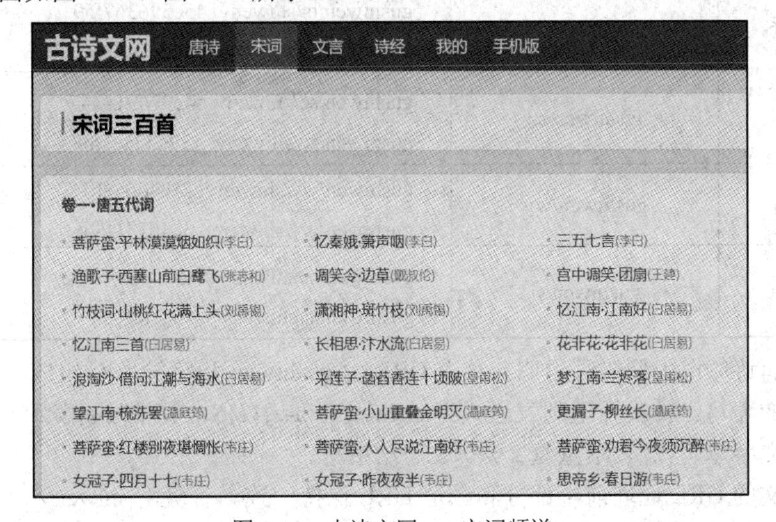

图 8-10　古诗文网——宋词频道

图 8-11　古诗文网——文言频道

8.5.2　任务分析

从如图 8-10、图 8-11 中可以看出，每个频道的诗词标题都是超级链接，指向诗词正文，仔细分析会发现各个频道页面结构差别不大。从实现的角度看，可以使用 BasicSpider 模板编写爬虫，不同频道的 URL 放入到 start_urls 列表，从而实现全站爬取。本案例尝试使用 CrawlSpider 模板编写爬虫。

通用网络爬虫的核心在于链接规则和链接提取器的编写，重点应该关注 URL 地址的规律，找到规律后通过正则表达式进行有效控制。先从查找 URL 地址规律开始分析。

通过点击链接、观察 URL 变化，整理出唐诗、宋词、文言、诗经 4 个频道的部分 URL 地址。整理的 URL 地址包括频道 URL 和诗词正文。具体 URL 地址如表 8-3 所示。

表 8-3　古诗文网各个频道 URL 地址

频　道	频道 URL	诗词正文 URL
唐诗	gushiwen/ts	gushiwen/ts/shiwenv_45c396367f59 gushiwen/ts/shiwenv_038457ce8c4e
宋词	gushiwen/sc	gushiwen/sc/shiwenv_f4c976914347 gushiwen/sc/shiwenv_139c20ac3fb8
文言	gushiwen/wy	gushiwen/wy/shiwenv_31e46b58b1f gushiwen/wy/shiwenv_6c46171f866
诗经	gushiwen/sj	gushiwen/sj/shiwenv_4c5705b9914 gushiwen/sj/shiwenv_91ba1faf034

下面以唐诗频道为例进行说明，频道 URL 由 gushiwen 和字符串 ts 组成，其中 ts 为频道类型唐诗的缩写。转换为正则表达式为 gushiwen/[a-z]{2}$，其中[a-z]表示 a 到 z 之间的任意小写英文字母，{2}表示重复 2 次，$ 为结束符。

诗词正文的 URL 地址前半部分和频道 URL 保持一致。后缀由 shiwenv_、英文字母和数字组成。仔细观察诗词正文部分会发现有部分链接以.aspx 结束，并指向网站外部，这部分为非爬取的内容，爬取时可以过滤掉。以上规则可以用正则表达式为 shiwenv_\w+表示，其中 \w+ 表示 1 个及以上的数字、字母和下画线。

分析完提取规则后还需要关注诗词正文的 HTML 结构来确定 XPath 选择器。任务要求的标题、作者、诗词正文等数据项计划全部在诗词正文页面中提取。诗词正文的页面结构如图 8-12、图 8-13 所示。

```
▼<div class="sons" id="sonsyuanwen">
 ▼<div class="cont">
   ▶<div class="yizhu">…</div>
    <h1 style="font-size:20px; line-height:22px; height:22px; margin-bottom:10
    px;">菩萨蛮·平林漠漠烟如织</h1>
   ▼<p class="source">
      <a href="/authorv_b90660e3e492.aspx">李白</a>
      <a href="https://so.gushiwen.cn/shiwens/default.aspx?cstr=%e5%94%90%e4%b
      b%a3">〔唐代〕</a>
    </p>
   ▼<div class="contson" id="contsonf4c976914347">
      " 平林漠漠烟如织，寒山一带伤心碧。暝色入高楼，有人楼上愁。"
      <br>
      "玉阶空伫立，宿鸟归飞急。何处是归程？长亭更短亭。(更短亭 一作：连短亭) "
    </div>
  </div>
```

图 8-12　宋词页面结构

```
▼<div class="cont">
  ▶<div class="yizhu">…</div>
   <h1 style="font-size:20px; line-height:22px; height:22px; margin-bottom:10px;">关雎</h1>
  ▼<p class="source">
     <a href="/authorv_2128926194cd.aspx">佚名</a>
     <a href="https://so.gushiwen.cn/shiwens/default.aspx?cstr=%e5%85%88%e7%a7%a6">〔先秦〕</a>
   </p>
  ▼<div class="contson" id="contson4c5705b99143">
     " 关关雎鸠，在河之洲。窈窕淑女，君子好逑。"
     <br>
     "参差荇菜，左右流之。窈窕淑女，寤寐求之。"
     <br>
     "求之不得，寤寐思服。悠哉悠哉，辗转反侧。"
     <br>
     "参差荇菜，左右采之。窈窕淑女，琴瑟友之。"
     <br>
     "参差荇菜，左右芼之。窈窕淑女，钟鼓乐之。 "
   </div>
 </div>
```

图 8-13　诗经页面结构

从图 8-12、图 8-13 可以看出诗词正文部分包裹在 class 属性为 contson 的 div 标签中，由于需要提取 class 属性值为 contson 的 div 下所有的文本，便捷的处理方式是使用 string 函数，最终的 XPath 选择器为 string(//div[@class='contson'])。观察页面结构，作者和标题在不同页面中有微小的差别，通过类名提取，不同页面需要编写不同的 XPath 选择器。为了减少逻辑判断，使用 XPath 轴 preceding-sibling 来获取当前节点的所有同级节点。在当前任务中，提取与诗词正文同级的兄弟节点作者和诗词名称，然后按照顺序提取。

以上完成了链接提取规则和解析数据项 XPath 选择器的分析，接下来进入任务实现环节。

8.5.3　任务实现

1. 创建爬虫项目

在 cmd 命令行或 PyCharm 的 Terninal 下输入 scrapy startproject shici_full 命令创建爬虫项目。此步骤也可省略，直接使用古诗文网唐诗三百首的项目 shici。

2. 生成爬虫模板

创建爬虫项目后，在 cmd 命令行或 PyCharm 的 Terninal 下输入 cd shici_full，接着使用 scrapy genspider -t crawl gushi www.bspider.top/gushiwen 命令生成 crawl 爬虫模板。运行后出现 Created spider 'gushi' using template 'crawl' in module:的提示信息，可以看出使用 crawl 模板生成了名为 gushi 的爬虫，如图 8-14 所示。

```
Terminal
(venv_book) E:\教材配套\shici>scrapy genspider -t crawl  gushi www.bspider.top/gushiwen
Created spider 'gushi' using template 'crawl' in module:
  shici.spiders.gushi
```

图 8-14　生成 crawl 爬虫模板

3. 编写爬虫

由于输出的数据项较少，这里省略 item.py 中定义数据容器的步骤。

打开 spiders 文件夹中的 gushi.py 文件，按照任务分析中确定的链接提取规则编写链接提取器和提取规则。代码中 rules 的编写是通用爬虫的核心，第一个规则用于提取频道链接，第二个规则用于提取诗词正文链接以及解析诗词正文。参考代码如下：

```
import scrapy
from scrapy.linkextractors import LinkExtractor
from scrapy.spiders import CrawlSpider, Rule

class GushiSpider(CrawlSpider):
    name = 'gushi'
    allowed_domains = ['www.bspider.top']
    start_urls = ['http://www.bspider.top/gushiwen/']
    rules = (
        #提取频道 URL，规则“gushiwen/”加上两位长度的字符串
            Rule(LinkExtractor(allow=r'gushiwen/[a-z]{2}$')),
        #提取诗词正文 URL，规则“shiwenv_”加上多位数字、字母的组合
        #解析函数 parse_item 用于解析诗词正文数据
            Rule(LinkExtractor(allow=r'shiwenv_\w+',deny=r'\.aspx'), callback='parse_item'),
        )
    def parse_item(self, response):
            item = {}
            #item['domain_id'] = response.xpath('//input[@id="sid"]/@value').get()
            #item['name'] = response.xpath('//div[@id="name"]').get()
            #item['description'] = response.xpath('//div[@id="description"]').get()
            return item
```

完成链接提取器和提取规则的编写后，着手编写解析方法 parse_item。诗词正文 URL 直接从 response.url 获取。诗词类型名从 URL 参数中截取，使用 split 函数将 response.url 转换为列表，列表的倒数第二个元素就是类型名。诗词正文部分使用 class 属性名定位，提取 class 属性为 contson 下的所有文本，XPath 选择器为 string(//div[@class='contson'])。作者和诗词名称的提取方法为以诗词正文为中心，使用 XPath 轴 preceding-sibling 提取同级兄弟节点，向上查找第一个兄弟节点作业和第二个兄弟节点诗词名称。参考代码如下：

```
import scrapy
from scrapy.linkextractors import LinkExtractor
from scrapy.spiders import CrawlSpider, Rule
import re
from urllib.parse import urlparse
class GushiSpider(CrawlSpider):
```

```
    name ='gushi'
    allowed_domains = ['www.bspider.top']
    start_urls = ['http://www. bspider.top/gushiwen']
    #定义链接提取规则
    rules = (
        #提取频道 URL，规则“gushiwen/”加上 2 位长度的字符串
        Rule(LinkExtractor(allow=r'gushiwen/[a-z]{2}$')),
        #提取诗词正文 url，规则“shiwenv_”加上多位数字、字母的组合
        #回调函数 parse_item 用于解析诗词正文数据
        Rule(LinkExtractor(allow=r'shiwenv_\w+',deny=r'\.aspx'), callback='parse_item'),
        )
    def parse_item(self, response):
        item = {}  #初始化输出的 item 字典
        #处理诗词类型
        type = response.url.split("/")[-2]
        item["type"] = type
        item["url"] = response.url
        #获取诗词正文
        content = response.xpath("string(//div[@class='contson'])").get()
        #诗词正文清洗，去掉换行符、空白字符
        if (content != ""):
            content = re.sub("\n|\s", "", content)
        item["content"] = content
        #以诗词正文为参考点，向上查找第一个兄弟节点，提取作者名称
        autor = response.xpath("string(//*[@class='contson']/"
                               "preceding-sibling::p[1])").get()
        #以诗词正文为参考点，向上查找第二个兄弟节点，提取诗词名称
        title = response.xpath("string(//*[@class='contson']/"
                               "preceding-sibling::*[2])").get()
        item["autor"] = re.sub("\s", "", autor)       #去掉作者中的空白字符
        item["title"] = re.sub("\s", "", title)       #去掉诗词名称中的空白字符
        return item
```

4. 运行爬虫

通过 scrapy crawl gushi -o gushi.csv 命令运行爬虫，运行代码如图 8-15 所示，输出结果如图 8-16 所示。

```
Terminal
+  (venv_book) E:\教材配套\gushi_full>scrapy crawl gushi -o gushi.csv
```

图 8-15　运行古诗文网全站爬虫

type	autor	title	content	url
ts	元稹（唐代）	行宫	寥落古行宫，宫花寂寞红。白头宫女在，	http://www.bspider.top/gushiwen/ts/shiwenv_45c396367f59
ts	贾岛（唐代）	寻隐者不遇/孙	松下问童子，言师采药去。只在此山中，	http://www.bspider.top/gushiwen/ts/shiwenv_40954072f541
ts	刘长卿（唐代）	送灵澈上人	苍苍竹林寺，杳杳钟声晚。荷笠带斜阳，	http://www.bspider.top/gushiwen/ts/shiwenv_214bea9d63ff
ts	张祜（唐代）	宫词二首·其一	故国三千里，深宫二十年。一声何满子，	http://www.bspider.top/gushiwen/ts/shiwenv_054c756406d6
ts	祖咏（唐代）	终南望余雪/终	终南阴岭秀，积雪浮云端。林表明霁色，	http://www.bspider.top/gushiwen/ts/shiwenv_038457ce8c4e
ts	韦应物（唐代）	秋夜寄邱员外/	怀君属秋夜，散步咏凉天。空山松子落，	http://www.bspider.top/gushiwen/ts/shiwenv_0f23fdb7b5f9
ts	裴迪（唐代）	崔九欲往南山马	归山深浅去，须尽丘壑美。莫学武陵人，	http://www.bspider.top/gushiwen/ts/shiwenv_dbbccf73624e
ts	柳宗元（唐代）	江雪	千山鸟飞绝，万径人踪灭。孤舟蓑笠翁，	http://www.bspider.top/gushiwen/ts/shiwenv_58313be2d918
ts	孟浩然（唐代）	春晓	春眠不觉晓，处处闻啼鸟。夜来风雨声，	http://www.bspider.top/gushiwen/ts/shiwenv_ccee5691ba93
ts	孟浩然（唐代）	宿建德江	移舟泊烟渚，日暮客愁新。野旷天低树，	http://www.bspider.top/gushiwen/ts/shiwenv_63d3ff8f6b61
ts	金昌绪（唐代）	春怨/伊州歌	打起黄莺儿，莫教枝上啼。啼时惊妾梦，	http://www.bspider.top/gushiwen/ts/shiwenv_11889cf7beab
ts	郑畋（唐代）	马嵬坡	玄宗回马杨妃死，云雨难忘日月新。终是	http://www.bspider.top/gushiwen/ts/shiwenv_a37f1f8335f9
ts	杜甫（唐代）	八阵图	功盖三分国，名成八阵图。（名成一作：	http://www.bspider.top/gushiwen/ts/shiwenv_9cee4425b019
ts	张乔（唐代）	书边事	调角断清秋，征人倚戍楼。春风对青冢，	http://www.bspider.top/gushiwen/ts/shiwenv_535a33944e8a
ts	卢纶（唐代）	李端公/送李端	故关衰草遍，离别自堪悲。(自堪悲一作：	http://www.bspider.top/gushiwen/ts/shiwenv_fdae6ac54db6
ts	刘昚虚（唐代）	阙题	道由白云尽，春与青溪长。时有落花至，	http://www.bspider.top/gushiwen/ts/shiwenv_888beab9cc48
ts	李商隐（唐代）	无题·飒飒东风	飒飒东风细雨来，芙蓉塘外有轻雷。金蟾	http://www.bspider.top/gushiwen/ts/shiwenv_ebdbde03b7f9

图 8-16　古诗文网全站爬虫爬取结果

以上使用 CrawlSpider 模板完成了古诗文网全站爬取。编写通用网络爬虫的重点在于提取规则的定义，而提取规则的核心是正则表达式，需要读者熟悉正则表达式模式字符串的应用方法。

8.6　案例 2　豆瓣网电影排行榜爬取

8.6.1　任务描述

爬取豆瓣网各类电影排行榜(包括剧情、喜剧、动作、爱情等)，分类排行榜链接如图 8-17 所示。爬取数据包括排名、电影名称、类型、演员、发行年份、发行国家、评分、评价人数等数据项，显示在如图 8-18 所示的详情页中。网站地址为 www.bspider.top/moviedouban。豆瓣网电影排行榜爬取案例是对 Scrapy 框架的综合应用，知识点覆盖动态网页爬取、模拟登录、全站爬取等。

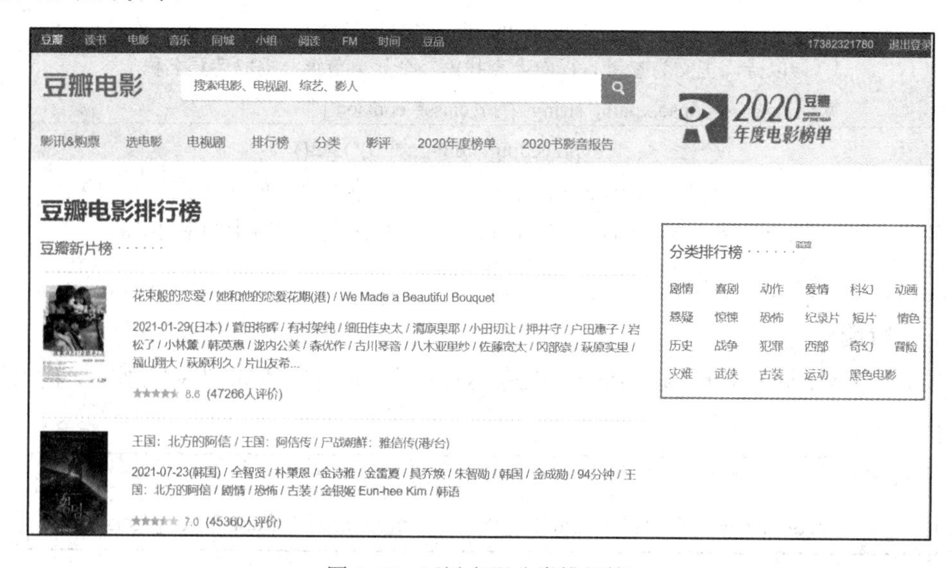

图 8-17　豆瓣电影分类排行榜

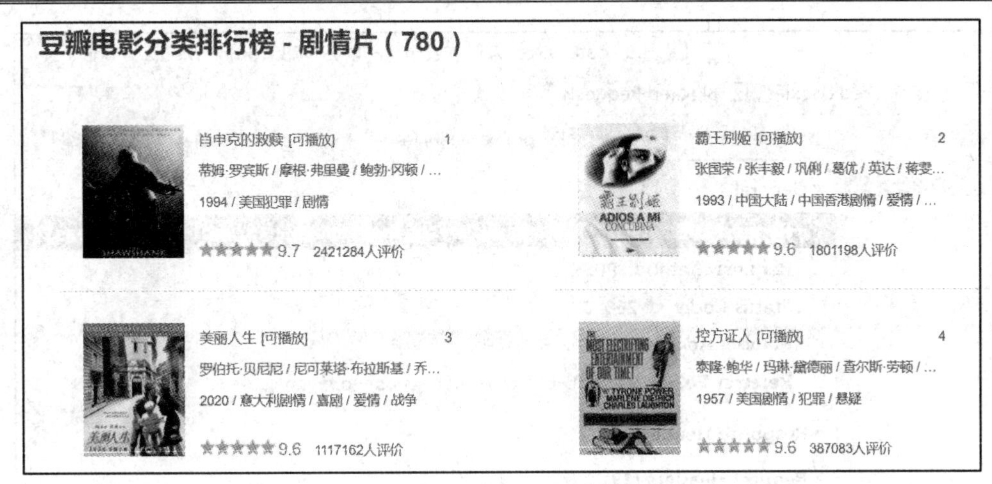

图 8-18 豆瓣电影剧情片排行榜

8.6.2 任务分析

豆瓣网电影排行榜和其他案例区别较大的是分类排行榜有 20 多个，并且排行榜详情页的结构相同。如果使用 BasicSpider 编写爬虫程序，可以每个排行榜分别定义一个爬虫或将所有排行榜的 URL 地址赋值给 start_urls，这种处理方式都不利于后期代码维护。通过通用网络爬虫定义链接提取器和提取规则，可以一次提取所有的分类排行榜链接，简化代码编写，提高爬虫应对变化的能力。

从模拟操作可以看出，只有登录后才能查看分类排行榜。豆瓣网登录页面如图 8-19 所示。

图 8-19 豆瓣网登录页面

使用浏览器开发者工具拦截请求，进一步分析并确定登录请求地址。地址和参数如图 8-20 所示。请求类型为 POST，请求参数为 username 和 passowrd。由于是模拟网站，用户名和密码可以输入任意字符。

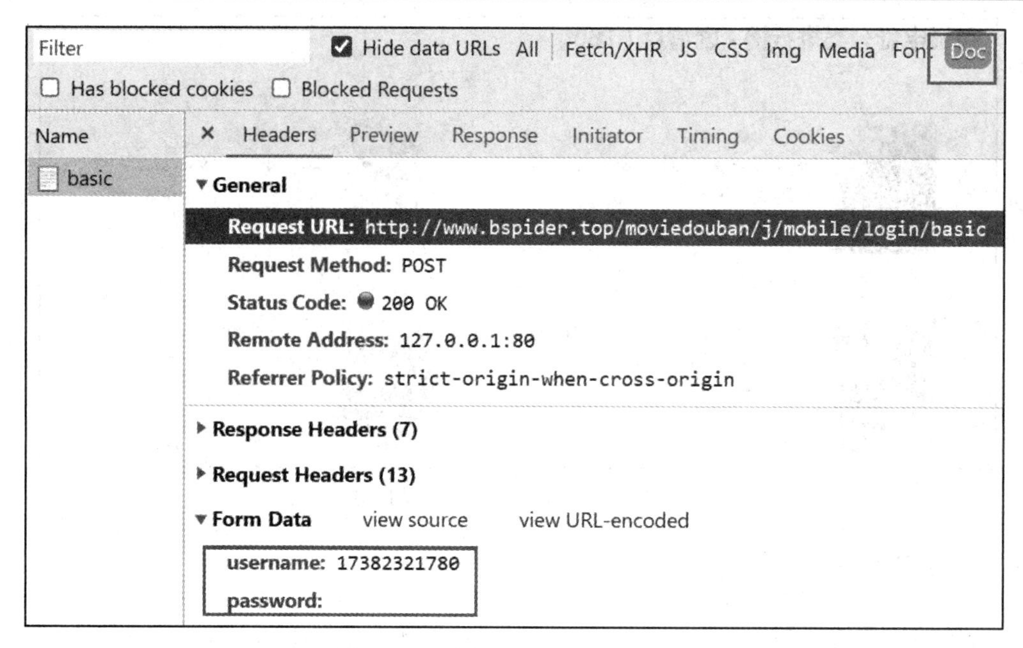

图 8-20　豆瓣网登录地址以及参数

接着尝试分析电影分类排行榜的数据来源。查看页面源码，无法查询到任何电影信息，可以确定电影分类排行榜采用动态网页技术。打开任意一个分类排行榜，使用浏览器开发者工具切换到“Network”选项卡，拦截排行榜发送的请求会发现网页采用 Ajax 发送请求，响应文本是 JSON 字符串，电影排行榜显示的数据是通过 JavaScript 相关技术动态生成的。参考页面如图 8-21 所示。

Elements Console Memory Sources Network Application Performance Ligh
Preserve log Disable cache No throttling
Filter Hide data URLs All Fetch/XHR JS CSS Img Media Font Doc WS Wa
Has blocked cookies Blocked Requests
Use large request rows Group by frame
Show overview Capture screenshots
Name
top_list?type=24&interval_id...
top_list?type=24&interval_id...
Headers Preview Response Initiator Timing Cookies

```
▼[{rating: ["9.2", "45"], rank: 21,…}, {rating: ["9.2", "50"],
  ▶0: {rating: ["9.2", "45"], rank: 21,…}
  ▼1: {rating: ["9.2", "50"], rank: 22,…}
     actor_count: 36
    ▶actors: ["卡洛·朗白", "杰克·本尼", "罗伯特·斯塔克", "菲利克斯
     cover_url: "https://img2.doubanio.com/view/photo/s_ratio_p
     id: "1303418"
     is_playable: true
     is_watched: false
     rank: 22
    ▶rating: ["9.2", "50"]
    ▶regions: ["美国"]
```

图 8-21　分类排行榜的 Ajax 请求

分别整理起始页面、登录、分类排行榜链接以及排行榜数据。以剧情片为例分析整理各类链接。URL 地址如表 8-4 所示。

表 8-4 排行榜请求 URL 地址以及参数

描 述	URL 地址
起始页面	http://www.bspider.top/moviedouban
豆瓣登录	http://www.bspider.top/moviedouban/j/mobile/login/basic
分类排行榜链接	http://www.bspider.top/moviedouban/typerank?type_name=剧情&type=11&interval_id=100:90&action=
排行榜数据 top_list	http://www.bspider.top/moviedouban/top_list?type=11&interval_id=100:90&action=&limit=20&start=20

其中豆瓣登录要以 POST 方式向 URL 地址 www.bspider.top/moviedouban/j/mobile/login/Basic 发送登录请求并传递参数 username 和 password。分类排行榜链接的核心参数为 type_name 和 type 对应分类的中文名称和编码。排行榜数据 top_list 中核心参数为 type、limit、start，分别表示类型、每页显示数据的行数和分页索引。

通过以上分析，可以得出豆瓣网电影排行榜爬虫编写的基本思路。首先，实现豆瓣网模拟登录。其次，向电影排行榜的起始页面发送请求，通过链接提取器和提取规则，获取分类排行榜 a 标签的 URL 地址并发送请求。再次，从分类排行榜的响应页面中获取记录的总行数，接着根据行数重新构建请求，获取排行榜数据。最后，解析 JSON 提取数据。

8.6.3 任务实现

1. 创建爬虫项目

在 cmd 命令行或 PyCharm 的 Terninal 下输入 scrapy startproject moviedouban 命令，创建爬虫项目。

2. 生成爬虫模板

使用“scrapy genspider -t crawl movie www.bspider.top”命令生成 crawl 爬虫模板。其中参数 movie 为爬虫名，www.bspider.top 为域名，用于约定爬取范围。

3. 编写爬虫

打开 spiders 文件夹下的 movie.py 文件编写模拟登录代码。Scrapy 框架默认情况下通过 start_requests 方法，读取 start_urls 列表中的起始 URL 启动爬虫。由于模拟登录需要优先执行，所以必须覆盖 start_requests 方法。模拟登录要求请求类型必须是 POST，Scrapy 框架下可以使用 scrapy.FormRequest 方法实现。scrapy.FormRequest 的参数 formdata 为字典类型，字典由 username 和 password 拼接而成。参考代码如下：

```
import scrapy
from scrapy.linkextractors import LinkExtractor
```

```
from scrapy.spiders import CrawlSpider, Rule
from urllib.parse import urlparse
import json
class MovieSpider(CrawlSpider):
    name = 'movie'
    allowed_domains = ['www.bspider.top']
    start_urls = ['http://www.bspider.top/moviedouban/']
    def start_requests(self):        #模拟登录
        return [scrapy.FormRequest(
                #登录验证地址
                url='http://www.bspider.top/moviedouban/j/mobile/login/basic',
                formdata={
                    'username': '405935098',      #可以为任意字符
                    'password': '405935098'       #可以为任意字符
                }
        )]
```

完成了豆瓣网模拟登录功能后，使用通用爬虫模板 CrawlSpider 提取分类排行榜 a 标签的 href 属性。从表 8-4 可以得出，分类链接请求都有公共参数 typerank，链接提取器使用 allow 约定即可。参考代码如下：

```
#提取分类排行榜链接
rules = (
    Rule(LinkExtractor(allow=r'/typerank'), callback='page_request'),
)
```

以上代码中，回调方法 page_request 的作用为发送分类排行榜的分页请求。实现思路为从页面中解析出每个分类总的记录数(标签的 id 值为 total)后循环遍历组合参数，并依次发送多个分页请求。参考代码如下：

```
def page_request(self, response):
    total=int(response.xpath("//*[@id='total']/text()").get())           #提取总行数
    page_url = "http://www.bspider.top/moviedouban/top_list?{0}"     #分页请求 URL
    url = urlparse(response.url)                         #拆分 URL 地址
    page_url = page_url.format(url.query)                #提取所有请求参数，组合新请求地址
    for i in range(0, total + 1, 20):
        #增加分页参数，start 为起始索引从 0 开始，limit 固定为 20
        new_url = page_url + str.format("&start={0}&limit=20", i)
        #拆分成具体的分页请求
        yield scrapy.Request(new_url, callback=self.parse_item)
```

每个分类榜单的响应数据为 JSON 字符串。使用浏览器开发者工具，拦截任意分页请

求，拷贝请求 URL 地址到浏览器地址栏，运行结果如图 8-22 所示。

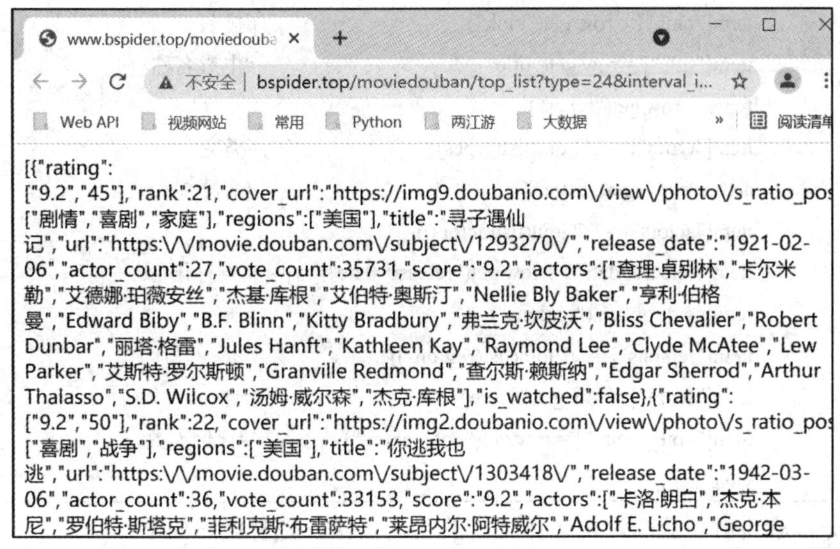

图 8-22　分页请求的 JSON 数据

由于返回的 JSON 数据没有格式化，难以进行 JSON 解析。可将返回的 JSON 数据拷贝到 www.bejson.com 中进行格式化，观察层级关系。格式化后的结果如图 8-23 所示。

图 8-23　使用 bejson 格式化数据

解析方法 parse_item 的编写，实质为字典类型数据读取。使用 json.loads 函数将 JSON 字符串转换为字典类型后，根据字典的 key 依次解析任务中要求的数据项即可。参考代码如下：

```
#排行榜数据解析
def parse_item(self, response):
    result = json.loads(response.text)
    for row in result:
```

```
            item={}
            item["rank"] = row.get("rank")                          #排名
            item["title"] = row.get("title")                        #电影名称
            types = row.get("types")
            item["types"] = "/".join(list(types))                   #类型
            actors = row.get("actors")                              #演员
            item["actors"] = "/".join(list(actors))
            item["release_date"] = row.get("release_date")[:4]      #发行年份
            regions = row.get("regions")                            #国家
            item["regions"] = "/".join(list(regions))
            item["score"] = row.get("score")                        #评分
            item["vote_count"] = row.get("vote_count")              #评价人数
            yield item
```

以上分步骤讲解了豆瓣网电影排行榜的实现步骤。完整代码如下：

```
import scrapy
from scrapy.linkextractors import LinkExtractor
from scrapy.spiders import CrawlSpider, Rule
from urllib.parse import urlparse
import json
class MovieSpider(CrawlSpider):
    name = 'movie'
    allowed_domains = ['www.bspider.top']
    start_urls = ['http://www.bspider.top/moviedouban/']
    def start_requests(self):  #模拟登录
        return [scrapy.FormRequest(
                #登录验证地址
                url='http://www.bspider.top/moviedouban/j/mobile/login/basic',
                formdata={
                    'username': '405935098',      #可以为任意字符
                    'password': '405935098'       #可以为任意字符
                }
            )]
    #链接提取器，提取分类排行榜链接
    rules = ( Rule(LinkExtractor(allow=r'/typerank'), callback='page_request'),)
    #分页请求回调函数
    def page_request(self, response):
        total=int(response.xpath("//*[@id='total']/text()").get())      #记录数
        page_url = "http://www.bspider.top/moviedouban/top_list?{0}"
```

```
        url = urlparse(response.url)
        page_url = page_url.format(url.query)
        for i in range(0, total + 1, 20):
            new_url = page_url + str.format("&start={0}&limit=20", i)
            yield scrapy.Request(new_url, callback=self.parse_item)
    #排行榜数据解析
    def parse_item(self, response):
        result = json.loads(response.text)                    #转换为字典
        for row in result:
            item={}
            item["rank"] = row.get("rank")                    #排名
            item["title"] = row.get("title")                  #电影名称
            types = row.get("types")
            item["types"] = "/".join(list(types))             #类型
            actors = row.get("actors")                        #演员
            item["actors"] = "/".join(list(actors))
            item["release_date"] = row.get("release_date")[:4]    #发行年份
            regions = row.get("regions")                      #国家
            item["regions"] = "/".join(list(regions))
            item["score"] = row.get("score")                  #评分
            item["vote_count"] = row.get("vote_count")        #评价人数
            yield item
```

4. 运行爬虫

命令行下输入 scrapy　crawl movie-o movie.csv 后运行爬虫，输出结果如图 8-24 所示。

rank	title	types	actors	release_date	regions	score	vote_count
721	音乐会	喜剧/剧情/音乐	梅拉尼・罗兰/阿列克	2009	法国/意大	8.5	14953
722	狗脸的岁月	剧情/喜剧	安东・格兰泽柳斯/托	1985	瑞典	8.5	14860
723	莫斯科不相信眼泪	喜剧/剧情/爱情	薇拉・阿莲托娃/阿列	1980	苏联	8.5	14793
724	丘奇先生	剧情/喜剧	艾迪・墨菲/布丽特・	2016	美国	8.5	14753
725	芭萨提的颜色	剧情/喜剧/历史	阿米尔・汗/悉塔尔特/	2006	印度	8.5	14166
726	死囚越狱	剧情/惊悚/战争	弗朗索瓦・莱特瑞尔/	1956	法国	8.5	13933
727	投奔怒海	剧情	林子祥/缪骞人/马斯晨	1982	中国香港	8.5	13676
728	客途秋恨	剧情/家庭	陆小芬/张曼玉/李子雄	1990	中国香港/	8.5	13576
729	细路祥	剧情	露比/麦惠芬/李栋全/	1999	中国香港	8.5	13223
730	敲开天堂的门	动作/犯罪/喜剧/剧情	蒂尔・施威格/扬・约	1997	德国	8.5	12855

图 8-24　豆瓣网电影排行榜爬取结果

本 章 小 结

本章主要介绍通用网络爬虫、数据存储、突破反爬虫限制、Scrapy 动态网页爬取 4 个部分内容。通用网络爬虫部分介绍了使用 CrawlSpider 模板实现全站爬取，数据存储部分介绍 Scrapy 框架下文本数据存储和 MySQL 数据库存储的实现方法。突破反爬虫限制介绍了常用的对应网站反爬虫的配置方法、下载器中间件、随机用户代理以及随机 IP 代理的使用方法。Scrapy 动态网页爬取介绍了逆向分析法和模拟法与 Scrapy 的结合应用。通过古诗文网全站爬取和豆瓣网电影排行榜爬取案例，用以提高读者的综合应用能力。

本 章 习 题

1. 简述 CrawlSpider 工作原理。

2. 举例说明 CrawlSpider 模板中链接提取器的基本使用方法。

3. 简述 Scrapy 框架中应对反爬虫的方法。

4. 爬取古诗文网的所有诗词。爬取数据包括类型、诗词名称、作者、诗词正文、URL 地址。网址为 https://www.gushiwen.cn。

5. 爬取豆瓣网各类电影排行榜。爬取数据包括排名、电影名称、类型、演员、发行年份、发行国家、评分、评价人数。网址为 https://movie.douban.com/chart。

第 9 章　数据预处理

采集的数据往往需要清洗和整理后才能分析使用，如果数据来源不同，还需要统一格式后进行合并，这一过程称为数据预处理。常用的数据预处理功能都可以通过 Pandas 库实现。本章将介绍使用 Pandas 库对数据进行读取、清洗、整理、合并以及保存操作，并通过真实房价数据预处理案例使读者在实践中掌握数据预处理过程。

通过本章内容的学习，读者应掌握以下知识技能：

- 掌握 Pandas 库安装方法。
- 掌握使用 Pandas 读取不同数据文件的方法。
- 掌握使用 Pandas 对数据进行添加、删除、修改和查找操作。
- 掌握使用 Pandas 对数据格式进行转换的方法。
- 掌握使用 Pandas 对数据进行列计算的方法。
- 掌握使用 Pandas 对数据进行合并和去重的方法。
- 掌握使用 Pandas 对缺失值、异常值进行处理的方法。

数据预处理是对采集的数据进行清洗、整理、合并、去重的全过程，也是数据储存和分析前必不可少的一步。Pandas 是 Python 生态圈中一个强大的免费数据处理第三方库。它建立在同样强大的 Numpy 数值计算第三方库基础之上，提供了 Series 和 DataFrame 两个一维和二维数据存储结构，以及很多非常强大的数据分析函数。有的读者可能用 Excel 做过一些简单的数据整理和分析工作，可以这样说，凡是 Excel 能做到的，Pandas 都能做到(数据可视化要借助另一个第三方绘图库 Matplotlib 库)，但是 Pandas 能做到的，Excel 不一定能做到。限于篇幅本章只介绍 Pandas 在数据预处理核心基础，包括从采集的数据文件中获取数据，对数据进行简单的增删改查，数据格式的转换，对数据进行简单计算，数据的合并去重，还有对缺失值和异常值的处理等。其他的扩展内容以及 Numpy 库的一些基础使用，读者可以自行查阅官方文档。

9.1 Pandas 库与基本数据处理

Pandas 是 Python 的一个数据分析包，最初由 AQR Capital Management 于 2008 年 4 月开发，并于 2009 年底开源，目前由专注于 Python 数据包开发的 PyData 团队继续开发和维护，属于 PyData 项目的一部分。Pandas 最初作为金融数据分析工具，而后被慢慢引入其他领域，成为 Python 环境下最为通用的数据分析工具库。

Pandas 被广泛用于金融、经济、统计、分析等学术和商业领域。本节将学习 Pandas 的一些基本功能以及如何在实践中使用 Pandas 读取数据采集阶段生成的数据文件。

Pandas 库对中文支持友好，专门建有中文官方网站，中文文档非常完备，建议读者多参照官方文档(https://www.pypandas.cn/)，加深对这一功能超级强大的数据分析库的理解。英语较好的读者也可以参考英文官网(https://pandas.pydata.org/)，内容比中文版更加详细，版本更新也会更加与时俱进。

9.1.1 Pandas 库的安装

由于标准的 Python 发行版并没有将 Pandas 模块捆绑在一起发布，安装 Pandas 模块的一个比较简单的方式是采用 Python 包安装程序 pip 来进行安装。使用 pip 可以方便地在 Windows、Mac OS、Linux 下安装 Pandas，本节主要介绍 Windows 系统下 Pandas 库的安装。使用 pip 在 Mac OS、Linux 系统下安装第三方库的方法，请读者参考 pip 的官方文档，直接在浏览器地址栏中输入 https://pip.pypa.io/en/stable/user_guide/#installing- packages 即可。

1. Pandas 库安装前确认

在安装 Pandas 库前，请确认已经完成 Python3.0 以上版本的安装，同时将 Python 的路径添加到系统环境变量中。确认方法是在 cmd 命令行下输入“python”后，如果出现图 9-1 所示的信息，则表示 Python 安装正常。

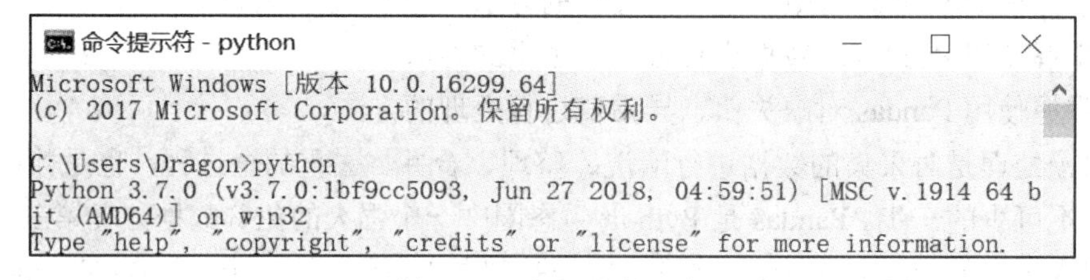

图 9-1　Python 安装正常

如果出现图 9-2 所示的提示，则表示 Python 安装过程中未将路径添加到系统环境变量中，具体更改方法参见第 2 章环境搭建部分的介绍。

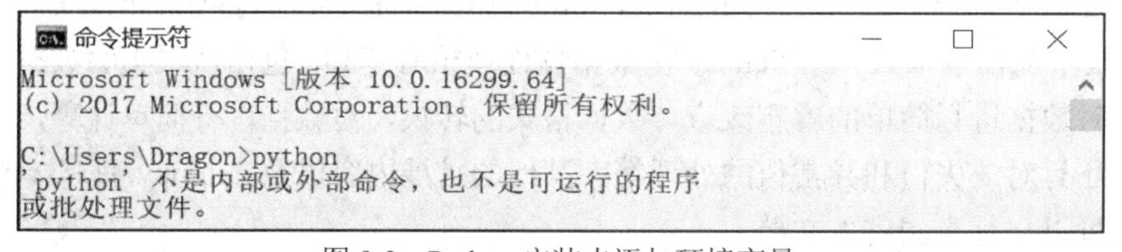

图 9-2　Python 安装未添加环境变量

为了减少安装过程中出现的问题，建议将 pip 强制升级为最新版本。由于缺省情况下 Python 以及相关包从国外网站 https://pypi.python.org/simple 下载的速度较慢，容易出现超时等问题，建议使用国内镜像如清华镜像进行升级安装。Python 第三方库的安装都建议使用 -i 参数切换为国内镜像地址。pip 升级完整命令如下：

```
#切换镜像需要使用-i 参数，pypi.tuna.tsinghua.edu.cn/simple 为清华镜像地址
python -m pip install -U --force-reinstall pip -i https://pypi.tuna.tsinghua.edu.cn/simple
```

2. Pandas 库安装

Windows 下 Pandas 库安装方法为，在 cmd 命令行下输入命令如下：

```
pip install pandas -i https://pypi.tuna.tsinghua.edu.cn/simple
```

由于 Pandas 库是建立在 Numpy 库的基础上，如果本地没有安装过 Numpy 库，安装 Pandas 库的时候会自动安装 Numpy 库。正常安装会出现如图 9-3 所示提示信息，方框处显示 numpy 1.19.5 版和 pandas 1.1.5 版同时正常安装。

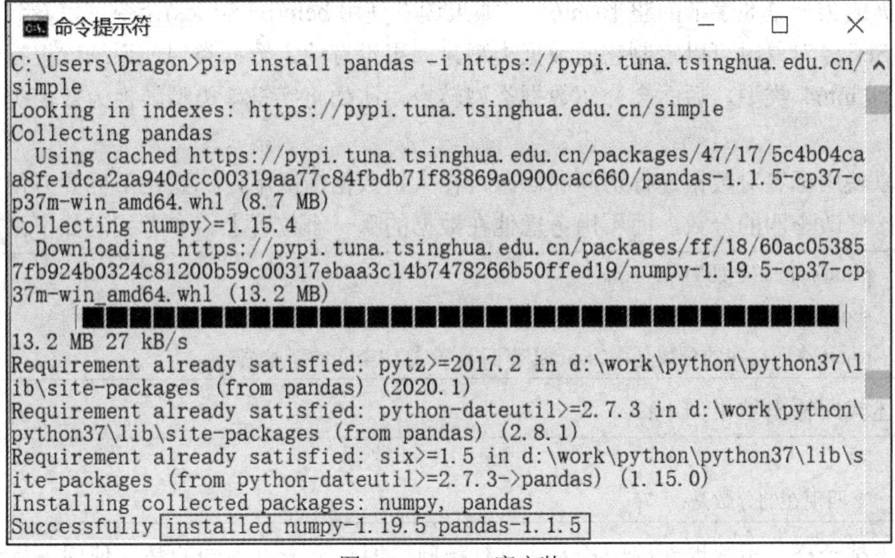

图 9-3　Pandas 库安装

安装过程中，容易出现“pip 不是内部或外部命令，也不是可运行的程序或批处理文件”的问题，原因是安装 Python 时没有选择“Add Python 3.X to PATH”选项，这时可手工添加至环境变量。

9.1.2　Pandas 库基本数据结构的使用

Pandas 基础数据结构包括 Series 和 DataFrame，Series 是一个一维数组，但是比 Python 自带的 list 强大很多，而 DataFrame 类似于一个二维数组。Pandas 的数组跟 Python 原生数组的最大区别就是不仅可以使用下标进行访问，还可以使用自定义的标签索引(index)访问所储存的数据。

1. Series 的使用

先来创建一个基本的 Series 对象，基本的语法格式如下：

```
import pandas as pd    #导包
scores=pd.Series(data=[60,70,90,85],index=["张三","李四","王五","赵六"])
参数说明：
1.data：传入的数据数组，可以是 Python 原生的 list 或者 tuple，也可以是另外一个 Series。
2.index：可选，每个数据的标签，如果不提供，会以整数 0 开始设置标签，与下标作用类似。
```

使用 print(scores)命令打印刚创建的 scores 对象，输出结果如下：

```
张三    60
李四    70
王五    90
赵六    85
dtype: int64
```

不仅以竖体方式输出了 4 个数据，在每个数据前面还有该数据的标签，最后一行 dtype 表示数据的类型是 8 字节的整形(int64)。如果读者使用 help(pd.Series)命令可以看到，其实在创建 Series 对象时可以定制它的数据类型，如果没有约定数据类型，系统就根据输入数据默认为 int64 类型。后面会介绍数据类型转换，比如将字符串类型转换为数值类型进行计算。

可以使用标签对数据进行访问和修改，在大量数据情况下，标签比下标要方便，比如可以直接修改李四的分数，而不用考虑他在数据的哪一个位置上。参考代码如下：

```
print(scores['李四'])
scores['李四']=75   #修改李四的成绩
print('李四现在的分数是：',scores['李四'])   #打印李四的新成绩
```

上述代码输出结果如下：

```
70
李四现在的分数是： 75
```

和下标一样，标签也支持切片方式进行访问，但是有一点不同的是，使用下标切片是前闭后开区间，而使用标签切片是前闭后闭区间，也就是说包含了结束标签。参考代码如下：

```
print(scores[0:2])   #王五的下标是 2
print(scores["张三":"王五"])
```

上述代码输出结果如下：

```
张三    60
李四    75
dtype：int64
张三    60
李四    75
王五    90
dtype: int64
```

2. DataFrame 的使用

多个一维的 Series 可以组合成为二维的 DataFrame，每一个 Series 在 DataFrame 中成为一列，每一列可以有一个列名，这样就可以用列名和标签作为横纵坐标访问二维数据空间的任何一个数据。如图 9-4 所示的 DataFrame 包含了 3 个 Series 组成的 3 列，列名分别是 C、Python 和 Java，标签为张三、李四、王五、赵六。DataFrame 中数据则代表了每个人在三门编程课中的成绩。

index	columns		
	C	Python	Java
张三	60	55	63
李四	70	72	73
王五	90	95	85
赵六	85	80	90

图 9-4　使用 DataFrame 对象学生成绩表

要创建这样一个二维 DataFrame 对象有很多方法，比如先创建 3 个 Series 再合并成一个 DataFrame，或者先由一个成绩的二维数组创建 DataFrame 对象再设置 columns 和 index。这里采用一个更直观的方式，从字典 Dict 对象创建 DataFrame，词典 key 作为列名，最后设定 index。参考代码如下：

```
import pandas as pd    #导包
scores={'C':[60,70,90,85],
        'Python':[55,72,95,80],
        'Java':[63,73,85,90]}    #创建成绩字典
scoresDF=pd.DataFrame(scores, index=['张三', '李四', '王五', '赵六'])    #生成 DataFrame 对象
print(scoresDF)
```

使用从字典生成 DataFrame 对象时，可使用 index 参数可以设定 DataFrame 标签。上述代码的输出结果如下：

```
      C     Python  Java
张三  60    55      63
李四  70    72      73
王五  90    95      85
赵六  85    80      90
```

可以使用 scoresDF['Python']方式访问列名为 Python 的数据，也可以用点表示法 scoresDF.Python 来访问，效果相同。参考代码如下：

```
print(scoresDF['Python'])
print(scoresDF.Python)    #此种写法与上一句作用相同
```

上述代码输出结果如下：

```
张三    55
李四    72
王五    95
```

```
赵六     80
Name: Python, dtype: int64
张三     55
李四     72
王五     95
赵六     80
Name: Python, dtype: int64
```

从输出结果可以看出两种写法作用相同，都输出了 Python 列对应的 Series 对象，dtype 显示数据类型是 int64，即 8 字节整型。与前面 Series 对象的输出结果比，多了一个 Name 属性，其值为“Python”。其实在创建 Series 对象时也是可以指定其 Name 属性的。为了确认 Python 列确实是一个 Series 对象，读者可以使用 type 函数打印输出变量的数据类型。既然 DataFrame 中的每一列为一个 Series 对象，又可以使用列名获得该对象，那么就可以按照前面提到的 Series 对象的数据访问方式来获得具体数据了。比如要想获得和修改张三的 C 语言成绩，就可以使用如下代码：

```
print('张三的 C 成绩是：', scoresDF['C'][ '张三'])
scoresDF.C.张三=71    #使用点表示法访问列和标签与使用方括号加字符串的效果是一样的
print('张三的 C 成绩修改为：', scoresDF['C'][ '张三'])
```

跟生成 Series 对象一样，从字典生成 DataFrame 对象时，使用 index 参数就可以设定 DataFrame 的标签。上述代码的输出结果如下：

```
张三的 C 成绩是：60
张三的 C 成绩修改为：71
```

使用方括号加字符串的形式访问 DataFrame 对象时，默认以成绩为列名，获得的是列对应的 Series 对象。如果想获取行对应的数据，如张三的所有三门课成绩，需要使用 loc 方法。参考代码如下：

```
print(scoresDF.loc['张三'])
```

上述代码的输出结果如下：

```
C          71
Python     55
Java       63
Name:  张三, dtype: int64
```

获取到 Series 对象后就可以按照 Series 对象的数据访问方法去访问每一个具体的数据。读者可以尝试使用 loc 方法自行修改张三的 Java 成绩。

Pandas 是一个非常强大的数据处理库，数据的增删改查有很多种不同的方法适合不同的应用场景，限于篇幅，这里只介绍最基础数据访问和修改的方法，添加和删除的方法会在本章后面陆续介绍。读者也可以自行阅读官方文档获取更多信息。

9.1.3 数据文件的读取与写入

在数据预处理中，往往不是像上一节一样在代码中写入数据从而生成 DataFrame 对象，而是以采集到的数据来创建 DataFrame 对象。Pandas 支持从剪贴板、文件、数据库，甚至 HDFS 分布式系统中直接获取数据以创建 DataFrame 对象。由于数据采集过程中所获得的数据往往以 CSV、JSON、XLS、XLSX 等格式保存，本节主要介绍如何从这些数据文件中读取数据创建 DataFrame 对象，以及如何将处理后的数据写入这些文件中。

上述文件格式中，XLS 和 XLSX 是微软 Excel 产生的文件格式，是 Windows 系统中最被大家所熟悉的数据文件格式，但是它们因为融入了除数据本身以外的其他信息，比如格式(字体、字号、加粗、显示的小数位数等)，XLS 格式只支持 65535 行、256 列数据，很明显对大量数据的存放是不够用的，XLSX 格式对这个限度有了提升，支持最大 1048576 行、16384 列数据。

CSV 是 Comma Separated Values 的缩写，即用逗号分隔的一系列值(逗号指的英文逗号，如果某个值本身有逗号，比如一段文本中含有英文逗号，也可以用其他符号作为分隔符)。由于 CSV 本质上是文本文件，它所存储的数据没有行和列的限制，因此非常适合海量数据的存储，同时便于在不同系统之间交换数据，而不是像 Excel 文件那样主要在 Windows 平台使用。但是要注意因为 CSV 是文本文件，在存储英文以外的文字时要使用 UTF-8 编码才能更好地支持不同操作系统平台。如图 9-5 所示，Excel 中保存数据为 CSV 格式时有两种选择：CSV UTF-8 和普通的 CSV，尽量选用 UTF-8 编码进行保存。

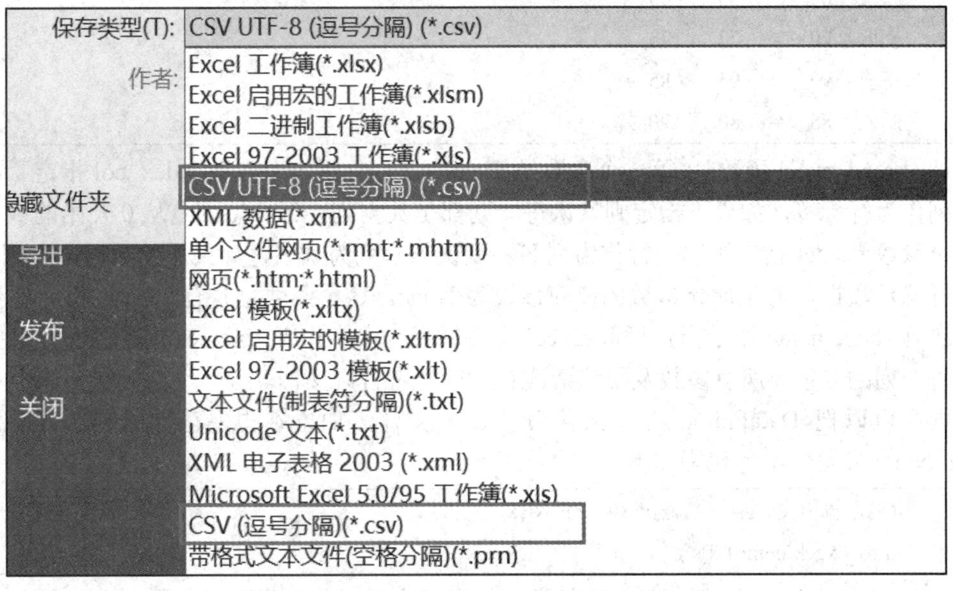

图 9-5　Excel 中保存数据为 CSV 格式的两种选择

JSON 是 JavaScript Object Notation 的缩写，即 JavaScript 对象标记，这是一种常见的网络数据交换格式，它使用对象(即 Python 中的字典)和数组的组合存储数据。JSON 是一种文本文件，便于跨平台交换数据。JSON 和 XML 一样，都是采用树状结构存储数据，比 CSV 的二维结构更加灵活，并且由计算机程序读取和写入时，JSON 的效率明显高于 XML。

了解了常见的这几种数据存储文件格式，就可以理解为何使用 Scrapy 等框架爬取数据时，最常用的数据保存格式是 CSV 和 JSON 了。现在用 Pandas 来实现这些文件的读取和写入。

首先用 Excel 来输入上一节使用的 demo 数据，如图 9-6 所示。

	A	B	C	D	E
1	姓名	C	Python	Java	
2	张三	60	55	63	
3	李四	70	72	73	
4	王五	90	95	85	
5	赵六	85	80	90	
6					

图 9-6　使用 Excel 创建 demo 数据

然后将其保存为 demo.xls 和 UTF-8 编码的 demo.csv 文件，供下面的代码使用。

使用 Pandas 读入 demo.xls 文件，参考代码如下：

```
import pandas as pd   #导包
df=pd.read_excel('demo.xls', index_col='姓名', header=0)   #读入 Excel 文件
print(df)
```

输出结果如下：

```
        C     Python   Java
姓名
张三   60      55      63
李四   70      72      73
王五   90      95      85
赵六   85      80      90
```

调用 read_excel 函数时，第一个参数是 Excel 文件名；第二个参数 index_col 指定了“姓名”列作为行标签，如果不指定则默认每一列都是数据列，行标签则是从 0 开始的数字；第三个参数 header 指定了哪一行作为列名，默认第 0 列为列名，如果原始数据没有列名，第一行就是数据，则 header 参数的值应该设为 None。这个函数总共有 26 个参数，常用的参数还有 sheet_name 用于指定读取 Excel 文件的哪一个工作表，names 用于为无列名数据指定每一列的名字。所有参数及用法请读者自行参考官方文档。

同样可以把 DataFrame 对象保存为 Excel 文件，如果不想保存行标签，可以设置 index=None 参数。参考代码如下：

```
#根据输出文件后缀名输出 xls 或者 xlsx 类型的文件
df.to_excel('demo1.xls')
```

读取 CSV 文件的方式与 XLS 文件类似，但是为了保险起见可以使用 encoding 参数设定字符编码，如果文本编码不是 UTF-8，可以尝试设定参数的值为 gbk。与 XLS 文件类似，可以使用 index_col 参数设定某一列作为行标签，这里使用了列的编号(从第 0 列开始)而不是列名字符串。常用参数还有 sep 参数，用于指定分隔符，默认的分隔符就是英文逗号。参考代码如下：

```
df=pd.read_csv('demo.csv',index_col=0, encoding='utf8')   #读入 CSV 文件
print(df)
df.to_csv('demo1.csv')   #保存为 CSV 格式
```

保存 CSV 文件时也可以指定 encoding 和 sep。从产生的 CSV 文件内容可以看出各个

值之间使用英文逗号分隔。CSV 文本内容如下：

```
姓名,C,Python,Java
张三,60,55,63
李四,70,72,73
王五,90,95,85
赵六,85,80,90
```

同样可以把 DataFrame 对象保存为 JSON 格式，或者从 JSON 文件中读入数据生成 DataFrame 对象。参考代码如下：

```
df.to_json('demo.json', orient='index')   #行优先的方式导出数据为 JSON 格式
df1=pd.read_json('demo.json')
print(df1)
```

保存数据时，默认是按列的顺序导出，设置 orient 参数可以逐行输出，但是读入这样的文件会导致数据发生转置，即行列互换。以上代码输出结果如下：

```
        张三    李四    王五    赵六
C       60      70      90      85
Java    63      73      85      90
Python  55      72      95      80
```

要得到原始的数据，可以在读入数据时也设置 orient 参数，或者使用 df1.T 手动转置数据。读者可以自行试验。以上代码所产生的 JSON 文件内容如下：

```
{"\u5f20\u4e09":{"C":60,"Python":55,"Java":63},"\u674e\u56db":{"C":70,"Python":72,"Java":73},
"\u738b\u4e94":{"C":90,"Python":95,"Java":85},"\u8d75\u516d":{"C":85,"Python":80,"Java":90}}
```

其中的 UTF-8 编码中文以“\u5f20\u4e09”表示，这个“\u5f20\u4e09”就是“张三”的编码。可以把 JSON 文件的内容拷贝到 JSON 查看器中，比如在线 JSON 视图查看器 https://www.bejson.com/jsonviewernew 进行编码转换，如图 9-7 所示。

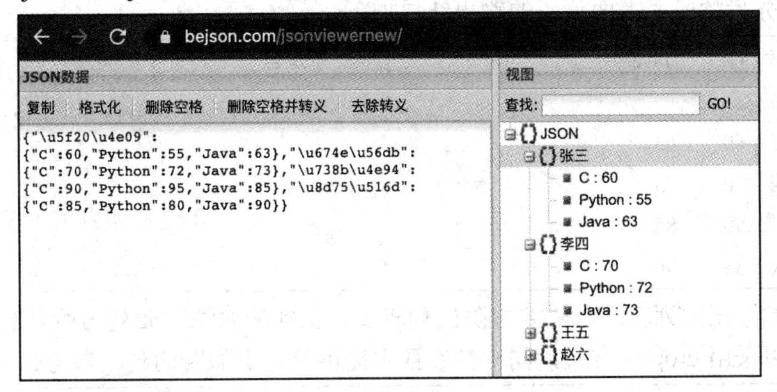

图 9-7　以视图方式查看 JSON 文件

9.1.4　数据的拆分与拼接

从数据采集过程中得到的数据文件中往往包含了一些不需要的信息，因此需要从全部信息中拆分出有用数据。而往往也需要将不同来源(如从不同网站获取)的数据进行拼接合

并。在本章末尾的案例中可以看到这样的需要。当然合并数据还需要进行去重等处理，这部分内容会在本章的下一节中讲解，此处只考虑简单的数据拆分与拼接，通常包含按列拆分、按行拆分、条件拆分三种拆分方式以及行拼接和列拼接两种拼接方式。

仍然以前面的学生成绩数据为例，从图 9-6 所展示的 demo.xls 文件中读取原始数据。参考代码如下：

```
import pandas as pd   #导包
df=pd.read_excel('demo.xls', index_col='姓名', header=0)   #读入 Excel 文件
print(df)
```

打印输出结果如下：

```
        C       Python   Java
姓名
张三    60       55       63
李四    70       72       73
王五    90       95       85
赵六    85       80       90
```

1. 按列拆分

如果需要拆分其中的 C 语言成绩列及 Java 成绩列，只需要在前面提到的按列访问数据的方括号中提供想要拆分的列的列表即可。参考代码如下：

```
df1=df[['C','Java']]     #拆分 C 和 Java 两列数据
print(df1)
```

注意两层方括号，外层方括号表示数据选择(与列表下标或者字典的键的语法类似)，内层方括号表示列表。列表中只有一个元素时就表示只拆分一列数据。列表中的列名可以是任意顺序，拆分出来的 DataFrame 对象的列会按照列表中的顺序排列。比如可以交换 C 和 Jave 列的先后顺序。上面代码的输出结果如下：

```
        C      Java
姓名
张三    60      63
李四    70      73
王五    90      85
赵六    85      90
```

如果原始数据的列较多，需要去除的列较少，上面的做法需要列出所有需要的列会比较麻烦，可以采用 drop 的方式，同样在参数中提供所有不需要的列。参考代码如下：

```
df1=df.drop(columns=['C'])   #从原始数据中去除不需要的列
print(df1)
print(df)
```

drop 操作不会修改原始的数据对象 df，只会将指定的列去除后赋值给新的 df1 对象。以上代码输出结果如下：

```
          Python  Java
姓名
张三        55    63
李四        72    73
王五        95    85
赵六        80    90
       C    Python  Java
姓名
张三   60      55    63
李四   70      72    73
王五   90      95    85
赵六   85      80    90
```

2. 按行拆分

按行拆分使用前面提到的 loc 方法。如拆分张三和王五两行数据。参考代码如下：

```
print(df.loc[['张三', '王五']])  #拆分张三和王五两行
print(df.loc['张三': '王五'])     #拆分从张三到王五的所有行
```

按范围拆分是用切片形式，所以不需要提供列表作为参数，这样会少一层方括号。上述代码的输出结果如下：

```
       C    Python  Java
姓名
张三   60      55    63
王五   90      95    85
       C    Python  Java
姓名
张三   60      55    63
李四   70      72    73
王五   90      95    85
```

按行拆分常用的是取前面 xx 行或者后面 xx 行，有时候也会从数据中随机抽取 xx 行，这些需求可以通过 head、tail 和 sample 三个函数来控制数据显示。参考代码如下：

```
print(df.head(3))      #取前 3 行
print(df.tail(3))      #取前 3 行
print(df.sample(3))  #随机抽取 3 行
```

随机抽取时，行的顺序也会随机打乱，同时每行只会被随机抽取一次，因此不能抽取比原始数据更多的行。参考代码如下：

```
       C    Python  Java
姓名
张三   60      55    63
李四   70      72    73
王五   90      95    85
```

```
        C    Python  Java
姓名
李四    70    72      73
王五    90    95      85
赵六    85    80      90
        C    Python  Java
姓名
赵六    85    80      90
张三    60    55      63
王五    90    95      85
```

3. 条件拆分

最后一种常用的数据拆分方式是条件拆分，比如拆出 C 语言成绩在 70 分以上的同学的所有数据。参考代码如下：

```
df1 = df[df.C>70]    # 条件拆分
print(df1)
```

执行结果如下：

```
        C    Python  Java
姓名
王五    90    95      85
赵六    85    80      90
```

条件也可以组合，如逻辑或(|)、逻辑与(&)，逻辑非(～)。注意每个条件必须用圆括号括起来。参考代码如下：

```
df1 = df[(df.C>70)|(df.Python>70)]    # 复合条件拆分
print(df1)
```

执行结果如下：

```
        C    Python  Java
姓名
李四    70    72      73
王五    90    95      85
赵六    85    80      90
```

4. 行拼接

行拼接适合于多个数据来源有相同的列，只需要将这些数据“串联”起来，仍然共享原来的列名。可以使用 pd.concat 函数进行拼接，参数是两个或者多个 DataFrame 对象构成的列表。参考代码如下：

```
df1=df.sample(2)            #从 df 中随机选取两行创建新的 df1
df2=pd.concat([df,df1])     #将 df 和 df1 按行进行拼接
print(df2)
```

上述代码中的最后两行是从原始数据中随机抽取后拼接上去的，行标签是允许重复的。执行结果如下：

```
      C     Python  Java
姓名
张三  60     55      63
李四  70     72      73
王五  90     95      85
赵六  85     80      90
王五  90     95      85
张三  60     55      63
```

5. 列拼接

列拼接适合于对同一组样本，不同来源提供了不同的特征和属性。比如对同一组学生，一个 DataFrame 提供了成绩，另一个 DataFrame 提供了性别和年龄，仍然可以使用 pd.concat 函数，只需要指定 axis 参数为 1 即表示按列拼接。参考代码如下：

```
df1 = pd.DataFrame({'性别':['男','女'],'年龄':[20,18]},index=['赵六','李四'])  #创建性别和年龄数据
df2 = pd.concat([df,df1],axis=1)
print(df2)
```

注意 df1 中只有两个同学的数据，因此拼接后的数据中缺少部分使用 NaN(Not a Number 的缩写)表示此处有缺失值。同时注意 df1 中的数据顺序和 df 是不同的，Pandas 会按照行标签进行自动匹配。参考代码如下：

```
      C     Python  Java  性别   年龄
张三  60     55      63    NaN    NaN
李四  70     72      73     女    18.0
王五  90     95      85    NaN    NaN
赵六  85     80      90     男    20.0
```

9.2 数据清洗与整理

数据清洗与整理是介于数据采集和数据分析过程之间不可缺少的一个重要环节，其结果和质量直接关系到数据分析的最终结论。数据清洗与整理通常包括删除重复数据、统一数据格式、转换数据类型、组合构造新数据、处理缺失值、去除异常数据等。本节主要介绍使用 Pandas 完成数据格式统一、缺失值处理、异常值处理以及数据合并与去重等主要环节相关技术。

9.2.1 统一数据格式

由于采集到的数据来源于不同业务，不同业务线于数据的要求、理解和规格不同，导致对于同一数据对象描述规格完全不同，因此在清洗过程中需要统一数据规格并将一致性

的内容抽象出来。常见的数据统一包括名称统一、类型统一、格式统一以及单位统一。名称统一，如用户名在一个来源中的名字是 user，另一个来源中是 username，就需要统一才能正确合并；类型统一，如销售金额在一个来源中是浮点类型，另一个来源中是字符串类型；格式统一，如电影的播放时间在一个来源中是 1h30m，另一个来源中是 90min；单位统一，如成绩在必修课来源中是百分制，另一个选修课来源中是通过与未通过。

上述数据格式统一在处理的时候其实分为两种类型，分别为列名修改和值修改。先构建一组示例数据，参考代码如下：

```
import pandas as pd    #导包
scores={'C 成绩':[60,70,90,85],
        'Python':[ '55 分', '72 分', '95 分', '80 分'],
        'Java':[ '中', '良', '良', '优']}    #创建成绩字典
scoresDF=pd.DataFrame(scores, index=['张三', '李四', '王五', '赵六']) #生成 DataFrame 对象
print(scoresDF)
print('DataFrame 的数据类型为：\n',scoresDF.dtypes)    #输出各列的数据类型
```

执行结果如下：

```
        C    成绩   Python   Java
张三    60     55 分     中
李四    70     72 分     良
王五    90     95 分     良
赵六    85     80 分     优
数据类型为：
C 成绩        int64
Python        object
Java          object
dtype: object
```

仔细观察示例数据可以发现数据有多处不一致。C 成绩列的名称和其他列不一致；成绩类型不一致(整数型和字符串型都有，Pandas 里字符串型被显示为 object 型)；成绩格式不一致(有的带单位，有的不带)；成绩单位不一致(百分制和优良中差制)。

首先需要修改列名，其他项需要修改值。修改前需要复制一份数据，避免修改原始数据。修改列名需要使用 rename 函数，参考代码如下：

```
scoresModDF=scoresDF.copy()      #从原始数据中复制一份进行修改
scoresModDF.rename(columns={'C 成绩': 'C'}, inplace=True)      #修改列标签
print(scoresModDF)
```

rename 函数既可以修改列名(使用 columns 参数)，也可以修改行标签(使用 index 参数)，参数值是一个字典对象，字典键是原列名，值为新列名，这样可以同时修改多个列名。如果列名有重复的情况，需要先使用 scoresModDF.columns 属性获得所有的列名数组，使用下标修改此数组，再重新给 columns 属性赋值。读者可以自行练习这种方式。rename 函数中还有 inplace 参数，在很多 Pandas 函数中都可以设置此参数，此参数的默认值为

False，表示不在原始数据上修改，而是将修改后的数据返回赋值给一个新对象。这里已经提前复制了一份数据，就可以设置 inplace=True 直接修改数据了。以上代码执行结果如下：

```
        C     Python   Java
张三   60     55分      中
李四   70     72分      良
王五   90     95分      良
赵六   85     80分      优
```

然后需要修改 Python 列的值，去掉单位。需要使用 apply 函数，参考代码如下：

```
scoresModDF.Python=scoresModDF.Python.apply(lambda x:x.split('分')[0])
#以'分'为分隔符切
割字符串为数组，取第一个元素
print(scoresModDF)
print(scoresModDF.dtypes)
```

apply 函数可以将一个函数应用到 DataFrame 或者 Series 中的每一个值，函数的参数是原始值，函数的返回值会成为新的值。这里提供的是一个匿名函数 lambda，其参数命名为 x，函数中以"分"为分隔符将 x 切割为数组，取第一个元素返回，即得到了"分"之前的数值。这样处理后的值虽然去掉了单位，但还是字符串类型，是不能用于计算的。打印输出 dtypes 属性可以看出 Python 列和 C 列的类型不同。参考代码如下：

```
        C     Python   Java
张三   60       55      中
李四   70       72      良
王五   90       95      良
赵六   85       80      优
C             int64
Python        object
Java          object
dtype: object
```

可以使用 astype 函数强制改变某一列的数据类型。参考代码如下：

```
scoresModDF.Python=scoresModDF.Python.astype('int64')   #强制改变数据类型为整型
print(scoresModDF.Python.dtype)
```

注意打印输出的时候，每一列是一个 Series 对象，因此 dtype 是单数形式。执行结果如下：

```
int64
```

也可以成批修改多列的数据类型，参考代码如下：

```
scoresModDF[['C', 'Python']]=scoresModDF[['C', 'Python']].astype('float') #同时修改多列的类型
print(scoresModDF.dtypes)
```

输入结果如下：

```
C         float64
Python    float64
Java      object
dtype: object
```

最后需要把 Java 成绩从优良中差制改为百分制，假设优为 90 分，良为 75 分，中为 60 分，差为 50 分。apply 函数中也可以使用普通函数。参考代码如下：

```
def grade(x):   #定义一个成绩转换函数
    gradeDict={'优':90.0, '良':75.0, '中':60.0, '差':50.0}   #成绩转换字典
    return gradeDict[x]
scoresModDF.Java=scoresModDF.Java.apply(grade)   #将 grade 函数应用于该列的每一个值
print(scoresModDF)
print(scoresModDF.dtypes)
```

注意这里修改值的同时也改变了数据类型。执行结果如下：

```
        C    Python   Java
张三   60.0   55.0   60.0
李四   70.0   72.0   75.0
王五   90.0   95.0   75.0
赵六   85.0   80.0   90.0
C         float64
Python    float64
Java      float64
dtype: object
```

非匿名函数优点在于逻辑可以比较复杂，因为 lambda 函数只能有一行代码。

总而言之，数据格式统一的过程就是根据具体情况使用 apply 函数将数据格式进行转换的过程，实现方法就要具体问题具体分析了。

9.2.2　缺失值处理

在数据处理过程中，缺失数据是经常发生的，如在数据拼接部分就介绍了来源不同的数据拼接时往往会产生数据缺失。数据产生缺失的原因一般如下：

(1) 原始数据不全。如某本图书还没上市，因而没有价格信息。

(2) 数据采集遗漏。如使用爬虫代码爬取网页数据时，有部分数据格式与其他数据不同，而没有采集到。

(3) 不同来源的数据不一致。如两个房价网站的数据，一个有单价和全价，另一个只有全价，没有单价。

(4) 数据丢失。存储介质损坏、文件传输过程故障等造成数据丢失。

对于这些缺失数据，Pandas 会用 NaN 标记数值型数据，字符串型就会是空对象。针对

缺失值的重要性与缺失率的大小可以采用不同的策略，如图 9-8 所示。

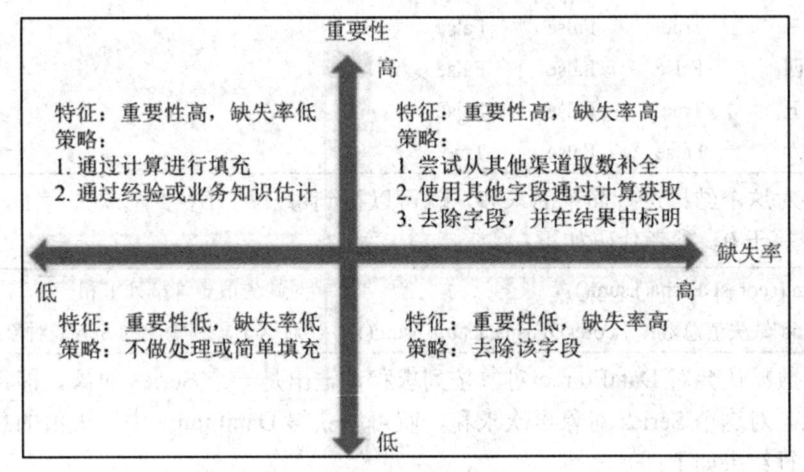

图 9-8　缺失数据的处理策略

根据不同策略，处理缺失值的方法大体上分为删除、填充和不处理三种。填充需要从其他渠道获取数据、根据数据特征计算数据、从其他字段计算数据后进行。在预处理阶段一般能做的就是从其他字段计算，比如从身份证号码字段计算生日和年龄，根据房屋总价和面积计算单价等。对于少量缺失数据最常用的就是直接删除。

这里继续使用学生成绩的案例建立缺失数据集，参考代码如下：

```
import pandas as pd    #导包
scores={'C':[None,60,None,90],    #None 表示缺失数据
        'Python':[55,72,95,80],
       'Java':[63,73,85,None]}    #创建成绩字典
scoresDF=pd.DataFrame(scores, index=['张三', '李四', '王五', '赵六'])    #生成 DataFrame 对象
print(scoresDF)
```

Python 自带的 None 类型会被 Pandas 处理为 NaN，表示此数据缺失。上述代码的执行结果如下：

```
        C      Python   Java
张三    NaN       55     63.0
李四    60.0      72     73.0
王五    NaN       95     85.0
赵六    90.0      80     NaN
```

对于少量的案例数据是否有缺失，可以很容易发现，但是对于大量的真实数据，就需要用代码统计哪些列、哪些行有缺失、有多少数据缺失。

使用 isna 函数可以标识出缺失值的位置，参考代码如下：

```
print(scoresDF.isna())          #查找缺失值
```

输出结果为一个包含所有行列的 True/False 值，True 代表有缺失，但是对于大量数据，这个结果非常不直观，是不能直接使用的。执行结果如下：

```
          C       Python    Java
张三      True    False     False
李四      False   False     False
王五      True    False     False
赵六      False   False     True
```

只需要对这个结果进行简单的求和，就可以得到每一列有多少个缺失值了，True 就等于 1，False 等于 0。参考代码如下：

```
print(scoresDF.isna().sum())                        #对缺失值矩阵按列求和
print('缺失值总数：',scoresDF.isna().sum().sum())   #对这个求和输出的 Series 对象继续求和
```

sum 函数默认会对 DataFrame 对象按列求和，输出是一个 Series 对象，即每一列有多少个缺失值。对这个 Series 对象再次求和，就可以获得 DataFrame 中缺失值的总个数。上述代码的执行结果如下：

```
C         2
Python    0
Java      1
dtype: int64
缺失值总数：3
```

如果需要查看有哪些样本(即哪些行)有缺失值，可以对 sum 函数设置 axis=1 参数按行求和即可。参考代码如下：

```
na=scoresDF.isna().sum(axis=1)     #对缺失值矩阵按行求和
print(na[na>0])                    #筛选至少有一个缺失值的行
```

上述代码还去除了没有缺失的行，因为有缺失的样本一般是少数，输出结果如下：

```
张三    1
王五    1
赵六    1
dtype: int64
```

找到缺失数据后就可以对缺失数据进行处理。最简单的处理就是使用 dropna 函数去掉所有缺失值，但它只适合缺失率不高的情况。参考代码如下：

```
scoresModDF=scoresDF.copy()              #不要在原始数据上修改，备份是个好习惯
scoresModDF.dropna(inplace=True)         #去除所有有缺失值的行
print(scoresModDF)
```

由于本案例中数据量较小，去除缺失值后就只剩下一行数据。参考代码如下：

```
        C      Python  Java
李四    60.0    72     73.0
```

如果某些列的缺失率非常高，可以使用 drop 函数去掉这些列，比如 C 语言成绩缺失率较高，可以全部移除这一列，然后使用 dropna 函数可以保留更多的样本。参考代码如下：

```
scoresModDF=scoresDF.copy()                        #重新创建副本
scoresModDF.drop(columns=['C'], inplace=True)       #去除列名为 C 的列
scoresModDF.dropna(inplace=True)                   #去除所有有缺失值的行
print(scoresModDF)
```

注意这里首先从原始数据中重新拷贝生成了完整的成绩 DataFrame 对象，因为前面去除缺失值的时候已经使用 inplace=True 参数修改了整个 scoresModDF 对象。输出结果如下：

```
       Python   Java
张三    55       63.0
李四    72       73.0
王五    95       85.0
```

找到缺失值后就可以对其进行处理了，最简单的处理就是填充一个固定值，比如将所有的缺失值填充为 0。这里可以尝试把所有缺失的成绩设为 60 分，参考代码如下：

```
scoresModDF=scoresDF.copy()              #重新创建副本
scoresModDF.fillna(60, inplace=True)     #将缺失值填充为 60
print(scoresModDF)
```

输出结果如下：

```
        C      Python   Java
张三    60.0     55      63.0
李四    60.0     72      73.0
王五    60.0     95      85.0
赵六    90.0     80      60.0
```

更为灵活的方式是每列填充不同的缺失值，比如 C 语言成绩缺失值都填充 0 分，而 Java 的成绩缺失值填充 60 分。参考代码如下：

```
scoresModDF=scoresDF.copy()                              #重新创建副本
scoresModDF.fillna({'C':0, 'Java':60}, inplace=True)    #分列用不同的值填充缺失值
print(scoresModDF)
```

比固定值填充更为合理的填充方式就是从其他列的数据计算后填充，比如某个同学 C 语言的成绩缺失，可以考虑用这位同学其他科目的平均成绩填充他的 C 语言成绩。思路就是先获得所有 C 成绩缺失行的行标签，然后使用 loc 函数对这些行中 C 列的值(即原先的 NaN 值)赋新值为该行的平均值。mean 函数中设置 axis=1 表示按行求平均值，因为求平均值时不计入 NaN 数据，所以得到的就是其他列的平均值。参考代码如下：

```
scoresModDF=scoresDF.copy()                                 #重新创建副本
index=scoresModDF[scoresModDF.C.isna()].index               #获取 C 列中有缺失值的行标签
scoresModDF.loc[index,'C']=scoresModDF.loc[indexs].mean(axis=1)
#对 C 列中的缺失值用其他列的平均值填充
print(scoresModDF)
```

上述代码的输出结果如下：

```
      C  Python  Java
张三  59.0     55  63.0
李四  60.0     72  73.0
王五  90.0     95  85.0
赵六  90.0     80   NaN
```

读者可以自行使用同样的逻辑填充剩下的一个缺失值，赵六的 Java 成绩。

9.2.3　异常值处理

异常值是指那些远离正常值的数据，如满分 100 分时的 120 分成绩、1000 度的气温等。异常值的出现一般是人为的记录错误或者是采集过程中的程序 bug 等(比如房价 1000 万被采集为 1000 元)，异常值的出现会对后期数据分析和预测产生较大的偏差。

判定异常值一般可以用 3 西格玛原则或者箱型图法。这里简单介绍 3 西格玛原则，也叫 3 倍标准差法。如果数据符合正态分布，那么平均值加减三倍标准差应该能覆盖 99.7% 的数据，如图 9-9 所示。处于这个范围以外的数据就可以认为是异常数据。

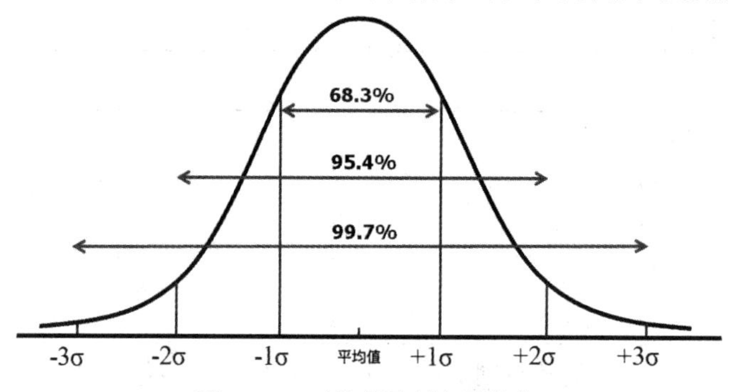

图 9-9　3 西格玛法判定异常值

要注意的是并不是所有数据都符合正态分布的，因此 3 西格玛法原则只能用于参考，还是要具体问题具体分析。

下面演示生成一些正态分布的随机数据，人为将部分数据改为特别大或者特别小的数据，用 Pandas 来查找这些数据，参考代码如下：

```
import pandas as pd   #导包
from numpy.random import randint   #从 Numpy 库中导入随机数生成器

a = pd.Series(randint(0,100, size=100))   #生成 100 个 0～100 之间的随机整数
a[randint(0,100)]=1000   #随机找一个数替换为 1000
a[randint(0,100)]=-1000   #再随机找一个数替换为-1000

mean=a.mean()   #求平均值
sigma=a.std()   #求标准差
print('平均值：',mean, '标准差：',sigma)
```

Numpy 中的 randint 函数用于生成给定范围的随机整数，参数 size=100 即生成 100 个

这样的随机数，将它们转换为 Series 对象，DataFrame 中的任何列即是一个 Series 对象。接着随机找两个 0～100 之间的数作为下标，将其对应的数值改为 1000 和－1000，这两个数对于原来的 0～100 之间的数很明显是异常值。最后打印输出这组数的平均值和标准差。因为是随机生成的，读者结果与下面输出结果有可能不同。输出结果如下：

```
平均值：48.51 标准差：145.26120638631667
```

定义一个 threeSigma 函数用于检测一个 Series 对象中异常值，参考代码如下：

```
#定义 3σ 法则识别异常值函数
def threeSigma(s):
    #建立符合 3σ 法则的筛选规则
    rule = (s < s.mean()-3*s.std()) | (s > s.mean()+3*s.std())
      #返回符合这些规则的数据
    return s[rule]
print(threeSigma(a))
```

threeSigma 函数可以用于识别 DataFrame 对象中的任何列，将列传入函数就可以得到该列中的异常数据。上述代码的输出如下：

```
15    -1000
35     1000
dtype: int64
```

可以看到上述代码随机将 15 行和 35 行的值改成了－1000 和 1000 的异常值。由于随机数的特性，读者的结果会有所不同，但是也可以找到异常值的位置。

找到异常值的位置后，与缺失值类似，可以使用删除和填充的办法处理，因此常常将异常值标记为 NaN，并按照前面缺失值的处理方式进行处理。参考代码如下：

```
index=threeSigma(a).index   #找到异常值的 index
a.loc[index]=None           #将异常值修改为缺失值
print(a.loc[index]
```

执行结果如下：

```
15    NaN
35    NaN
dtype: float64
```

9.2.4 数据的合并与去重

在数据采集过程中，往往数据来源于不同的业务系统(如学生相关数据可能来自学籍管理系统、教务系统等)或者采集于不同的网站(如房价数据可能来自不同的中介网站)。这就要求对于不同来源的数据进行整理，统一数据格式、填补缺失值和处理异常值后进行合并，合并的过程中难免有重复的部分，就需要进行去重处理。合并处理后的数据才是干净的数据，可以存入数据库或者数据文件中供数据分析与挖掘使用。

在数据合并之前必须先统一数据格式，尽量处理好缺失值和异常值再进行合并。合并后的重复项需要进行去重处理，才能得到干净可用的数据。

这里先构造两组 demo 数据，用以模拟已经清洗好、需要合并的数据。两组数据的人名不完全一致，一组有 C 语言成绩和 Python 成绩，一组有 Python 成绩和 Java 成绩。参考代码如下：

```
import pandas as pd   #导包
scores1={'name':[ '张三', '王五', '赵六', '孙七'],
          'C':[60,70,90,85],
         'Python':[55,72,95,80]}   #创建成绩字典 1
df1=pd.DataFrame(scores1)   #生成 DataFrame 对象  df1

scores2={'name':[ '张三', '李四', '王五', '赵六'],
         'Python':[55,72,95,80],
        'Java':[63,73,85,90]}   #创建成绩字典 2
df2=pd.DataFrame(scores2)   #生成 DataFrame 对象 df2

print(df1)
print(df2)
```

输出结果如下：

```
     name   C   Python
0    张三   60    55
1    王五   70    72
2    赵六   90    95
3    孙七   85    80
     name    Python  Java
0    张三      55     63
1    李四      72     73
2    王五      95     85
3    赵六      80     90
```

使用 Pandas 的 merge 函数对数据进行合并。合并需要使用参数 on 设定对齐列(即该列为合并的依据)。一般以有唯一性的数据为合并数据，所以人名并不是一个好的依据，最好是学号或者身份证号码这样唯一性的数据。这样两组数据可以按照参数 on 指定的列为对齐的依据。参考代码如下：

```
df3=pd.merge(df1,df2, on='name')    #合并 df1 与 df2， 以 name 列为依据对齐数据
print(df3)
```

输出结果如下：

```
     name   C  Python_x  Python_y   Java
0    张三   60    55        55       63
1    王五   70    72        95       85
2    赵六   90    95        80       90
```

可以看出默认的 merge 是内连接，即只输出两个数据集中共同存在的行。如果两个数

据集中都有同名的列(除了对齐列)，Pandas 会自动在列名后面加上 x 和 y，表示数据的来源。可以看到这两个数据集的 Python 成绩有数据不一致的地方，可以用前一节讲到的数据拆分方式按条件拆分出不一致的行，然后需要手动检查数据来源，确定正确数据并手动替换。参考代码如下：

```
print(df3[df3.Python_x!=df3.Python_y] )    #筛选两列 Python 成绩不一致的行
```

输出结果就是那些 Python 成绩有不一致的数据了。输出结果如下：

```
    name   C  Python_x  Python_y  Java
1   王五   70    72        95      85
2   赵六   90    95        80      90
```

如果需要左连接，即以第一个数据集为准，第二个数据集向左对齐，超出第一个数据集的数据放弃，不足的数据补为缺失值。merge 通过参数 how 控制连接方式。参考代码如下：

```
df3 = pd.merge(df1, df2, on='name', how='left')   #左连接
print(df3)
```

输出结果如下：

```
    name   C  Python_x  Python_y  Java
0   张三   60    55        55.0    63.0
1   王五   70    72        95.0    85.0
2   赵六   90    95        80.0    90.0
3   孙七   85    80        NaN     NaN
```

可以看出 df1 里面的四个数据都保留下来，df2 里的李四因为在 df1 中不存在被放弃了。对于 df1 中存在而 df2 中不存在的孙七，来自 df1 的 C 和 Python_x 数据被保留，而来自 df2 的 Python_y 和 Java 成绩被置为 NaN，需要后期按照缺失值的处理逻辑进行处理。

左连接适合 df1 数据比较全的情况。同理，将参数 how 的值设为 right 就是以 df2 的数据为准的右连接了，参考代码如下：

```
df3 = pd.merge(df1, df2, on='name', how='right')        #右连接
print(df3)
```

输出结果如下：

```
    name    C    Python_x  Python_y  Java
0   张三   60.0    55.0       55      63
1   王五   70.0    72.0       95      85
2   赵六   90.0    95.0       80      90
3   李四   NaN     NaN        72      73
```

很明显，孙七被放弃了，因为他在 df2 中不存在。而李四的 C 和 Python_x 被置为 NaN，因为他在 df1 中不存在。如果希望保留两个数据集中的所有数据，将彼此不存在的行都置为 NaN，就需要使用全外连接的方式，参考代码如下：

```
df3 = pd.merge(df1, df2, on='name', how='outer')   #全外连接
print(df3)
```

输出结果如下：

```
     name   C      Python_x  Python_y  Java
0    张三   60.0    55.0      55.0     63.0
1    王五   70.0    72.0      95.0     85.0
2    赵六   90.0    95.0      80.0     90.0
3    孙七   85.0    80.0      NaN      NaN
4    李四   NaN     NaN       72.0     73.0
```

可以看到，merge 函数的业务逻辑是先输出内连接的共同数据，然后分别输出左右连接的差异化数据。两个数据集的所有数据都得到保留，不足的部分都被置为 NaN，留待按照缺失值进一步处理。

上一节讨论数据拼接的案例中两个 DataFrame 的列一模一样，如果数据来源于不同的两个 DataFrame，以行拼接的方式把两个 DataFrame 串联起来也有要注意的地方，比如这里的 df1 和 df2。参考代码如下：

```
df3=pd.concat([df1,df2])  #拼接两个有不同列的数据集
print(df3)
```

输出结果如下：

```
    C      Java   Python   name
0   60.0   NaN    55       张三
1   70.0   NaN    72       王五
2   90.0   NaN    95       赵六
3   85.0   NaN    80       孙七
0   NaN    63.0   55       张三
1   NaN    73.0   72       李四
2   NaN    85.0   95       王五
3   NaN    90.0   80       赵六
```

可以发现名字被放到后面，因为 Python 和 name 是 df1 和 df2 都有的列名，不同的列则被放到了前面。df1 中没有 Java 这一列，因此，前 4 行数据的 Java 被置为 NaN。同理，后 4 行的 C 被置为了 NaN。需要按照缺失数据的方式将这些 NaN 进一步处理。还有一个要注意的地方是行标签原样复制了两个 DataFrame 中的行标签，造成了标签的重复，这会造成依赖行标签进行数据选择时出现歧义。因此，需要使用 reset_index 函数重新设置标签。参考代码如下：

```
df3.reset_index(drop=True, inplace=True)  #重置标签
print(df3)
```

参数 drop=True 表明放弃原来的标签，否则原来的标签会成为数据中的一列加以保留(该列的列名会是 index)。而参数 inplace=True 表示原地修改数据，注意观察新的连续性的行标签。上述代码的输出结果如下：

```
    C      Java    Python   name
0   60.0   NaN     55       张三
1   70.0   NaN     72       王五
```

```
2  90.0   NaN     95    赵六
3  85.0   NaN     80    孙七
4  NaN    63.0    55    张三
5  NaN    73.0    72    李四
6  NaN    85.0    95    王五
7  NaN    90.0    80    赵六
```

合并完成的数据往往具有重复的行，需要使用 drop_duplicates 函数去重。不带任何参数的该函数只会去除所有列都完全相同的两行。如果有一列数据具有唯一性(如学号等)，可以认为两行有相同的该列数据即存在重复数据，只需保留一份。参考代码如下：

```
df4=df3.drop_duplicates('name',keep='first')  #按照 name 去重，保留第一次出现的数据
print(df4)
```

参数 name 表示以 name 列为准判定是否重复，参数 keep=first 表示有重复数据，只保留第一份，如果设为 last 则表示只保留最后一次出现的数据。上述代码输出结果如下：

```
      C    Java   Python   name
0  60.0   NaN     55     张三
1  70.0   NaN     72     王五
2  90.0   NaN     95     赵六
3  85.0   NaN     80     孙七
5  NaN    73.0    72     李四
```

可以看出数据从 8 行减少到了 5 行，姓名列已经没有重复的了。注意去重的过程中行标签出现了不连续的情况，可以继续使用 reset_index 函数重新设置标签。读者可以参考前面的代码自行处理。

如何保证多列数据的唯一性呢？比如这里的 name 列，重名的情况是可能的。这时可以使用多列数据一起判定是否重复，比如一个班上，甚至一个学校中两个人的姓名、出生日期、性别都一样的情况可以认为不存在，即这三列数据的组合具有唯一性，可以用来判定数据是否重复。这里以 Python 和 name 的组合来模仿上述情况。参考代码如下：

```
df4=df3.drop_duplicates(['name', 'Python'],keep='last')    #使用多列的组合判定数据重复
print(df4)
```

可以看出由于两个张三的 Python 成绩都一样，因此被视为重复数据。参数 keep='last' 表明保留最后一个数据，因此第一行的张三被去重了。输出结果如下：

```
      C    Java   Python   name
1  70.0   NaN      72     王五
2  90.0   NaN      95     赵六
3  85.0   NaN      80     孙七
4  NaN    63.0     55     张三
5  NaN    73.0     72     李四
6  NaN    85.0     95     王五
7  NaN    90.0     80     赵六
```

9.3　案例　房价数据预处理

9.3.1　任务描述

前面章节介绍了安居客二手房数据爬取、贝壳新房的数据爬取，本案例就使用这两组数据对二手房和新房数据进行清洗和整理，以及将两组数据合并成为统一的房产数据，并进行保存。网站参考页面如图 9-10、图 9-11 所示。

图 9-10　安居客二手房网站

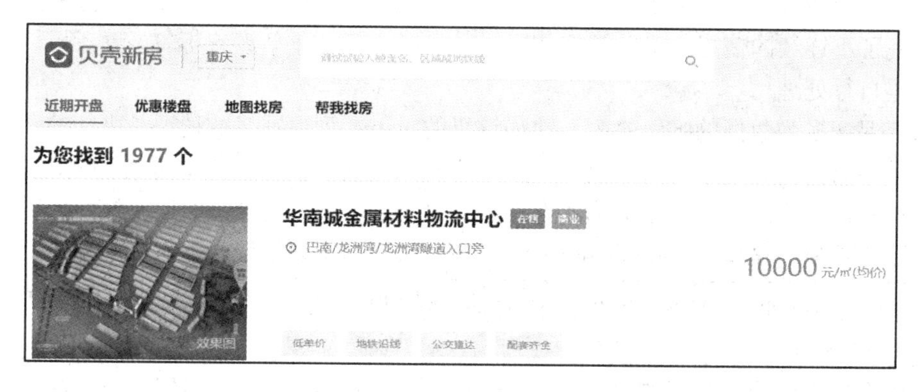

图 9-11　贝壳新房网站

9.3.2　任务分析

采集到的两组数据一组是二手房数据，一组是新房数据，有较大不同。从网站截图可以看出，二手房有具体的楼层、户型、建造年代，而新房一般是个概括的描述，比如价格一般是不同户型的一个均价，也就是说不会有楼层、户型等信息，也没有建造年代。因此在合并数据时，必然考虑数据的取舍问题，而数据的取舍是由后继的分析任务决定的。在此假设后继的分析是为了分析价格与面积、年代之间的关系并相应地对数据进行取舍。

先读入贝壳新房数据进行查看。参考代码如下：

```
shellDF=pd.read_csv('shells.csv', encoding='utf8')    #读入贝壳新房数据
print(shellDF.shape)              #查看数据维度
print(shellDF.head())             #查看前几行数据
```

以上代码的输出结果如下：

```
(1820, 4)
                    address                          house            price             total
0  铜元局轻轨站菜园坝长江大桥南桥头堡              英华天元      16000 元/m²(均价)    400 万/套
1  龙洲大道 1788 号                             斌鑫江南御府      25000 元/m²(均价)    100 万/套
2  龙洲湾隧道入口旁                  华南城金属材料物流中心       8500 元/m²(均价)     60 万/套
3  富洲路(南方苹果派旁)                        蓝光公园华府      15000 元/m²(均价)    160 万/套
4  华福大道轻轨 5 号线跳蹬站旁                    金地自在城      12000 元/m²(均价)     78 万/套
```

第一个 print 语句的输出(1820，4)表明贝壳新房数据有 1820 行、4 列。不带参数的 head 函数默认输出前 5 行数据，4 列数据包含地址(address)、楼盘名称(house)、均价(price)和总价(total)。列数是比较少的。

再读入安居客二手房数据进行类似查看，注意安居客网站采集到的数据不是 UTF-8 编码，需要使用 gbk 编码读入。参考代码如下：

```
ajkDF=pd.read_csv('houseinfo.csv', encoding='gbk')  #使用 gbk 编码读入安居客二手房数据
print(ajkDF.shape)          #查看数据维度
print(ajkDF.head())         #查看前 5 行数据
```

以上代码的输出结果如下：

```
(600, 8)
       Title            House                     Address             Struct     Area\
0  买融创新房      富力院士廷(A 组团)  沙坪坝陈家桥大学城东路 64 号  3 室 2 厅 2 卫   90m²
1  大学城轻轨站    富力院士廷(A 组团)  沙坪坝陈家桥大学城东路 64 号  3 室 2 厅 2 卫   88 m²
2  轻轨站          富力院士廷(A 组团)  沙坪坝陈家桥大学城东路 64 号  3 室 2 厅 2 卫   97 m²
3  特价房          富力院士廷(A 组团)  沙坪坝陈家桥大学城东路 64 号  3 室 2 厅 2 卫   99 m²
4  大学城          富力院士廷(A 组团)  沙坪坝陈家桥大学城东路 64 号  3 室 2 厅 1 卫   90 m²

         Floor          MakeTime        Price
0  高层(共 10 层)  2019 年建造    9445 元/ m²
1  低层(共 34 层)  2019 年建造   10796 元/ m²
2  低层(共 32 层)  2019 年建造    9073 元/ m²
3  低层(共 32 层)  2020 年建造    8889 元/ m²
4  低层(共 30 层)  2020 年建造    9445 元/ m²
```

可以看到安居客二手房的数据有 600 行、8 列。8 列数据包括描述(Title)、楼盘名称(House)、地址(Address)、户型(Struct)、面积(Areas)、楼层(Floor)、建成年代(MakeTime)和价格(Price)。

根据需求，可以考虑合并后的数据保留楼盘名称、地址、面积、建成年代、单价和总价这 6 列。贝壳新房数据中缺少建成年代和面积，但面积可以从单价和总价中计算出平均面

积，而建成年代可以统一使用数据采集时间，即 2021 年代替。安居客二手房数据中缺少的总价可以从面积和单价中计算出来，多余的描述、户型、楼层信息可以直接去除。

对于来源于不同网站的数据，首先需要约定统一的数据格式。为了合并方便，两个数据集需要统一列名。Pandas 支持直接使用中文作为列名，因此，两个数据集统一使用“楼盘，地址，年代，面积，单价，总价”作为数据列的列名，并以此为序。这些列中，楼盘和地址采用字符串格式，年代采用整数格式，面积、单价、总价采用浮点格式。在此约定的基础上，开始具体的任务实现。

9.3.3　任务实现

由于数据分别来源于新房数据和二手房数据，两组数据之间的重复性很低，因此主要关注组内数据的去重，分别对贝壳新房数据和安居客二手房数据进行去重以及缺失值、异常值的处理后统一成上述数据格式，最后进行数据的合并。因此任务的实现由以下三步构成：

1. 贝壳新房数据清洗

首先，使用 duplicated 函数查找 shellDF 中的重复行，与前面提到的 drop_duplicates 函数类似，不带参数的 duplicated 函数只返回每一列数据都重复的那些行。参考代码如下：

```
dupDF=shellDF[shellDF.duplicated()]     #查找完全相同的行，生成 dupDF
print(dupDF.count())                    #打印输出重复数据的各列计数
print(dupDF.head())                     #打印输出重复数据的前 5 行
```

上述代码输出结果如下：

```
address     259
house       259
price       259
total       152
dtype: int64
                    address                         house            price      total
180  铜元局轻轨站菜园坝长江大桥南桥头堡上          英华天元   16000 元/m2(均价)  400 万/套
181           龙洲大道 1788 号                  斌鑫江南御府   25000 元/m2(均价)  100 万/套
182           龙洲湾隧道入口旁            华南城金属材料物流中心    8500 元/m2(均价)   60 万/套
183        富洲路(南方苹果派旁)                 蓝光公园华府   15000 元/m2(均价)  160 万/套
184       华福大道轻轨 5 号线跳蹬站旁              金地自在城   12000 元/m2(均价)   78 万/套
```

可以看出重复数据有 259 行，total 列只有 152 个数据，与其他列的数据个数不同，因此有缺失值，缺失值是不计入 count 的。通过输出重复数据可以明显看出行标签为 180 的数据与前面提到的行标签为 0 的数据是一样的。这些数据应该进行去重处理，参考代码如下：

```
df1=shellDF.drop_duplicates()          #去重
print(df1.describe())                  #对去重后的数据进行描述
```

去重操作会修改原始数据，尽量不使用 inplace=True 参数在原地修改原始数据，而是将 drop_duplicates 函数的返回值赋值给新的 DataFrame 对象以保留原始数据。describe 函数是比 count 函数更为强大的数据描述工具。上述代码的运行结果如下：

```
              address      house    price    total
count            1561       1561     1561     1056
unique           1243       1164      213      224
top     龙兴镇两江大道龙脑山公交站旁  金辉中央铭著  价格待定  100万/套
freq                4          4      349       61
```

describe 函数是一个用于生成描述性统计数据的强大工具，用于统计数据集的集中趋势、分散和行列的分布情况，不包括 NaN 值。describe 函数对于数值型数据和字符型数据的统计方式是不同的。数据型数据的统计会在后面再次提到，而对于字符串型数据，会按列统计数据的个数(输出中的 count 行，和刚才提到的 count 函数的输出是一致的)，唯一值的个数(输出中的 unique 行，即该列数据中重复的数据只计入一次)，出现最频繁的数据(输出中的 top 行，这个数据在本列中出现的次数最多)，以及这个出现最频繁的数据共出现了多少次(输出中的 freq 行)。

对去重后的新房数据(df1)进行描述性统计后，可以得到如下信息：前 3 列各有 1561 个值，total 列只有 1056 个值，说明 total 列应该有 NaN 值。1561 行的 price 列中只有 213 种不重复的价格，其中出现最频繁的价格是“价格待定”，共出现 349 次。类似地，1056 个 total 数据中只有 224 个不重复的总价，出现最频繁的总价是 100 万/套，共出现 61 次。

价格待定的房产数对于后继的数据分析是没有意义的，一般来说应该去除。在去除之前，先查看一下这些数据。参考代码如下：

```
print(df1[df1.price=='价格待定'].shape)    #输出价格待定的数据形状
print(df1[df1.price=='价格待定'].head())   #输出前 5 行数据
```

上述代码的输出如下：

```
(349, 4)
                     address                       house       price    total
30   湖红路 56 号                                  恒大世纪城    价格待定    NaN
72   凤天大道 136 号(轨道环线凤鸣山站旁)            君和凤鸣广场   价格待定    NaN
139  新市街 49 号                                  都汇里       价格待定    NaN
140  南城街道三汇村 4 社桃子坡               金阳金佛山第一农场   价格待定    NaN
144  华岩新城民德路(酒店用品城旁)              北京城建云熙台    价格待定    NaN
```

可以看到确实是有 349 行数据的价格待定，因此总价 total 也是空值，这些数据对于后继分析确实是没有任何意义的，应该去除，删除代码如下：

```
df1=df1.drop(df1[df1.price=='价格待定'].index)  #去除价格待定的行
print(df1.describe())                            #重新描述数据
```

drop 函数默认是按行标签去除数据，因此传入 df1 中 price 列为“价格待定”的所有行的 index 就可以去除这些数据了，默认也不会修改原始数据，所以需要将 drop 后的结果重新赋值给 df1 对象后再重新对去除价格待定后的数据进行描述，上述代码的运行结果如下：

```
        address   house    price    total
count      1212    1212     1212     1056
```

```
unique            1016      942           212        224
top     龙兴镇两江大道龙脑山公交站旁   国博城   20000 元/m²(均价)   100 万/套
freq                4         4            88         61
```

可以看到现在出现最频繁的价格是 2 万元/平方米了，共出现了 88 次。但是注意这里还有个问题，total 的值仍然比 price 的少(1056 vs 1212)，说明还有 NaN 值。现在来查看一下缺失值，参考代码如下：

```
print(df1.isna().sum())                 #对各列的缺失值个数求和
print(df1[df1.total.isna()].head())     #输出 total 列为空的前 5 行数据
```

DataFrame 对象和 Series 对象都可以使用 isna 函数来判定空值。df1.isna 函数会统计每一个数据是否为空，返回一个 True/False 值的 DataFrame 对象，然后调用这个对象的 sum 函数就可以实现按列求和。df1.total.isna 函数会统计 total 这一列(即一个 Series)中每个值是否为空，返回一个 True/False 值的 Sereis 对象，可以用于从 df1 中筛选 total 列为空的所有行，然后使用 head 函数就可以获得前 5 行数据。上述代码的输出结果如下：

```
address      0
house        0
price        0
total      156
dtype: int64
                    address                 house              price        total
51  经纬大道 788 号                       重庆总部城    20000 元/m²(均价)   NaN
64  缙云大道 168 号(缙云山健身梯步旁)  中国铁建山语城      700 万/套(总价)   NaN
82  江北聚贤岩广场 8 号(大剧院站旁)      力帆中心 LFC   26000 元/m²(均价)   NaN
83  龙头寺公园旁                         观恒上域街    30000 元/m²(均价)   NaN
89  步行街轻轨工贸站(百盛旁)            新宝龙钻石国际  16000 元/m²(均价)   NaN
```

可以看出还有 156 行数据的 total 有缺失值。返回贝壳新房网站搜索这些楼盘名称，看看为什么会出现缺失值。以前两行数据为例，发现有两种情况，如图 9-12 所示。

图 9-12　缺失值的两种情况

第一种情况如重庆总部城所示，确实没有总价信息。第二种情况如重庆铁建山语城所示，其实是有总价信息的，但是被采集到单价(price)列了，这是因为正常情况的数据既有单价也有总价，所以数据缺失是由采集程序的 bug 导致的。而这种数据前面其实有房产的面积范围数据，可以用总价除以面积的平均值得到单价。

数据的缺失要具体问题具体分析，有的时候是可以弥补的。读者可以自行结合第 7 章的内容修改代码重新采集数据。因为本章的重点在于数据清洗而不是爬取，所以暂时将问题简单化，直接使用 dropna 函数去除这些有缺失的数据。参考代码如下：

```
df1=df1.dropna()      #去除缺失值
print(df1.describe())  #重新描述数据
```

输出结果如下：

```
                address          house          price       total
count            1056           1056           1056        1056
unique            891            821            168         224
top     龙兴镇两江大道龙脑山公交站旁  金辉中央铭著  20000 元/m²(均价)   100 万/套
freq               4              4             79          61
```

通过去重和去除缺失值，目前贝壳新房数据还剩余有效数据 1056 行，已经没有缺失值了。

接下来，按上一小节任务分析中的约束条件统一数据格式。大体来说需要先保留楼盘和地址列，将单价和总价列去除单位变成浮点型，再用这两列计算出面积，最后新建一列年代，设置为 2021(因为都是新房)。先前约束条件中要求列名使用中文，因此，这里先将要保存的两列列名改为中文，其他列名不变，整理完毕后会删除掉。参考代码如下：

```
df1.rename(columns={'address': '地址', 'house': '楼盘'}, inplace=True)   #修改列名
print(df1.head())                                                      #查看前 5 行
```

rename 函数在上一节统一数据格式中介绍过，这里同时修改了要保留的两列列名。输出结果如下：

```
               地址                          楼盘            price          total
0  铜元局轻轨站菜园坝长江大桥南桥头堡上          英华天元     16000 元/m2(均价)   400 万/套
1  龙洲大道 1788 号                        斌鑫江南御府    25000 元/m2(均价)   100 万/套
2  龙洲湾隧道入口旁              华南城金属材料物流中心     8500 元/m2(均价)    60 万/套
3  富洲路(南方苹果派旁)                     蓝光公园华府    15000 元/m2(均价)   160 万/套
4  华福大道轻轨 5 号线跳蹬站旁                金地自在城    12000 元/m2(均价)    78 万/套
```

可以看出地址和楼盘都修改成功了。然后去除 price 列的单位，生成以中文命名的新的一列。将去除单位后的结果合并到 df1 中。参考代码如下：

```
#将字符串以'元'为分隔符切成两段，取前一段，
price=df1.price.map(lambda x: x.split('元')[0])
print(price[price.isna()].count())              #查看结果中是否有空值
df1['单价']=price.astype('float')               #转换为浮点型后生成新的一列
print(df1.head())                               #查看结果的前 5 行
```

map 函数会用一个函数对 Series 对象中的每一个值做一个映射，生成一个新的 Series 对象。这里提供的映射函数是一个匿名函数 lambda，参数为 x，将这个字符串 x 用‘元’作为分隔符进行切割得到一个数组，取数组中的第一个元素返回，就是单位前的数字了。因为数据很多，不确定是否每一个字符串都是以‘元’为单位的，需要查看这个映射生成的 Series 对象中是否有空值，没有的话就说明数据是一致的。最后就可以用 astype 函数强制转换 Series 对象(这里是独立的 price 对象，不是 df1 中的 price 列)数据类型为浮点型，添加到 df1 对象中作为单价列了。上述代码的输出结果如下：

```
0
           地址                楼盘           price            total    单价
0  铜元局轻轨站菜园坝长江           英华天元  16000元/㎡(均价)  400万/套  16000.0
1  龙洲大道1788号             斌鑫江南御府  25000元/㎡(均价)  100万/套  25000.0
2  龙洲湾隧道入口旁  华南城金属材料物流中心   8500元/㎡(均价)   60万/套   8500.0
3  富洲路(南方苹果派旁)           蓝光公园华府  15000元/㎡(均价)  160万/套  15000.0
4  华福大道轻轨5号线跳蹬站旁         金地自在城  12000元/㎡(均价)   78万/套  12000.0
```

可以看出 price 对象的缺失值个数为 0，通过对比前 5 行的 price 列和单价列数据，可以看出转换是成功的。实践中还常用 sample(10)替代 head()，这样可以随机抽取 10 行数据进行对比。同时可多次抽样以检查转换效果。

转换没有问题后可以把 price 列去除，再对 total 列做类似处理，参考代码如下：

```
df1.drop(columns=['price'], inplace=True)        #去除 price 列
 #将字符串以‘万’为分隔符切成两段，取前一段
total=df1.total.map(lambda x: x.split('万')[0])
print(total[total.isna()].count())               #查看结果中是否有空值
df1['总价']=total.astype('float')*10000          #转换为浮点型后，乘以 1 万，生成新的一列
print(df1.head())                                #查看结果的前 5 行
```

此次要注意的是，原始数据是以万为单位的，转换成浮点型需要乘 10000，但是不能在映射的时候直接做乘法，因为映射的结果仍然是字符串类型，Python 中字符串乘 10000 只是将该字符串重复 1 万次，所以需要在转换为浮点型以后再乘 10000。上述代码的运行结果如下：

```
0
           地址                楼盘        total     单价        总价
0  铜元局轻轨站菜园坝长江           英华天元  400万/套  16000.0  4000000.0
1  龙洲大道1788号             斌鑫江南御府  100万/套  25000.0  1000000.0
2  龙洲湾隧道入口旁  华南城金属材料物流中心   60万/套   8500.0   600000.0
3  富洲路(南方苹果派旁)         蓝光公园华府  160万/套  15000.0  1600000.0
```

可见缺失值的个数也是 0，并且 total 列和总价列也是对得上的。现在就可以移除 total 列，计算出面积，并添加一列年代，值为 2021 即可。参考代码如下：

```
df1.drop(columns=['total'], inplace=True)             #去除 price 列
 #从总价列和单价列计算出面积, 保留 1 位小数
```

```
df1['面积']=(df1.总价/df1.单价).round(1)
df1['年代']=2021                              #新增年代列，值全部为 2021
print(df1.head())                             #查看结果的前 5 行
print(df1.dtypes)                             #检查各列的类型
```

输出结果如下：

```
                 地址                   楼盘       单价        总价      面积    年代
0  铜元局轻轨站菜园坝长江              英华天元   16000.0   4000000.0   250.0   2021
1  龙洲大道 1788 号               斌鑫江南御府   25000.0   1000000.0    40.0   2021
2  龙洲湾隧道入口旁      华南城金属材料物流中心    8500.0    600000.0    70.6   2021
3  富洲路(南方苹果派旁)           蓝光公园华府   15000.0   1600000.0   106.7   2021
4  华福大道轻轨 5 号线跳蹬站旁        金地自在城   12000.0    780000.0    65.0   2021
地址      object
楼盘      object
单价     float64
总价     float64
面积     float64
年代       int64
dtype: object
```

可以看到各列的列名和数据类型已经满足要求。对这些计算后得到的数据使用 describe 函数进行统计描述，参考代码如下：

```
print(df1.describe())          #对计算后数据进行统计描述
```

上述代码的输出结果如下：

```
               单价            总价            面积      年代
count    1056.000000  1.056000e+03   1056.000000  1056.0
mean    15976.339015  1.989735e+06    125.265625  2021.0
std      8494.637024  4.472483e+06    342.220790     0.0
min         1.000000  1.000000e+04      5.300000  2021.0
25%     10500.000000  7.500000e+05     62.500000  2021.0
50%     15000.000000  1.200000e+06     87.500000  2021.0
75%     20000.000000  1.862500e+06    119.925000  2021.0
max    150000.000000  9.000000e+07  10000.000000  2021.0
```

可以看出对数值型数据 describe 函数的输出与前面字符型数据是迥然不同的。这里输出了数据的个数、平均值、标准差、最小值、下四分位(25%的数据小于此值)、中位数(50%数据小于此值)、上四分位(75%数据小于此值)和最大值。当 DataFrame 对象中有数值型数据时，字符串数据就不再参与统计了。

这里有一个非常显眼的数据，单价的最小值为 1。虽然这个值在平均值(mean=15976.3)减 3 倍标准差(std=8494.6)以内，但是房价单价为 1 元肯定是一个异常值。于是筛选出房价在 1000 元以下的数据。参考代码如下：

```
print(df1[df1.单价<1000])            #筛选房价在 1000 以下的数据
```

只有这一条数据，输出结果如下：

```
                          地址                       楼盘           单价    总价      面积    年代
1736  茶园新区玉马路 1 号(南山风景区)  庆隆南山高尔夫国际社区  1.0  10000.0  10000.0  2021
```

从原始数据中查看行标签为 1736 的数据，参考代码如下：

```
shellDF.loc[1736]                   #从原始数据中查看行标签为 1736 的数据
```

上述代码的输出结果如下：

```
address      茶园新区玉马路 1 号(南山风景区)
house                庆隆南山高尔夫国际社区
price                  1 元/㎡(均价)
total                       1 万/套
Name: 1736, dtype: object
```

可以看到并不是数据处理过程中引入的异常，现在回溯到贝壳新房网站，搜索这个楼盘的信息，如图 9-13 所示。

图 9-13　异常单价数据的原始来源

可以看到原始数据就有问题，因此去除此条数据。读者可以参考这样的处理方式，对面积等其他数据列检查异常值。这里就只排除行标签为 1736 的数据，参考代码如下：

```
df1.drop(1736, inplace=True)          #删除行标签为 1736 的行
print(df1.describe())                 #重新对数据进行统计描述
```

上述代码的输出结果如下：

```
              单价              总价          面积       年代
count    1055.000000    1.055000e+03  1055.000000   1055.0
mean    15991.481517    1.991612e+06   115.905687   2021.0
std      8484.394761    4.474188e+06   156.920047      0.0
min      3200.000000    1.600000e+05     5.300000   2021.0
25%     10500.000000    7.500000e+05    62.500000   2021.0
50%     15000.000000    1.200000e+06    87.500000   2021.0
75%     20000.000000    1.875000e+06   119.450000   2021.0
max    150000.000000    9.000000e+07  2571.400000   2021.0
```

可以看出 count 少了 1，单价的最小值也变成了 3200 元。

最后，将数据的列按照“楼盘，地址，年代，面积，单价，总价”的顺序排列，方便后面与安居客二手房数据合并。同时重置行标签，使行标签连续。这样就完成了对贝壳新房数据的清洗和整理。参考代码如下：

```
df1=df1.reindex(columns=['楼盘', '地址', '年代', '面积', '单价', '总价'])  #对列按指定顺序排列
df1.reset_index(drop=True, inplace=True)                              #重置行标签
print(df1.tail())                                                     #查看最后 5 行数据
```

上述代码的输出结果如下：

```
         楼盘              地址        年代    面积      单价        总价
1050  庆业九寨印象      渝鲁大道 188 号    2021   46.0   20000.0   920000.0
1051  融创玖玺台          亚太路 9 号    2021  233.3   30000.0  7000000.0
1052  融科金色时代           龙洲大道    2021   69.6   11500.0   800000.0
1053  鲁能领秀城   茶园新区天文大道 1 号   2021  108.3   12000.0  1300000.0
1054  盛唐叠彩山  悦来国博中心(管委会旁)   2021  134.4   16000.0  2150000.0
```

可以看到列名的顺序按要求调整了，行标签也连续了，一共有 1055 条已清洗的数据(末行的行标签为 1054，从 0 开始编号)。

至此，贝壳新房的数据就清洗和整理好了。

2. 安居客二手房数据清洗

安居客二手房数据与贝壳新房数据相比，多了 Title、Struct、Floor 列，需要删除。缺少总价，需要从面积和单价中计算。其他数据清洗思路与贝壳二手房类似，就不再赘述了。合并后的清洗代码如下：

```
#读入原始数据
ajkDF=pd.read_csv('houseinfo.csv', encoding='gbk')
print('原始数据大小：',ajkDF.shape)

#去重，检查缺失值
df2=ajkDF.drop_duplicates()
print('\n 去重数据条数：',ajkDF.shape[0]-df2.shape[0])
df2=df2.drop(columns=['Title', 'Struct', 'Floor'])
print('缺失值个数：', df2.isna().sum().sum())

#给保留数据修改列名
df2.rename(columns={'House': '楼盘', 'Address': '地址'}, inplace=True)

#清洗和检查面积数据
area=df2.Area.map(lambda x: x.split('㎡')[0])
print('\n 面积提取正常' if area[area.isna()].sum()==0 else '面积提取后有 NaN，请检查')
```

```
df2['面积']=area.astype('float')
print('--面积最小值：',df2['面积'].min(),' 最大值：',df2['面积'].max(),' 平均值：',
    df2['面积'].mean())

#清洗和检查单价数据
price=df2.price.map(lambda x: x.split('元')[0])
print('\n 单价提取正常' if price[price.isna()].sum()==0 else '单价提取后有 NaN，请检查')
df2['单价']=price.astype('float')
print('--单价最小值：',df2['单价'].min(),' 最大值：',df2['单价'].max(),' 平均值：',df2['单价'].mean())

#计算生成和检查总价数据
df2['总价']=df2.单价*df2.面积
print('\n 根据单价和面积计算总价：')
print('--总价最小值：',df2['总价'].min(),' 最大值：',df2['总价'].max(),' 平均值：',df2['总价'].mean())

#清洗和检查年代数据
makeTime=df2.MakeTime.map(lambda x: x.split('年')[0])
print('\n 年代提取正常' if makeTime[makeTime.isna()].sum()==0 else '年代提取后有 NaN，请检查')
df2['年代']=makeTime.astype('int')
print('--年代最小值：',df2['年代'].min(),' 最大值：',df2['年代'].max(),' 平均值：',df2['年代'].mean())

#去除原始字符串格式的面积、年代、单价列
df2.drop(columns=['Area', 'MakeTime', 'price'], inplace=True)

#重排列名、重置行标签
df2=df2.reindex(columns=['楼盘', '地址', '年代', '面积', '单价', '总价'])
df2.reset_index(drop=True, inplace=True)

#输出清洗后数据信息，抽查清洗结果
print('\n 清洗后数据大小：',df2.shape)
print('\n 随机抽取 10 条数据展示如下：\n',df2.sample(10))
```

上述代码的输出结果如下：

```
原始数据大小：(600, 8)
去重数据条数：50
缺失值个数：0
面积提取正常
--面积最小值：79.0        最大值：171.2      平均值：97.81945454545452
单价提取正常
```

```
--单价最小值：8000.0      最大值：20384.0    平均值：11618.350909090908
根据单价和面积计算总价：
--总价最小值：750024.0   最大值：3288923.1999999997   平均值：1139912.3830909086
年代提取正常
--年代最小值：2000        最大值：2021       平均值：2018.76
清洗后数据大小：(550, 6)
随机抽取 10 条数据展示如下：
            楼盘                      地址         年代    面积     单价      总价
439        融创溪山春晓               北碚蔡家同源路    2017   126.0   12302.0   1550052.0
58   富力院士廷(A 组团) 沙坪坝陈家桥大学城东路 64 号   2018    81.0    9877.0    800037.0
335        融创溪山春晓               北碚蔡家同源路    2020    99.0   11970.0   1185030.0
522      协信星都会春山台           渝北人和吉兴路 9 号   2016    80.0   18750.0   1500000.0
547        浩创半山溪谷           巴南鱼洞云滨路 999 号  2020    84.0   11310.0    950040.0
470  富力院士廷(A 组团) 沙坪坝陈家桥大学城东路 64 号   2018   124.0    8871.0   1100004.0
3    富力院士廷(A 组团) 沙坪坝陈家桥大学城东路 64 号   2020    99.0    8889.0    880011.0
186        融创溪山春晓               北碚蔡家同源路    2020    97.0   11856.0   1150032.0
340        融创溪山春晓               北碚蔡家同源路    2019    96.0   12000.0   1152000.0
31   富力院士廷(A 组团) 沙坪坝陈家桥大学城东路 64 号   2020    99.0    9394.0    930006.0
```

可以看出，安居客二手房的数据质量较佳，除了有 50 条重复数据以外，没有别的数据问题。清洗好的数据就可以用于合并了。

3. 数据合并与保存

当不同来源的数据按照统一数据格式清洗整理好以后，数据的合并就是一件比较简单的事情了。合并后例行查重，参考代码如下：

```
df=pd.concat([df1,df2])                    #合并 df1 和 df2
df.reset_index(drop=True, inplace=True)   #重置行标签
print(df.shape)
print(df.duplicated().sum())
```

上述代码的输出如下：

```
(1605, 6)
155
```

总数据量为 1605 条，但是还有 155 条重复数据。经过抽查发现重复数据来源于安居客二手房数据内部，相同的房子具有不同的描述，导致描述被去除后其他数据是重复的。参考代码如下：

```
print(ajkDF[(ajkDF.House=='融创溪山春晓')&(ajkDF.MakeTime=='2019 年建造')\
        &(ajkDF.Area=='96 ㎡')].head(2))
```

上述代码输出结果如下：

```
                         Title          House          Address    Struct Area       Floor  \
```

```
    8   工程抵款K融  融创溪山春晓  北碚蔡家同源路  3室2厅2卫  96m²  低层(共8层)
    26  两江新区      融创溪山春晓  北碚蔡家同源路  3室2厅2卫  96m²  低层(共8层)
      MakeTime      price
    8   2019年建造  10313元/㎡
    26  2019年建造  10313元/㎡
```

可以看到原始安居客二手房数据的第8行和第26行数据，只有Title不同，其他字段都相同，因此确实是重复数据。按前面的方法对合并数据去重后，保存为utf-8编码的CSV格式文件即可完成本次房价数据预处理任务。参考代码如下：

```
df.drop_duplicates(inplace=True)
df.to_csv('清洗合并后的房价数据.csv', encoding='utf-8', index=None)  #不保存index
```

读者可以自行用Excel或者其他工具打开CSV文件查看数据处理结果。

本章小结

本章主要介绍了Pandas库常见数据处理的函数以及Series和DataFrame的使用方法。重点介绍了使用Pandas库读取采集到的数据文件，对采集的数据进行查找和修改、拆分与拼接等，以及数据清洗与整理的流程和相关技术。

通过一个数据预处理综合案例，将第4章和第7章采集到的贝壳新房数据与安居客二手房数据进行数据清洗和整理后，合并去重并保存，带领读者一步步走通数据预处理的整个流程。在案例中展示和介绍了如何对数据预处理业务进行分析和拆解，如何统一不同来源的数据格式，如何具体问题具体分析地处理真实业务中的缺失值和异常值，以及不同来源的数据合并和去重的相关经验和技术。

本章习题

1. 简述缺失值处理原则。
2. 绘制Pandas数据处理相关函数思维导图。
3. 简述3西格玛原则的基本原理。
4. 简述箱型图进行异常值判定的基本原理。
5. 举例说明merge函数的基本使用方法。

第 10 章 招聘网站数据分析

本章将通过实训项目——招聘网站数据分析，完整呈现从项目需求、爬虫设计与实现、数据清洗、数据可视化分析的全过程。使用 Scrapy 框架从猎聘、前程无忧两个招聘网站爬取数据，通过 Pandas 实现数据预处理，并使用 Matplotlib 展现数据可视化分析结果。本章内容是对 Scrapy 框架、应对网站反爬虫限制的常用方法、Pandas 数据清洗以及 Matplotlib 数据可视化的综合应用，通过本章学习能够提高读者数据采集与处理的实战能力。

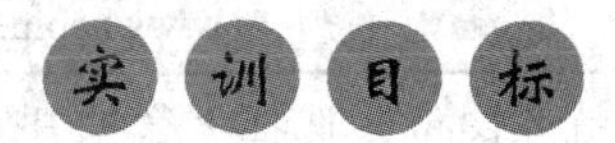

通过本章内容的学习，读者应了解或掌握以下实训目标：

- 熟练使用 Scrapy 框架编写爬虫程序。
- 能够编写中间件突破网站的反爬虫限制。
- 熟练应用 Pandas 进行数据预处理。
- 能够通过 Matplotlib 工具完成简单的数据可视化分析。

对于实训项目——招聘网站数据分析，每个读者都有自己不同的理解，所以达成共识、确定需求边界至关重要。商业项目的需求是在调研甲方的实际工作流程以及管理者期望的基础上，通过整理、分析、确认后形成的。本章招聘网站数据分析项目将直接从期望的分析结果入手，逆向分析出需要爬取的数据项。

10.1 需求分析

从 2015 年《中共中央关于制定国民经济和社会发展第十三个五年规划的建议》中提出“实施国家大数据战略”后，大数据和人工智能相关专业已成为市场上的热门专业。那么，实际的市场情况如何呢？这里整理出了一份问题表单即人们普遍关注的 5 个数据分析目标，如表 10-1 所示。

表 10-1　数据分析目标

序　号	分 析 目 标
1	热门城市分布
2	招聘岗位比例分布
3	职位和薪资待遇的关系
4	不同岗位的薪资待遇与工作经验的关系
5	招聘企业对大数据开发岗位的技能要求

以上 5 个指标可以综合反映出大数据与人工智能产业发展较快的热门城市、需求较大的技术岗位、目前平均薪资待遇水平、未来的薪资待遇以及热门应用技术。分析结果将对应届毕业生以及相关从业者就业有一定的指导意义。

有了分析目标后，需要考虑从哪些招聘网站爬取数据。目前国内流量较大的招聘网站有智联招聘、前程无忧、拉勾网、Boss 直聘、猎聘网、中华英才、58 同城等。不同招聘网站主要的差别在于反爬虫策略的设计，综合评估后，选取猎聘网、前程无忧两个商业招聘网站作为目标网站。目标网站地址如表 10-2 所示。

表 10-2　目标网站网址

网站名称	URL 地址
前程无忧	www.51job.com
猎聘网	www.liepin.com

结合数据科学与大数据专业就业岗位，选择大数据开发、爬虫、数据仓库、算法、数据分析、数据挖掘作为检索关键字。在猎聘网、前程无忧两个网站中输入检索关键字，并结合分析目标，最终确定的采集数据项如表 10-3 所示。

表 10-3　采集数据项

分　类	采集数据项	前程无忧	猎　聘
职位信息	工作城市	√	√
	学历	√	√
	工作经验	√	√
	职位名称	√	√
	职位描述	√	√
	待遇	√	√
	发布日期	√	√
公司信息	公司名称	√	√
	公司人数	√	√
	公司性质	√	

表 10-3 的采集数据项整体分为职位信息和公司信息两部分。职位信息包括工作城市、学历、工作经验、职位名称、职位描述、待遇、发布日期 7 个数据项。公司信息包括公司名称、公司人数、公司性质 3 个数据项。以上数据项仅为支撑实训项目涉及的 5 个分析目标，如果读者有其他的分析目标可以自行添加采集数据项。

10.2　爬虫设计与实现

在正式编写爬虫前还需要考虑爬虫项目组织和如何应对网站反爬虫问题。

爬虫项目有两种组织方式，分别为一个爬虫项目一个爬虫和一个爬虫项目多个爬虫。一个爬虫项目一个爬虫的优势为可以灵活定制实现方式，如定制反爬的应对策略，劣势为会出现部分代码重复，如数据容器 Item 的定义以及数据存储部分。一个爬虫项目多个爬虫的方式可以减少冗余代码，但定制反爬的应对策略时需要综合考量，避免爬虫之间相互影响。两种方式都有利有弊，综合考量后选择一个爬虫项目一个爬虫的组织方式。

定制反爬虫的应对策略是编写爬虫时不可回避的问题，并且网站的反爬策略是逐渐加强的。通过测试可以得到每个网站的反爬策略，如表 10-4 所示。

表 10-4　网站反爬策略

网站名称	反 爬 策 略
前程无忧	频繁爬取会出现验证码，一段时间后可以自动解除
猎聘网	频繁爬取会封 IP，一段时间后可以自动解除。可以通过设置动态请求头和动态 IP 代理突破网站反爬虫

以上网站的反爬虫策略是如何分析出来的呢？除基本的百度搜索参考前人经验外，使用浏览器开发者工具进行逆向分析，并结合工具如 ApiPost 进行模拟测试，是反爬策略测试的关键。ApiPost 可以发送 GET、POST 请求并可设置请求头以及本地 Cookie，完成请求的发送和查看响应。

10.2.1　数据存储设计

1. 数据库设计

在开发爬虫项目前要设计数据存储方案，需要综合考虑处理数据量以及后续数据清洗、数据分析环节。前期预估 2 个网站爬取的数据在 10 万以内，数据量较小，所以考虑采用 CSV 等文本格式或 MySQL 数据库进行存储。如果采用 CSV 文本格式进行存储，在数据清洗前还要考虑数据合并、去重，因此选择 MySQL 数据库进行存储。下面进行数据库设计，招聘信息表结构 jobinfo 如表 10-5 所示。其中字段 id 为主键标识，设计为自增长字段。字段 job_href 为详情页 URL，保存招聘信息详情页的 URL，方便对爬取数据进行回溯，验证爬取的数据，便于爬虫改进。字段 keywords 为检索关键字，统计分析时用于区分岗位。字段 spider_name 为爬虫名称，用于区分数据来源。

表 10-5　招聘信息 jobinfo

字段名	字段类型	是否为空	主　键	备　注
id	int	no	yes	流水号，自增长主键
work_city	varchar(50)	yes	no	工作城市
education	varchar(50)	yes	no	学历
working_exp	varchar(50)	yes	no	工作经验
job_name	varchar(50)	yes	no	职位名称
job_desc	text	yes	no	职位描述
salary	varchar(20)	yes	no	薪资待遇
issue_date	varchar(50)	yes	no	发布日期
comp_name	varchar(50)	yes	no	公司名称
comp_persons	varchar(20)	yes	no	公司人数
comp_type	varchar(20)	yes	no	公司性质
job_href	varchar(500)	yes	no	详情页 URL
keywords	varchar(20)	yes	no	检索关键字
spider_name	varchar(20)	yes	no	爬虫名称

2. MySQL 数据存储

关于实现 MySQL 数据存储的方法在第 8 章中已有详细讲解，此处不做详细说明。MySQLPipeline 为前程无忧、猎聘网两个爬虫的公共部分。由于爬虫组织为一个项目一个爬虫，所以每次创建爬虫项目后，都需要重复编写 MySQL 数据存储部分的代码。

首先，在 settings.py 文件中设置和数据库连接相关的配置项。参考配置如下：

```
MYSQL_DB_HOST="服务器 IP"
MYSQL_DB_PORT=3306   #端口
MYSQL_DB_NAME="数据库名称"
MYSQL_DB_USER="用户名"
MYSQL_DB_PASSWORD="密码"
```

其次，打开 pipelines.py 文件，创建一个名为 MySQLPipeline 的 class，实现 MySQL 数据库存储功能。参考代码如下：

```
import pymysql
class MySQLPipeline:
    def open_spider(self, spider):          #连接数据库，打开游标
        #读取 settings.py 中的配置项
        host = spider.settings.get("MYSQL_DB_HOST", "服务器 ip")          #根据实际修改
```

```
        port = spider.settings.get("MYSQL_DB_PORT", 服务器端口号)          #根据实际修改
        dbname = spider.settings.get("MYSQL_DB_NAME", "数据库名称")     #根据实际修改
        user = spider.settings.get("MYSQL_DB_USER", "用户名")           #根据实际修改
        pwd = spider.settings.get("MYSQL_DB_PASSWORD", "密码")          #根据实际修改
        #创建数据库连接
        self.db_conn = pymysql.connect(host=host, port=port, db=dbname,
                                       user=user, password=pwd)
        #打开游标
        self.db_cur = self.db_conn.cursor()
    #将爬取到数据插入到 jobinfo 中
    def process_item(self, item, spider):
        #将 item 转换为元组
        values = (
            item["work_city"],          #工作城市
            item["education"],          #学历
            item["working_exp"],        #工作经验
            item["job_name"],           #职位名称
            item["job_href"],           #详情页 URL
            item["job_desc"],           #职位描述
            item["salary"],             #待遇
            item["issue_date"],         #发布日期
            item["comp_name"],          #公司名称
            item["comp_persons"],       #公司人数
            item["spider_name"],        #爬虫名称
            item["comp_type"],          #公司性质
            item["keywords"],           #检索关键字
        )
        #格式化 SQL 语句
        sql = "insert into jobinfo(work_city,education,working_exp,job_name,job_href," \
              "job_desc,salary,issue_date,comp_name,comp_persons," \
              "spider_name,comp_type,keywords) \
        values(%s,%s,%s,%s,%s,%s,%s,%s,%s,%s,%s,%s,%s)"
        self.db_cur.execute(sql, values)      #执行 SQL 语句
        self.db_conn.commit()                 #提交事务
        return item
    #关闭爬虫
    def close_spider(self, spider):
        self.db_cur.close()                 #关闭游标
        self.db_conn.close()                #关闭数据库连接
```

最后，在 settings.py 文件中配置 ITEM_PIPELINES。参考代码如下：

```
ITEM_PIPELINES = {
    'job.pipelines.MySQLPipeline': 300,    #其中 job 为爬虫项目名称，根据创建的项目名称调整
}
```

10.2.2　前程无忧招聘网爬虫

1. 重难点分析

由于前程无忧招聘网反爬策略较弱，只需要分析出页面的数据来源和分页规律即可。前程无忧招聘网职位搜索列表页和详情页如图 10-1 和图 10-2 所示。

简
APP下载
职场百科
职场文库
www.51job.com
前程无忧
好工作尽在前程无忧
首页
职位搜索
地区频道
无忧学园
搜索职位名称
工作职能
行业
40836-数据科学家/数据分析师/数据... 2021-08-14发布
深圳市腾讯计算机系统有限公司
北京 | 3-4年经验 | 硕士 | 招2人
民营公司 | 10000人以上
互联网/电子商务
数据分析师 2021-08-14发布
跨越速运集团有限公司
1.2-1.5万/月 广州-增城区 | 无需经验 | 大专 | 招1人
民营公司 | 10000人以上
专业培训 绩效奖金 通讯补贴 五险一金 节日福利 全勤奖 学历补贴
交通/运输/物流
管理分析顾问-数据分析方向 2021-08-14发布
字节跳动
2-4万/月 北京 | 无需经验 | 本科 | 招1人
民营公司 | 10000人以上
下午茶 健身瑜伽 六险一金 五险一金 团队氛围好 晋升空间大 带薪休假
互联网/电子商务

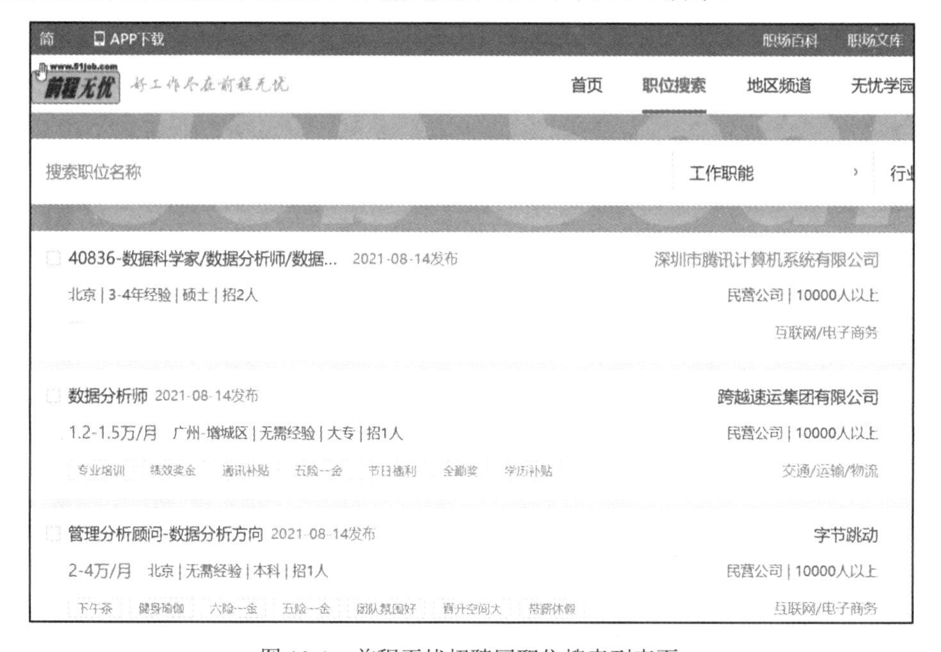

图 10-1　前程无忧招聘网职位搜索列表页

大数据开发工程师
1.2-2万/月
浙江康旭科技有限公司
查看所有职位
杭州 | 5-7年经验 | 本科 | 招若干人 | 02-18发布
五险一金 员工旅游 交通补贴 通讯补贴 年终奖金 定期体检 周末双休 工作餐 全勤奖 弹性工作
职位信息
1、参与公司项目的需求分析、业务设计、编码实现开发过程；
2、完成单元测试、参与技术讨论、编写技术文档；
3、负责子系统模块的设计与实现；
4、负责完成领导安排下来的工作任务。

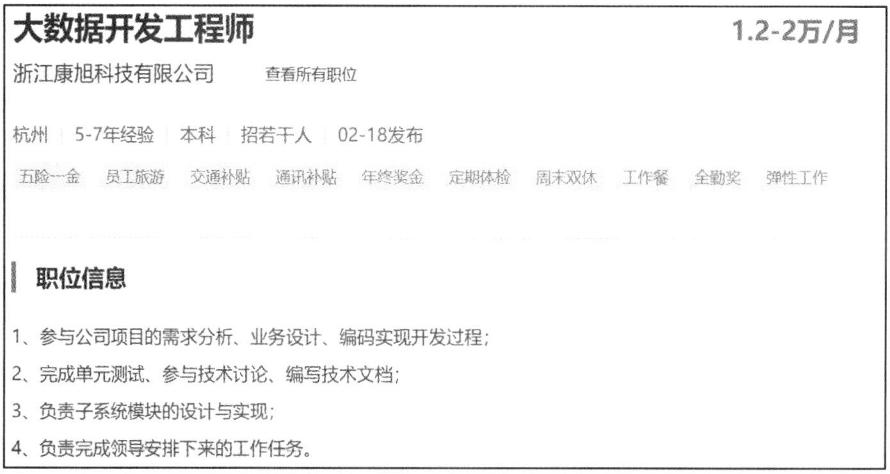

图 10-2　前程无忧招聘网职位搜索详情页

从图 10-1 和图 10-2 可以看出，除职位描述外的其他信息都可以在列表页中爬取。打开浏览器开发者工具并切换到“Network”选项卡，在图 10-1 所示的页面中输入检索关键字后点击“搜索”按钮，查看拦截到的网络请求，点击“Doc”或“XHR”选项卡过滤请求，参考页面如图 10-3 所示。图 10-3 中的 Request URL 为请求地址，与浏览器地址栏中的 URL 一致，请求方式为 GET，可以确认 Request URL 为职位搜索的实际请求地址。点击“Preview”选项卡观察返回的 HTML，HTML 页面中无检索的职位信息，初步猜测页面采用动态网页技术。

在搜索列表页中单击鼠标右键选择“查看网页源代码”，观察 HTML 页面结构，如图 10-4 所示。在 HTML 页面中发现检索的职位数据混编在 JavaScript 脚本中，数据格式为 JSON。可以通过代码提取“window.__SEARCH_RESULT__ =”后的 JSON 数据，进行解析即可。

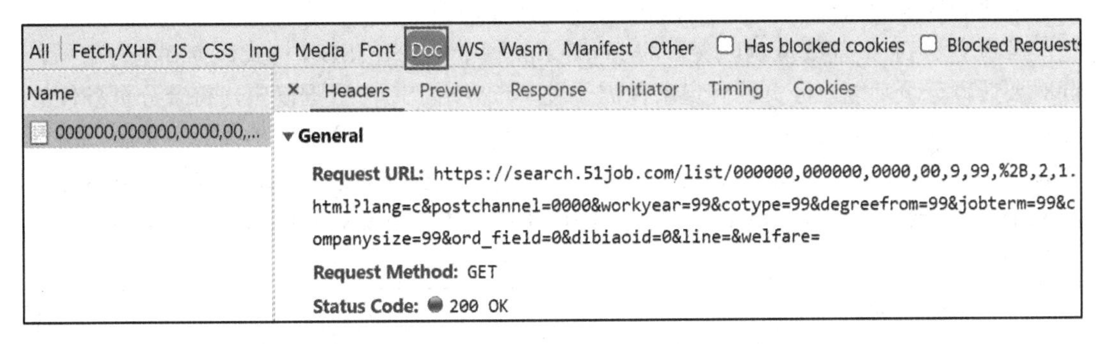

图 10-3 前程无忧招聘网请求分析

```
<script type="text/javascript">
window.__SEARCH_RESULT__ = {"top_ads":[],"auction_ads":[],"market_ads":
[],"engine_search_result":[{"type":"engine_search_result","jt":"0","tags":
[],"ad_track":"","jobid":"124678533","coid":"3132608","effect":"1","is_special_job":"","job_h
ref":"https:\/\/jobs.51job.com\/shenzhen-ftq\/124678533.html?s=01&t=0","job_name":"大数据开发
工程师","job_title":"大数据开发工程
师","company_href":"https:\/\/jobs.51job.com\/all\/co3132608.html","company_name":"深圳市德科
信息技术有限公司","providesalary_text":"1.3-1.7万\/
月","workarea":"040100","workarea_text":"深圳-福田区","updatedate":"02-
18","iscommunicate":"","companytype_text":"合
资","degreefrom":"6","workyear":"4","issuedate":"2021-02-18
11:37:09","isFromXyz":"","isIntern":"0","jobwelf":"五险一金 员工旅游 专业培
训","jobwelf_list":["五险一金","员工旅游","专业培训"],"attribute_text":["深圳-福田区","2年经
验","本科","招1人"],"companysize_text":"1000-5000人","companyind_text":"计算机服务(系统、数据
服务、维修)","adid":""},{"type":"engine_search_result","jt":"0","tags":
[],"ad_track":"","jobid":"113499802","coid":"3922437","effect":"1","is_special_job":"","job_h
ref":"https:\/\/jobs.51job.com\/shenzhen-ftq\/113499802.html?s=01&t=0","job_name":"大数据开发
工程师","job_title":"大数据开发工程
```

图 10-4 前程无忧招聘网列表页——页面源码

接下来分析分页规律，通过点击分页的数字按钮，可以确定 URL 地址中“.html?”前的数字为页码。由于请求的 URL 地址过长，尝试去掉多余的参数，通过测试发现 URL 地址中问号后的请求参数都可省略。

2. 爬虫实现

在正式编写爬虫前，读者还需要思考几个问题。问题列表如表 10-6 所示。

表 10-6　问 题 列 表

序　号	问 题 描 述
1	如何处理多个检索关键字，如大数据开发、算法、爬虫等
2	如何处理分页、多页数据的爬取
3	如何保存 keywords 检索关键字

综合以上几个问题，整体设计思路为将前程无忧爬虫分为 start_requests、parse 和 parsedetail 三个方法，分别用于处理请求发送、列表页解析和详情页解析。

缺省情况下，Scrapy 框架请求逻辑为通过 start_requests 方法从 start_urls 请求列表中获取 URL 地址，然后发送请求，请求发送过程中不会携带参数。由于需要保存检索关键字，需要在请求发送时通过参数 meta 传递检索关键字，所以必须重写 start_requests 方法。请求发送的核心代码为 scrapy.Request(url,meta={"kws":kws})。

解析方法 parse 需要从响应文本的 JavaScript 脚本中提取 JSON 格式数据并进行解析，同时要兼顾分页功能。分页的判定条件需要进一步分析 JSON 数据确定，符合分页条件的数据需要再次向新的 URL 发送请求，实现分页功能。由于职位描述不在列表页中，所以每解析一行数据，需要向详情页发送请求，并传递已经解析的数据 item。详情页解析方法 parsedetail 需要从 response.meta 中获取已经解析的数据，解析完职位描述后向下传递。参考代码如下：

```
import scrapy
import re, json      #导包，正则表达式和 json
class A51jobSpider(scrapy.Spider):
    name = '51job'
    allowed_domains = ['51job.com']
    #占位符{0}为检索关键字,{1}为页码
    urls_start = "http://search.51job.com/job51/list/000000,000000,0000,00,9," \
                 "99,{0},2,{1}.html"
    start_urls = []
    key_words=["大数据开发","爬虫","数据仓库","算法","大数据分析","数据挖掘"]#检索关键字
    #覆盖 start_requests 方法，发送请求传递 meta 参数
    def start_requests(self):
        for kws in self.key_words:
            url=str.format(self.urls_start,kws,1)              #组合请求 URL 地址
            yield scrapy.Request(url,meta={"kws":kws})  #发送请求时传递检索关键字
    #解析列表页
    def parse(self, response):
        for row in response.xpath("表达式"):
            #数据提取语句待定
            yield scrapy.Request(详情页 url, meta={"item": item}, callback=self.parsedetail)
        if 分页判定条件:
```

```
            yield scrapy.Request(分页 url,meta={"kws":kws}, callback=self.parse)
    #解析详情页
    def parsedetail(self, response):
        item = response.meta["item"]
        #解析详情页职位描述语句待定
        yield item
```

以上基本理清了实现的逻辑，接下来重点分析隐藏在 HTML 页面中的 JSON 数据。从图 10-3 所在的页面中拷贝 JSON 代码，由于 JSON 代码太长，建议使用在线 JSON 格式化工具对 JSON 数据进行格式化后分析。格式化后的 JSON 层次结构如下：


```
{
    "top_ads": [],
    "auction_ads": [],
    "market_ads": [],
    "engine_jds": [{
        "type": "engine_search_result",
        "jobid": "128864821",
        "coid": "1249",
        "is_special_job": "1",
        "job_href": "https://51rz.51job.com/job.html?jobid=128864821",
        "job_name": "数据挖掘主管",
        "job_title": "数据挖掘主管",
        "company_href": "https://51rz.51job.com/job.html?jobid=71752221&coid=9",
        "company_name": "“前程无忧”51job.com(上海)",
        "workarea": "021000",
        "workarea_text": "上海-浦东新区",
        "updatedate": "02-09",
        "iscommunicate": "",
        "companytype_text": "外资(非欧美)",
        "degreefrom": "7",
        "workyear": "6",
        "issuedate": "2021-02-09 15:50:37",
        "isFromXyz": "",
        "isIntern": "0",
        "jobwelf": "做五休二 周末双休 带薪年假 五险一金 专业培训 免费班车",
        "jobwelf_list": ["做五休二", "周末双休", "带薪年假", "五险一金"],
        "attribute_text": ["上海-浦东新区", "5-7 年经验", "硕士", "招若干人"],
        "companysize_text": "1000-5000 人",
```

```
            "companyind_text": "互联网/电子商务",
        }],
        "jobid_count": "11300",
        "is_collapseexpansion": "1",
        "searched_condition": "数据挖掘(全文)",
        "curr_page": "1",
        "total_page": "226",
        "keyword_ads": [],
    }
```

准备工作完成后，着手编写列表页解析方法。基本思路为首先提取 script 标签并简单清洗数据，确保提取的数据只是 JSON 字符串。其次通过 json.loads 方法将字符串转换为字典，通过字典的 key 获取数据。再次排除无效的数据。由于招聘网站使用全文检索，检索关键字有可能在职位描述中出现，但是职位名称中没有。同时还有可能存在一些特殊的数据项，如职位名称中包括销售、营销、测试等影响分析的数据需要排除掉。最后实现分页功能。判断当前页 curr_page 是否小于总页数 total_page，如果小于总页数则发送新的请求，实现分页。参考代码如下：

```
def parse(self, response):
#提取第二个 script 标签
    data = response.xpath("/html/body/script[2]/text()").get()
    if data is not None:
        data = data.replace("window.__SEARCH_RESULT__ = ", "")
    data = json.loads(data)                        #转换 json 对象
    curr_page = int(data.get("curr_page"))         #当前页
    total_page=int(data.get("total_page"))         #总页数
    kws = response.meta["kws"]                     #接收从请求中传递的检索关键字
    for row in data["engine_jds"]:
        item = {}
        item["keywords"] = kws
        jobname=row["job_name"]                    #职位名称
        #排除职位名称中包含营销、测试、销售的数据以及职位名称和检索关键字无关的数据
        if str.find(jobname,kws)<0 or len(re.findall("营销|测试|销售",jobname))>0:
            continue
        item["job_name"] =jobname                  #职位名称
        item["job_href"] = row["job_href"]         #详情页 URL
        attr = row["attribute_text"]               #附加描述列表
        if len(attr)==4 and "异地招聘" not in attr:
            city = attr[0]
            item["work_city"] = re.sub("-.*", "", city)        #工作城市，去掉-后的具体区域
```

```
                exp = attr[1]
                item["working_exp"] = re.sub("经验", "", exp)    #工作经验
                item["education"]=attr[2]                        #学历
            item["salary"] = row["providesalary_text"]           #薪资
            item["issue_date"] = row["issuedate"]                #发布日期
            item["comp_name"] = row["company_name"]              #公司名称
            item["comp_type"]=row["companytype_text"]            #公司类型
            companysize_text = row.get("companysize_text")
            if companysize_text is not None:
                item["comp_persons"] = companysize_text          #公司规模
            item["spider_name"] = self.name
            yield scrapy.Request(item["job_href"],               #向详情页地址发送请求
    meta={"item": item}, callback=self.parsedetail)
```

最后需要细化详情页解析函数 parsedetail。编写的过程中发现“工作城市”在特殊情况下会显示“异地招聘”，不会显示具体城市，这种情况在列表页中没有解析城市、工作经验、学历。需要在详情页解析函数中重新解析。参考代码如下：

```
    def parsedetail(self, response):
        item = response.meta["item"]                  #接收列表页传递过来的已经解析的数据项
        desc = response.xpath("string(//div[@class='bmsg job_msg inbox'])").get()
        if desc is not None:
            desc = re.sub("微信分享", "", desc)
            item["job_desc"] = re.sub("\s", "", desc)  #职位描述
        if (item.get("work_city","")==""):             #如列表页中出现异地招聘，在详情页中解析
            att=response.xpath("//p[@class='msg ltype']/@title").get()
            att_list=re.sub("\s","",att).split("|")
            city = att_list[0]
            item["work_city"] = re.sub("-.*", "", city)          #工作城市
            exp = att_list[1]
            item["working_exp"] = re.sub("经验", "", exp)        #工作经验
            item["education"] = att_list[2]                      #学历
        yield item
```

以上完成了前程无忧招聘网爬虫的编写。建议读者设置 setting.py 中的参数 DOWNLOAD_DELAY 为 3 秒以上，以减小高速爬取对网站的影响。

10.2.3 猎聘网爬虫

1. 重难点分析

猎聘网爬虫分析的重点是确认网页数据来源以及分页规律。通过分析发现，猎聘网采

用的是静态网页技术，只需要确定 XPath 选择器即可。分析的难点在于突破猎聘网的反爬虫限制。值得庆幸的是猎聘网反爬策略不敏感，即使 IP 被封，几天后依然会自动解除。针对猎聘网的反爬策略可通过配置请求头、下载延迟、动态用户代理缓解。

接下来观察待爬取的 HTML 页面，初步确定采集数据项在页面中的分布。猎聘网职位搜索列表页和详情页如图 10-5 和图 10-6 所示。

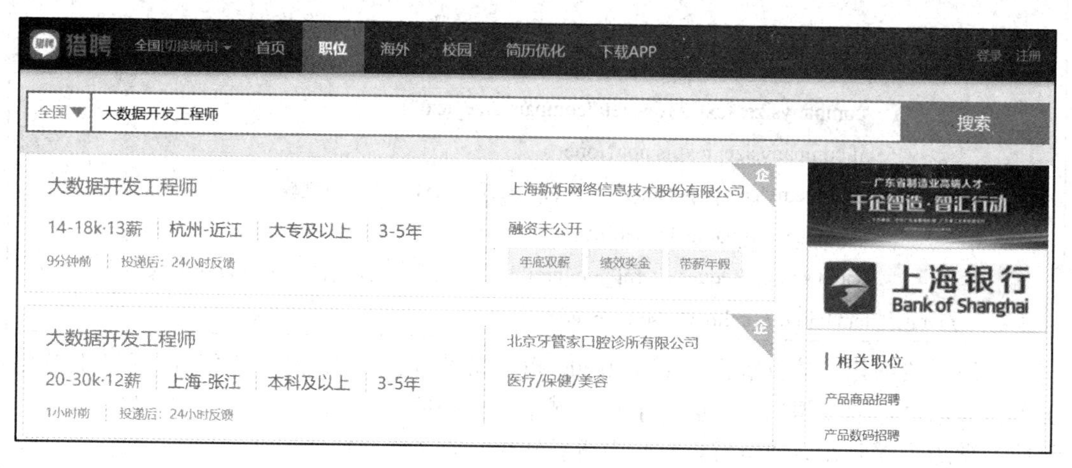

图 10-5　猎聘网职位搜索列表页

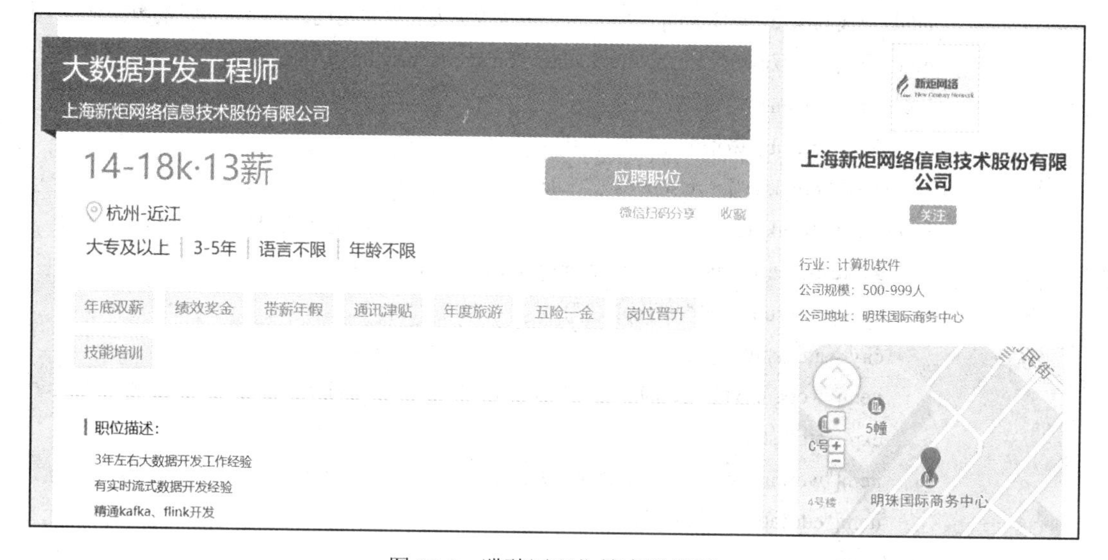

图 10-6　猎聘网职位搜索详情页

从图 10-5 和图 10-6 中可以看出，列表页中可以爬取职位名称、待遇、城市、学历、工作经验、发布日期、公司名称信息，公司规模以及职位可从详情页中获取。公司性质可从列表页中点击公司链接进入公司详情页获取。为了降低爬虫编写的复杂度，这里忽略公司性质属性的爬取。

下面开始数据来源分析。打开浏览器开发者工具并切换到“Network”选项卡，在图 10-5 的搜索框中输入检索关键字后点击“搜索”按钮，查看拦截到的网络请求，如图 10-7 所示。

```
All  Fetch/XHR  JS  CSS  Img  Media  Font  Doc  WS  Wasm  Manifest  Other  Has blocked cookies  Blocked Reques
Name                 ×  Headers  Preview  Response  Initiator  Timing  Cookies
?industries=&su...   ▼ General
   Request URL: https://www.liepin.com/zhaopin/?industries=&subIndustry=&dqs=&salary=
   &jobKind=&pubTime=&compkind=&compscale=&searchType=1&isAnalysis=&sortFlag=15&d_hea
   dId=a798e29f6c76b22308138f4bd3caa0dd&d_ckId=a798e29f6c76b22308138f4bd3caa0dd&d_sfr
   om=search_prime&d_curPage=0&d_pageSize=40&siTag=LGV-fc5u_67LtFjetF6ACg%7EfA9rXquZc
   5IkJpXC-Ycixw&compIds=&compTag=&key=%E5%A4%A7%E6%95%B0%E6%8D%AE
   Request Method: GET
   Status Code: ● 200 OK
```

图 10-7　猎聘网职位搜索请求分析

点击“Preview”选项卡预览响应页面，如图 10-8 所示。从预览效果可以看出，页面采用静态网页技术，爬取时只需要确定 XPath 选择器即可。

图 10-8　猎聘网职位搜索响应页面预览

由于列表页的 Request URL 请求参数过长，可以尝试简化。简化后的列表页请求 URL 格式为 http://www.bspider.top/zhaopin/?key=检索关键字&curPage=页码。需要注意的是页码索引从 0 开始。

最后来概括分页规律，使用浏览器开发者工具查看“下一页”按钮的 HTML 结构，如图 10-9 所示。“下一页”按钮的 href 属性为新页面地址，但是缺少域名。当翻到末页时，“下一页”按钮的 href 属性为“javascript:;”，以此来判断请求结束。

```
▼<div class="pager">
  ▼<div class="pagerbar">
     <a class="first" href="/zhaopin/?compkind=&dqs=&pubTime=&pageSize=40&salary=&co
     mpTag=&sortFlag=1…urPage=6&d_pageSize=40&d_headId=af13adf1f52b6a68b0fa4269b0177
     ab5&curPage=0" title="首页"></a>
     <a href="/zhaopin/?compkind=&dqs=&pubTime=&pageSize=40&salary=&compTag=&sortFla
     g=1…urPage=6&d_pageSize=40&d_headId=af13adf1f52b6a68b0fa4269b0177ab5&curPage=
     5">上一页</a>
     <a href="/zhaopin/?compkind=&dqs=&pubTime=&pageSize=40&salary=&compTag=&sortFla
     g=1…urPage=6&d_pageSize=40&d_headId=af13adf1f52b6a68b0fa4269b0177ab5&curPage=
     4">5</a>
     <a class="current" href="javascript:;">7</a>
     <a class="disabled" href="javascript:;">下一页</a>
     <a class="last disabled" href="javascript:;" title="末页"></a>
   </div>
 </div>
```

图 10-9　猎聘网职位搜索分页 HTML 结构

以上完成了猎聘网职位搜索列表页的数据来源以及分页规律的分析。

2. 爬虫实现

猎聘网爬虫实现思路和前程无忧招聘网相同。整体分为 start_requests、parse、parse_detail 三个方法，分别用于处理请求发送、列表页解析和详情页解析。

首先，编写 start_requests 方法，实现携带参数发送请求功能。参考代码如下：

```
import scrapy
import re
from urllib.parse import urljoin
class LiepinSpider(scrapy.Spider):
    name = 'liepin'
    allowed_domains = ['liepin.com']
    #占位符{0}为检索关键字，{1}为页面，从 0 开始
    urls_start = "https://www.liepin.com/zhaopin/?key={0}&curPage={1}"
    start_urls = []
    key_words = ["大数据开发", "爬虫", "数据仓库", "算法", "大数据分析", "数据挖掘"]
    #覆盖 start_requests 方法，发送请求传递 meta 参数
    def start_requests(self):
        for kws in self.key_words:
            url = str.format(self.urls_start, kws, 0)              #拼接请求 URL
            yield scrapy.Request(url, meta={"kws": kws})   #发送请求，传递关键字参数
    #列表页解析
    def parse(self, response):
        kws=response.meta["kws"]
        for row in response.xpath("表达式"):
            item={}
            #数据解析省略
            yield scrapy.Request(详情页 url,meta={"item":item},callback=self.parse_detail)
        if 分页判定条件:
            yield scrapy.Request(列表页 url 地址,meta={"kws":kws})
    #详情页解析
    def parse_detail(self, response):
        item=response.meta["item"]
        #数据解析省略
        yield item
```

其次，编写列表页解析方法 parse，爬取城市、待遇、学历等数据项。列表页解析方法 parse 的编写思路为分析页面 HTML，确定 XPath 选择器。为提高 XPath 选择器的容错性，使用了 contains 方法，如查找下一页的 a 标签时没有按照顺序进行定位，而是根据标签文本进行定位，XPath 选择器为/a[contains(text(),'下一页')]。列表页数据整体采用 ul 和 li 布局，通过二次查找循环遍历。发送分页请求和详情页请求的处理依然是使用 scrapy.Request 方法，通过 meta 传递参数。参考代码如下：

```
    def parse(self, response):
        kws=response.meta["kws"]                          #接收检索关键字
        for row in response.xpath("//*[@class='sojob-list']/li"):
            item={}
            #职位名称
            jobname= row.xpath(".//*[@class='job-info']//a/text()").get().strip()
            #不符合条件(包括非法字符或职位名称中不包括检索关键字)的放弃
            if str.find(jobname, kws) < 0 or len(re.findall("营销|测试|销售", jobname)) > 0:
                continue
            item["job_name"] = jobname #职位名称
            #按照 class 名模糊查找，title 属性如"15-20k·12 薪_广州-越秀区_本科及以上_3～5 年"
            attach_info=row.xpath("//*[@class='job-info']/*[contains(@class," "'condition')]/@title").get()
            attach=attach_info.split("_")                       #转化为列表
            item["salary"]=attach[0]                            #待遇
            city=attach[1]                                      #城市
            item["work_city"]=re.sub("-.*", "", city)
            item["working_exp"]=attach[3]                        #工作经验
            item["education"]=attach[2]                          #学历
            item["keywords"]=kws
            job_href=row.xpath(".//*[@class='job-info']//a/@href").get()  #详情页 URL
            job_href=urljoin(response.url,job_href)              #在 URL 地址前增加域名
            item["job_href"] =job_href
            time=row.xpath(".//time/@title").get()               #发布日期，如 2021 年 2 月 1 日
            #转化日期格式为 yyyy-mm-dd
            item["issue_date"]="-".join(re.findall("(\d{1,})",time))
            #公司名称
            item["comp_name"]=row.xpath(".//*[@class='company-name']/a/text()").get()
            item["spider_name"]=self.name
            #向详情页发送请求，传递已解析数据
            yield scrapy.Request(job_href,meta={"item":item},callback=self.parse_detail)
            #按照标签文本查找下一页按钮的 href
            page_url=response.xpath("//*[@class='pagerbar']" "/a[contains(text(),'下一页')]/@href").get()
        if page_url.startswith("javascript")==False:              #判断是否为下一页
            page_url = urljoin(response.url, page_url)
            yield scrapy.Request(page_url,meta={"kws":kws})   #分页请求，传递检索关键字
```

最后，编写详情页解析方法 parse_detail，用于提取公司规模、职位描述等数据项。prase_detail 方法通过 response.meta["item"]获取已解析数据后，确定职位描述和公司规模的表达式即可。参考代码如下：

```
def parse_detail(self, response):
    item=response.meta["item"]          #接收已解析的数据
    #职位描述
    item["job_desc"]=response.xpath("string(//*[@class='content content-word'])").get()
    #公司规模
    comp_persons=response.xpath("//*[@class='new-compintro']/li[2]/text()").get()
    item["comp_persons"]=""
    item["comp_type"] = ""
    #去掉"公司规模："
    if comp_persons:
        comp_persons=re.sub("公司规模：","",comp_persons)
        item["comp_persons"]=comp_persons
    yield item
```

以上完成了爬虫代码主体部分的编写。通过调整 settings.py 的配置项以及编写随机用户代理来突破猎聘网的反爬策略，降低 IP 被封的可能性。在 settings.py 中开启自动限速扩展，参考配置如下：

```
#不遵守 Robots 协议
ROBOTSTXT_OBEY = False
#开启自动限速扩展，去掉#即可
AUTOTHROTTLE_ENABLED = True
```

打开 middlewares.py 编写随机用户代理中间件。基本原理是在 settings.py 文件中设置用户代理列表 USER_AGENTS，然后创建一个自定义类 RandomUserAgent。自定义类必须继承 UserAgentMiddleware，同时实现 process_request 方法。process_request 方法的实现逻辑为从 setings.py 文件的 USER_AGENTS 中随机读取一个用户列表，将其设置为缺省请求头。参考代码如下：

```
#导入 UserAgentMiddleware 中间件
from scrapy.downloadermiddlewares.useragent import  UserAgentMiddleware
from house.settings import USER_AGENTS          #导入配置项
import random
class RandomUserAgent(UserAgentMiddleware):     #必须继承 UserAgentMiddleware
    def process_request(self, request, spider):
        ua=random.choice(USER_AGENTS)           #从列表中随机取出任意一个 User-Agent
        request.headers.setdefault('User-Agent',ua)  #设置缺省的请求头
```

注意需要在 setings.py 文件中激活下载器中间件。参考配置如下：

```
DOWNLOADER_MIDDLEWARES = {
    'liepin.middlewares.RandomUserAgent': 543,  #自定义的用户代理中间件
    'scrapy.downloadermiddlewares.useragent.UserAgentMiddleware': None,  #禁用缺省中间件
}
```

以上简单实现了随机代理功能。但是用户代理列表需要在 setting.py 文件中设置，稍显麻烦。随机代理的功能其实也可通过第三方库 Faker 来实现，Faker 是一个伪造数据的 Python 包，除了可以随机生成用户代理外，还可以随机生成姓名、性别、地址、公司名等。

10.3 数据清洗与可视化

通过数据采集获取到的数据，不能直接作为数据源进行数据分析，还必须清除掉“脏”数据，也就是要经过数据清洗过程把数据清洗干净。数据清洗是将原始数据进行精简以去除冗余和消除不一致，并使剩余的数据转换成可接收标准格式的过程。可实现数据清洗的技术手段比较多，如使用工具 Pandas、Kettle、Tableau Prep 等进行清洗。其中 Kettle、Tableau Prep 等数据清洗工具简单易用，通过组件拖拽、设置组件属性等方式完成数据清洗流程设计，进而实现数据清洗。

本节我们使用 Pandas 完成去重、剔除、拆分等数据清洗操作，通过 Matplotlib 或 Pandas 完成招聘热门城市排行、招聘岗位占比分布、职位薪资分布、工作经验与薪资分布、大数据开发岗位技能词云等几个数据可视化分析。每个数据分析案例都需要经过数据加载、数据清洗、数据汇总、数据可视化等几个步骤。

后续数据分析案例需要使用 Matplotlib 和 SQLAlchemy 库，请读者自行安装。Matplotlib 是一个用于绘制 2D 图形(当然也可以绘制 3D 图形，但是需要额外安装支持的工具包)的工具包，在数据分析领域应用广泛。SQLAlchemy 是一个 Python 的 SQL 工具包以及数据库对象映射框架，为高效和高性能的数据库访问提供支撑。

10.3.1 招聘热门城市排行

招聘热门城市分析用于展示招聘信息发布排名前 10 位的热门城市，用于宏观描述数据科学与大数据技术专业用人需求较大的城市。

数据加载过程使用 Pandas 的 read_sql 方法实现 jobinfo 数据表的读取。基本语法格式为 pd.read_sql(sql=sql_cmd, con=engine)，其中参数 sql_cmd 为进行查询的 SQL 语句，参数 engine 为连接 SQL 数据库引擎的语句，一般可以用 SQLAlchemy 或者 PyMySQL 库建立。engine 通过 SQLAlchemy 库的 create_engine 方法实现。

数据清洗过程只是实现按照城市、职位名称、公司名称、检索关键字、待遇分组去重。现实中必定会存在招聘企业在多个平台发布招聘信息的情况。数据清洗逻辑读者可自定义。

数据汇总过程实现了按工作城市分组，统计招聘数量并降序排列。使用 Pandas 的常用方法 groupby、count、sort_values 进行汇总统计。去重和数据汇总也可通过改写 pd.read_sql 方法的 SQL 语句实现。

数据可视化过程使用 Pandas 的 plot 方法实现。参数 kind 的常用选项为 line、bar、pie、hist，分别代表折线图、条形图、饼图、柱状图。这里选择条形图来展现分析结果。参考代码如下：

```
import pandas as pd
from sqlalchemy import create_engine
import matplotlib.pyplot as plt
```

```
from pylab import mpl
#数据库连接参数
db_info = {'user': '用户名',
            'assword': '密码',
            'host': '主机 ip',
            'database': '数据库名称'      #这里事先指定了数据库，后续操作只需要表即可
            }
#创建 MySQL 数据库连接
engine = create_engine('mysql+pymysql://%(user)s:%(password)s'
                        '@%(host)s/%(database)s?charset=utf8'%db_info,encoding='utf-8')
#数据加载
data = pd.read_sql('select work_city,job_name,comp_name,keywords,salary from jobinfo',
con = engine)
df=data.drop_duplicates()                    #去重
#按城市汇总统计，按城市分组，降序排列招聘数量
result=df["comp_name"].groupby(df["work_city"]).count().\
    reset_index(name="count").sort_values("count",ascending=False)
index = list(result["work_city"][:10])       #提取排名前 10 位的城市
values= list(result["count"][:10])           #提取排名前 10 位招聘数量
df=pd.DataFrame(values,index)                #转换为 DataFrame
rects=df.plot(kind='bar',legend=None,title="招聘热门城市排行榜 Top10")
plt.xticks(rotation=60)                      #x 轴标签倾斜 60 度
plt.ylabel("招聘次数")                        #y 轴标签
mpl.rcParams['font.sans-serif'] = ['Microsoft YaHei']   #设置字体、解决中文乱码
plt.show()  #显示图形
```

分析结果如图 10-10 所示。

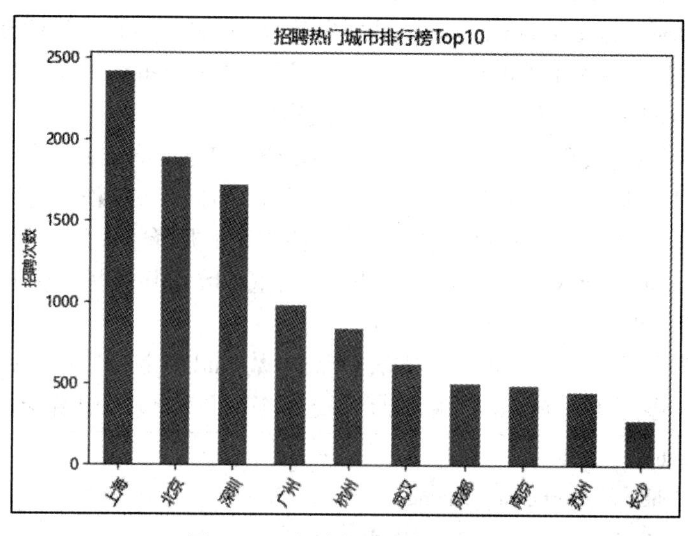

图 10-10　招聘热门城市排行榜

10.3.2　招聘岗位占比分布

招聘岗位占比分布用于展示不同招聘岗位招聘次数的百分比分布。以 keywords 列作为岗位名称进行分析，数据加载、清洗后，用饼图展现比例分布情况。数据加载、数据清洗和数据汇总过程与“招聘热门城市排行”雷同，这里不再赘述。实现图形绘制的方法比较多，既可使用 Pandas 的 plot 方法进行绘制，也可使用 Matplotlib 的相关函数来进行绘制。招聘岗位占比分布使用 Matplotlib 的 Pie 方法实现饼图绘制。参考代码如下：

```
import pandas as pd
from sqlalchemy import create_engine
import matplotlib.pyplot as plt
from pylab import mpl
#创建 MySQL 数据库连接与 10.3.1 节相同，省略
data = pd.read_sql('select work_city, job_name, comp_name, keywords, salary from jobinfo',
con = engine)
df=data.drop_duplicates()                    #去重
#按照检索关键字汇总数据
result=df["comp_name"].groupby(df["keywords"]).count().\
    reset_index(name="count").sort_values("count",ascending=False)
index = list(result["keywords"])             #岗位列表
values= list(result["count"])                #数量列表
explode = (0,0.08,0,0,0,0)
#autopct，圆里面的文本格式，%3.1f%%表示小数有三位，整数有一位的浮点数
#labeldistance，文本的位置离圆心有多远，1.1 指 1.1 倍半径的位置
#startangle，起始角度，0 表示从 0 开始逆时针转，一般选择从 90 度开始比较美观
#pctdistance，百分比，text 离圆心的距离
#explode：指定饼图某些部分突出显示，即呈现爆炸式
rects=plt.pie(values,explode=explode,labeldistance = 1.1,
    autopct='%1.1f%%',
startangle = 90,pctdistance = 0.6)
plt.axis('equal')
plt.legend(loc ='best', labels=index)       #图例位置，best 为自动
mpl.rcParams['font.sans-serif'] = ['Microsoft YaHei']
plt.title('招聘岗位占比分布')
plt.show()                                   #显示图形
```

分析结果如图 10-11 所示。

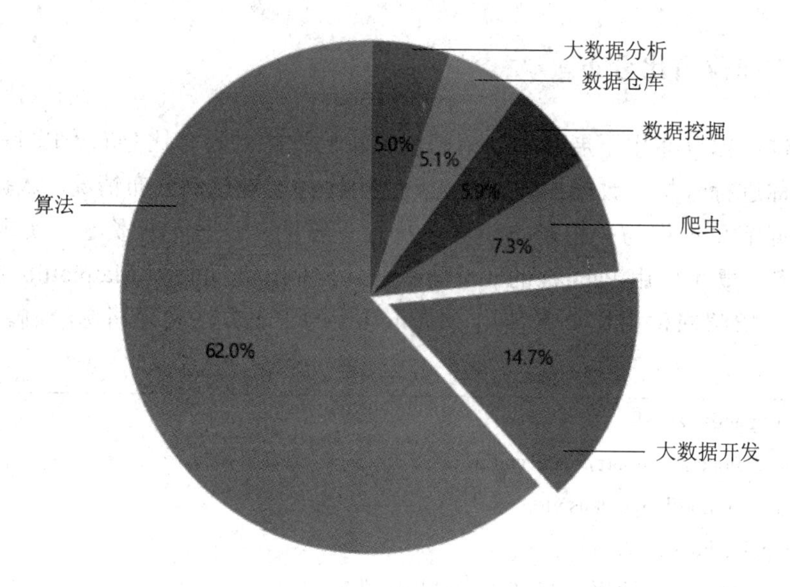

图 10-11　招聘岗位占比分布

10.3.3　职位薪资分布

职位薪资分布用于描述不同岗位平均薪资，以折线图进行展示。表 jobinfo 中的工资是一个区间，并且采用月薪、年薪、日薪等多种表现形式，如 0.8～1.2 万元/月、12～18 万元/年、25～50k • 15 薪。必须通过清洗后转换为一个具体的数字。清洗需要去掉面议、空白等无效数据。转换是按薪资描述语义将薪资转换为实际数字，并统一单位为月薪，如 0.8～1.2 万元/月，转换后为 10000，即最高薪资和最低薪资的平均值。由于薪资表现形式比较多，通过创建自定义方法 change_salary 进行清洗。参考代码如下：

```
import pandas as pd
from sqlalchemy import create_engine
import re
from pylab import mpl
import matplotlib.pyplot as plt
#创建 MySQL 数据库连接与 10.3.1 节相同，省略
#加载数据
data = pd.read_sql('select work_city,job_name,comp_name,keywords,salary from jobinfo',
                con = engine)
df=data.drop_duplicates()              #去重
#薪资转换方法
def change_salary(s):
    result=0
    if s.find("万/月")>0:
```

```
        r=re.sub("万/月","",s)
        nums=r.split("-")
        result=(float(nums[0])+float(nums[1]))/2*10000
    elif s.find("千/月")>0:
        r=re.sub("千/月","",s)
        nums = r.split("-")
        result=(float(nums[0])+float(nums[1]))/2*1000
    elif s.find("万/年")>0:
        r=re.sub("万/年","",s)
        nums =r.split("-")
        result=(float(nums[0])+float(nums[1]))/2*10000/12
    elif len(re.findall("^\d{1,}-\d{1,}$",s))>0:
        nums = s.split("-")
        result =(float(nums[0]) + float(nums[1])) / 2
    elif s.find("薪")>0:
        r = re.findall("^\d{1,}-\d{1,}", s)
        nums = r[0].split("-")
        result = (float(nums[0]) + float(nums[1])) / 2*1000
    return result
df_new=df.copy()            #拷贝副本
#使用自定义方法 change_salary 将薪资转换为具体数字
df_new["salary"]=df_new["salary"].apply(lambda s:change_salary(s))
#删除无效数据
df_new=df_new.drop(df_new[df_new.salary==0].index)
#按照岗位分组，计算平均薪资
result=df_new["salary"].groupby(df_new["keywords"]).mean().\
    reset_index(name="money").sort_values("money",ascending=False)
x_data=list(result["keywords"])          #岗位
y_data=list(result["money"])             #薪资
#绘制折线图
plt.plot(x_data,y_data,color='red',linewidth=2.0,linestyle='-.')
#设置字体为雅黑，否则中文乱码
mpl.rcParams['font.sans-serif'] = ['Microsoft YaHei']
plt.ylabel("平均薪资(单位:元)")
plt.xlabel("招聘岗位")
plt.title("职位薪资分布")
plt.show()
```

分析结果如图 10-12 所示。

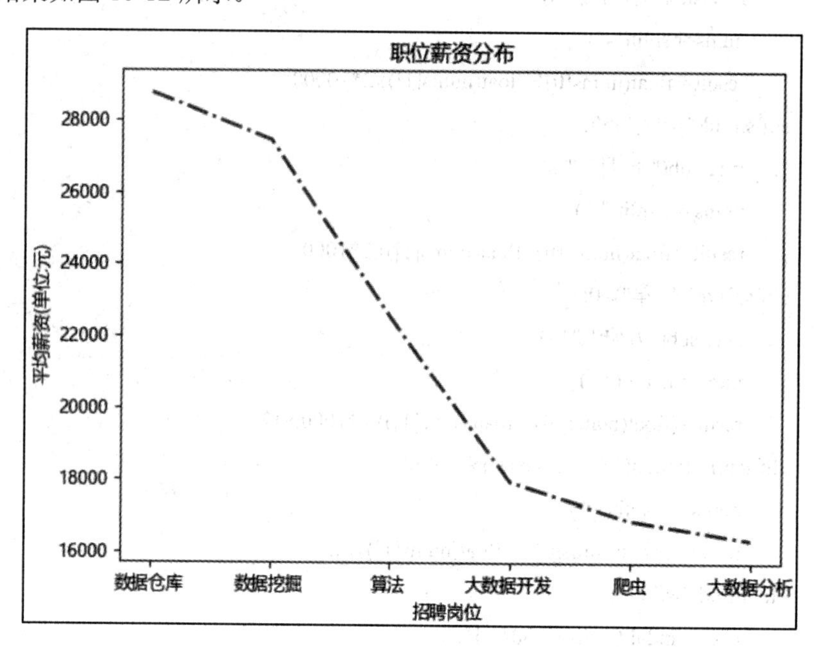

图 10-12　职位薪资分布

10.3.4　工作经验与薪资分布

工作经验与薪资分布用于描述随着工作年限的增长薪资的增幅，以折线图进行展示。表 jobinfo 中工作经验也是以区间的形式进行体现的，为了简单此案例没做进一步加工。实现方式和职位薪资分布相同，参考代码如下：

```
import pandas as pd
from sqlalchemy import create_engine
import re
from pylab import mpl
import matplotlib.pyplot as plt
#创建 MySQL 数据库连接与 10.3.1 节相同，省略
#加载数据
data = pd.read_sql('select work_city,job_name,comp_name,keywords,salary from jobinfo',
con = engine)
df=data.drop_duplicates()          #去重
#薪资转换函数和 10.3.3 节相同，省略
df_new=df.copy()                   #拷贝副本
df_new["salary"]=df_new["salary"].apply(lambda s:change_salary(s))      #清洗薪资
df_new=df_new.drop(df_new[df_new.salary==0].index)                     #删除无效数据
#按照岗位分组，计算平均薪资
result=df_new["salary"].groupby(df_new["working_exp"]).mean().\
```

```
    reset_index(name="money").sort_values("money")
x_data=list(result["working_exp"])  #工作年限
y_data=list(result["money"])  #平均薪资
plt.plot(x_data,y_data,color='red',linewidth=2.0,linestyle='-.')
mpl.rcParams['font.sans-serif'] = ['Microsoft YaHei']
plt.ylabel("平均薪资(单位:元)")
plt.xlabel("工作经验")
plt.show()
```

分析结果如图 10-13 所示。

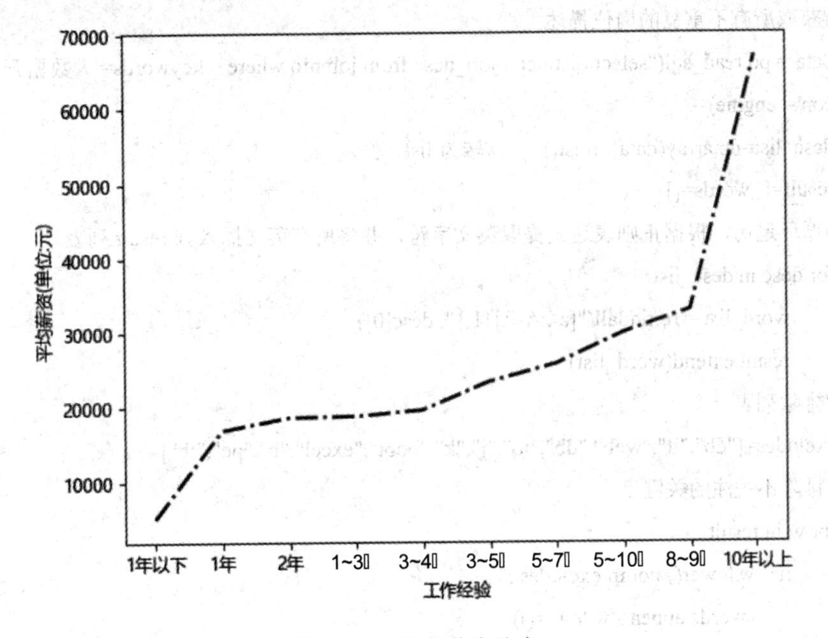

图 10-13　职位薪资分布

10.3.5　大数据开发岗位技能词云

大数据开发岗位技能分析以词云形式描述必备技能，可以简单地认为岗位技能就是职位描述中的英文单词。基本实现思路为先通过 read_sql 获取大数据开发岗位的职位描述，再使用正则表达式提取所有的英文单词，然后通过 collections 库进行词频统计，最后使用第三方库 WordCloud 库生成词云。其中 collections 和 WordCloud 为第三方库，使用前请安装。参考代码如下：

```
import pandas as pd
from sqlalchemy import create_engine
import re
import matplotlib.pyplot as plt
import numpy as np
from collections import Counter
```

```
import wordcloud
#数据库连接参数
db_info = {'user': '用户名',
           'password': '密码',
           'host': '主机 ip',
           'database': '数据库名称'  }  #这里事先指定了数据库，后续操作只需要表即可
#创建 MySQL 数据库连接
engine = create_engine('mysql+pymysql://%(user)s:%(password)s'
                       '@%(host)s/%(database)s?charset=utf8'%db_info,encoding='utf-8')
#获取所有不重复的岗位描述
data = pd.read_sql("select distinct  job_desc from jobinfo where  keywords='大数据开发'",
con = engine)
desc_list=np.array(data).tolist()     #转为 list
result=[],words=[]
#循环遍历，根据正则表达式提取英文字符，并将所有英文插入到 result 列表
for desc in desc_list:
    word_list = re.findall("[a-zA-Z]{1,}", desc[0])
    result.extend(word_list)
#排除列表
excludes=["db","it","web","db","io","j","k","boot","excel","b","pc","tb"]
#排除不关注的关键字
for w in result:
    if  w.lower() not in excludes :
        words.append(w.lower())
wd = Counter(words)                    #词频统计
wc = wordcloud.WordCloud(              #实例化词云
    font_path='C:/Windows/Fonts/simhei.ttf',  #设置字体格式
    background_color="white",
    scale=2,                           #放大 2 倍，否则不清晰
    width=640,                         #宽度
    height=480,                        #高度
    max_words=80,                      #最多显示词数
    max_font_size=100 )                #字体最大值
wc.generate_from_frequencies(wd)       #词频统计结果生成词云
plt.imshow(wc)                         #显示词云
plt.axis('off')                        #关闭坐标轴
plt.show()                             #显示图像
```

生成的岗位技能词云如图 10-14 所示。

图 10-14　大数据开发岗位技能词云

本 章 小 结

本章以招聘网站数据分析为例，介绍了一个爬虫项目从需求分析、爬虫设计与实现、数据清洗与数据可视化分析的全过程。需求分析阶段定义了分析目标，确定了爬虫数据项。爬虫设计与实现阶段讲解了数据存储设计以及表结构设计，并分别设计和实现了前程无忧、猎聘两个网站的爬虫。数据清洗与可视化阶段实现了需求分析阶段设定的 5 个目标即招聘热门城市排行、招聘岗位占比分布、职位薪资分布、工作经验薪资部分、大数据开发岗位技能词云分析。

本 章 习 题

1. 简述 Scrapy 框架常用应对网站反爬虫的策略。
2. 简述 Scrapy 框架的去重处理。
3. 简述在商业爬虫中随机 IP 代理的设计。
4. 从智联招聘、拉勾网、Boss 直聘、中华英才、58 同城 5 个网站中任选 2 个网站，实现数据爬取，并将数据插入到表 jobinfo 中。
5. 尝试使用 kettle、Tableau Prep 等工具对爬取的招聘信息进行数据清洗操作。

参 考 文 献

[1] 齐文光. Python 网络爬虫实例教程(视频讲解版)[M]. 北京：人民邮电出版社，2018.
[2] 北京课工场教育科技有限公司. Python 网络爬虫(Scrapy 框架)[M]. 北京：人民邮电出版社，2020.
[3] 千峰教育高教产品研发部. Python 快乐编程：网络爬虫[M]. 北京：清华大学出版社，2019.
[4] 江吉彬，张良均. Python 网络爬虫技术[M]. 北京：人民邮电出版社，2019.
[5] 谢乾坤. Python 爬虫开发从入门到实战(微课版)[M]. 北京：人民邮电出版社，2018.